本专著系国家社会科学基金青年项目“基于云计算的政府网站网页在线归档与开发利用研究”（项目编号：2018CTQ040）的研究成果。

政府网站网页云归档管理研究

◆黄新平 著

吉林大学出版社

·长 春·

图书在版编目(CIP)数据

政府网站网页云归档管理研究 / 黄新平著. —长春：吉林大学出版社，2023.11

ISBN 978-7-5768-2735-4

Ⅰ.①政… Ⅱ.①黄… Ⅲ.①国家行政机关—互联网络—归档—研究—中国 Ⅳ.①TP393.409.2

中国国家版本馆 CIP 数据核字(2023)第 241970 号

书　　名：**政府网站网页云归档管理研究**

ZHENGFU WANGZHAN WANGYE YUNGUIDANG GUANLI YANJIU

作　　者：黄新平

策划编辑：黄国彬

责任编辑：张维波

责任校对：李婷婷

装帧设计：姜　文

出版发行：吉林大学出版社

社　　址：长春市人民大街 4059 号

邮政编码：130021

发行电话：0431－89580036/58

网　　址：http://www.jlup.com.cn

电子邮箱：jldxcbs@sina.com

印　　刷：天津鑫恒彩印刷有限公司

开　　本：787mm×1092mm　1/16

印　　张：19.25

字　　数：300 千字

版　　次：2025 年 1 月　第 1 版

印　　次：2025 年 1 月　第 1 次

书　　号：ISBN 978-7-5768-2735-4

定　　价：98.00 元

目　　录

第1章 绪 论

1.1 研究背景、目的与意义

1.1.1 研究背景

近年来，伴随着我国政府信息公开及“互联网＋政务服务”工作的不断深入开展，越来越多的政务信息通过政府门户网站发布。截至 2020 年 12 月，我国共有政府网站 1.4 万多个[①]。在这些政府网站的运行过程中，形成了大量的网页信息，其中包含政府文件、政策法规、政务公报、规划计划、工作报告、会议纪要、统计数据、网络民意等，它们作为互联网时代政府行政过程的真实记录，具有重要的历史追溯、凭证参考、政策分析、数据挖掘、民意汇总、科学研究等多重利用价值，并日益成为当前社会公众、企事业单位、科研机构及政府部门决策参考的重要依据。然而，由于网络资源的易消失性、动态不稳定性等特点，致使大量以“孤本”形式存在的政府网页会因网站的整合迁移、改版更新等操作面临“丢失”“无法链接”“无法显示”的风险[②]。因此，如何有效实现具有重要凭证和归档保存价值的政府网站网页长期可存取已成为当前政府面临的新挑战和学界探索的新课题。

面对政府网站网页长期可存取存在的风险与实际问题，2017 年 5 月，国

---

① 中国互联网信息中心. 中国互联网络发展状况统计报告[R]. [2021-02-27]. https://www.cnnic.net.cn/NMediaFile/old_attach/P020210203334633480104.pdf.

② 黄新平. 基于云计算的政府网站网页在线归档管理平台构建研究[J]. 北京档案，2019(12)：16-20.

务院办公厅发布了《政府网站发展指引》的通知[①]，要求各级政府网站做好网页归档工作，要对有价值的原网页进行归档处理，确保归档后的网页能够正常访问。2018年1月，全国档案局长馆长会议工作报告中指出要启动国家政府网站网页存档工作，实现我国各级政府网站，以及各国有企业、中央企业等网站网页的永久保存[②]。随后，2019年12月，国家档案局发布《政府网站网页归档指南》[③]，用来指导国家机关及其档案部门规范开展网页归档工作，促进实现政府网站网页的有序归档和长期保存。在一系列政策文件和标准规范的推动下，我国政府网站网页归档工作的序幕被拉开，北京市档案局、宁波市档案局、自然资源部信息中心、国家电网江苏省电力有限公司4家单位作为国家档案局网站网页资源归档试点单位，率先开展了政府网站网页归档的实践探索[④]。此外，为了保存互联网上的"人类记忆"，从20世纪90年代开始，便有许多国家的政府部门，以及图书馆和档案馆等文化记忆机构陆续开展了包括政府网站等在内的各类网络信息资源长期保存的实践探索，并涌现出了一批有代表性的实践项目。

与传统的静态数字资源长期保存不同，政府网站网页归档作为一项持续性保存活动，不断增加的网页保存数量对归档管理提出了新的挑战，如何对具有层次性、地域性、分散性等特点的海量政府网站网页资源进行实时动态的高效采集，构建一个系统化、有序化资源保存体系，为用户提供存档资源的有效获取与利用，是当前政府网站网页归档实践探索面临的关键问题。云计算作为一种新型的IT服务资源与服务模式，所采用的集约化、虚拟化、分布式计算等绿色节能技术，以及即插即用、动态架构、智能运作的服务方式，在数字资源长期保存领域应用日益广泛。它为当前政府网站网页归档实践探

① 中华人民共和国国务院．国务院办公厅关于印发政府网站发展指引的通知[EB/OL]．[2021-02-27]．http：//www.gov.cn/zhengce/content/2017-06/08/content_5200760.htm.

② 李明华．在全国档案局长馆长会议上的工作报告[EB/OL]．[2021-02-27]．http：//daj.fuzhou.gov.cn/zz/daxw/yjdt/201801/t20180124_2003625.htm.

③ 中华人民共和国国家档案局．政府网站网页归档指南[DB/OL]．[2021-03-01]．https：//www.saac.gov.cn/daj/hybz/201912/5e653e193bd747659d78783c8c4c8818/files/a778567bbacd47119ecb115cfe84e9a8.pdf.

④ 中华人民共和国国家档案局．网站网页资源归档试点工作启动[EB/OL]．[2021-02-27]．https：//www.saac.gov.cn/daj/daxxh/201807/b7ee27b2500a4a3cbda3c8cb5a787bda.shtml.

索所面临问题的解决提供了新思路、新方法和新途径——云归档。云归档可充分发挥云计算在政府网站网页长期保存上的技术和管理优势，高效率、低成本地获取与组织散存在各级政府网站上有保存价值的海量网页信息，使其能在整个生命周期内以安全、真实、可信的形式长期保存，为政府部门、研究机构和社会公众等提供永久的 Web 利用服务①。

1.1.2　研究目的

本研究从档案管理的视角出发，综合运用档案学、信息管理学、计算机科学、社会学、系统科学等多门学科的理论方法，从更广泛的视域探索云环境下政府网站网页归档保存及其开发利用的理论框架与实现方法。从理论和技术层面强化对政府网站网页集成管理的顶层设计，从国家档案战略高度，为各级政府网站网页存档工作进行理论论证与方法探索。

具体而言，一方面，以档案管理部门和相关政府机构为责任主体，从档案管理和政府网络信息资源永久保存的需求出发，提出一套完整的政府网站网页云归档管理的解决方案，利用云环境下提供的能够满足政府网站网页归档数量规模持续增长的数据管理与服务需要的 IT 资源，构建政府网站网页云归档管理平台，实现政府网站网页采集、数据管理、资源保存、访问利用等在线归档各业务流程的网络化和自动化，并应用先进的信息技术和相关管理手段，保证政府网站网页归档资源的安全、可靠、可信及长期可用，使其具备传统档案所具有的原始性、凭证性和长期可读性；另一方面，综合应用信息检索、网页重现、Web 数据挖掘及数据可视化分析等技术手段对归档保存的海量政府网站网页资源进行深层的价值挖掘与开发利用，能够针对社会公众、研究机构、政府部门等不同的资源利用对象，提供多元化的服务功能，实现政府网站网页归档资源的分类利用服务，在满足社会公众日常信息需求的同时，为科研机构学术问题的研究以及政府部门的决策和规划等提供所需的信息参考服务。

① 王萍，黄新平，陈为东，等. 政府网站原生数字政务信息云归档模型及策略研究[J]. 情报理论与实践，2016，39(4)：60-65.

1.1.3 研究意义

本研究以云环境下海量政府网站网页资源的在线归档与开发利用为立足点，以满足不同用户群体的网页存档资源的信息需求为目标，从信息组织和信息服务的角度架构政府网站网页“档案云”模型，在实现大规模政府网站网页定题采集的基础上，应用元数据管理、动态存储、数据安全保护、信息检索、网页重现、Web数据挖掘、数据可视化等方法和技术，探索对动态多源、孤立分散、海量异构的政府网站网页资源进行云归档的解决方案，以及面向用户信息需求的政府网站网页归档资源利用服务功能的实现机制，以此构建政府网站网页云归档管理平台。这些研究成果具有较高的理论意义和应用价值。

(1)理论意义

本研究综合运用多学科的理论、方法、技术，深入研究政府网站网页资源的类型、分布、结构及其保存利用价值，以及政府网站网页云归档管理的需求分析与功能定位，形成云环境下政府网站网页在线归档及其利用服务的理论框架和方法体系。通过研究政府网站网页归档的流程、业务活动，用户对网页存档资源的服务需求等一系列关键问题，剖析政府网站网页采集、数据管理、资源保存、访问利用等归档管理过程中各环节之间的关系和作用机理，研究成果将从不同的角度丰富与档案管理相关的跨学科理论体系。同时，研究所提出的政府网站网页“档案云”模型、云归档实现方法、归档资源利用服务机制，以及相应的云归档管理平台体系架构方案，为政府网站网页长期可存取问题的解决提供了理论支持和实现方案，体现了档案管理理论在信息资源管理与云计算领域的拓展，对完善和深化档案管理理论、方法，拓宽档案管理理论的研究及应用领域具有重要意义。

(2)应用价值

本研究着重解决云计算驱动的政府网站网页定题采集、分类整理、编目著录、长期保存、数据安全保护及多元化利用服务等诸多现实问题，应用大数据环境下信息组织与信息服务的相关方法、技术和工具，深入挖掘海量政府网站网页归档资源的利用价值，面向不同用户群体的信息需求提供所需的信息服务，促进政府网站网页归档资源的价值增值。本研究从更微观的层次对政府网站网页归档元数据进行细粒度语义化操作，实现海量归档网页资源的分类、编目、鉴定整理等深层次序化与组织，优化细粒度层次上的政府网站网页归档资源信息组织方式，实现政府网站网页资源系统化、有序化长期保存。同时面向政府网站网页归档资源的利用服务，应用大数据处理与分析技术，对多来源、多类型的海量政府网站网页归档资源进行深层次的开发利用，为用户提供精准的网页存档资源与高效的信息服务。

1.2 国内外相关研究综述

根据本研究的主要内容，利用 Web of Science、Elsevier、Emerald、Springer、ACM、EBSCO、IET Electronic Library、中国知网、万方、维普等文献数据库，Google、Baidu 等学术搜索引擎进行检索，获取与政府网站信息资源、网络信息归档、云归档等研究主题相关的期刊论文、研究报告、网络资源等文献资料，通过对其内容进行分析，梳理总结国内外的研究现状及发展动态。

1.2.1 政府网络信息资源研究现状

本研究以“政府网站网页”为研究对象，而政府网站网页属于政府网络信息资源的范畴，对近年来国内外关于“政府网络信息资源”主题的研究成果进行系统梳理，可以为本研究提供一定的参考。在文献检索过程中限定的时间范围为 2000 年至今，检索使用的关键词主要有“政府网络信息资源”“政府网站信息”“政府网站网页”“government network information resources”“government website information”“government website page”等，对文献进行主题筛选后，共获得相关中文文献 239 篇、英文文献 195 篇。通过对检索获得的文献进行总结和分析，可以将当前国内外关于“政府网络信息资源”主题的研究现状归纳为如下 3 个方面。

(1)政府网络信息资源的概念与特征研究。学界关于政府网络信息资源的概念与特征的理论研究多集中在早些时候，主要围绕政府网络信息资源的概念辨析、内涵界定、类别划分、特征分析等展开探讨。譬如，Notess G R[①]

① Notess G R. Government information on the internet[J]. Library Trends，2003，52(2)：256-267.

对互联网环境下政府网络信息资源的概念与特征等进行了较为系统的阐释，并参照美国国会图书馆的主题分类目录索引机制，提出了政府网络信息资源的分类方法。Jong M 等①在对政府网络信息资源的内涵进行界定的基础上，从用户访问利用的视角剖析了政府网络信息资源所具有的公共性、易获取性、用户访问友好性等特征。廖敏秀②结合我国政府网站建设的实际情况，界定了政府网络信息资源的概念，对其不同于一般网络资源所具有的权威性、时效性、广泛性和保密性等特征进行了分析，并将政府网络信息资源划分为政府职能介绍、政策法规、经济建设、便民服务等不同类型。朱晓峰③结合政府网站信息资源所具有的隐蔽性、模糊性、动态不稳定性、类型多样性等特征，从信息资源的选择范围、部门及类型属性、内容特征和组织形式等方面提出了政府网站信息资源的分类方法。

(2)政府网络信息资源的组织管理研究。从现有文献来看，国内外学术界对政府网络信息资源组织管理的研究主要集中在框架模型、技术方法、实现策略等方面。①框架模型。Qiu J 等④从资源与服务融合的视角提出了电子政务环境下政府网络信息资源数字化整合的模型。Han Meng⑤ 将云计算技术应用到了政府网络信息资源的组织管理中，利用云技术实现网络环境下政务信息资源的集成管理，并构建了基于云计算的政府网络信息资源集成共享系统的体系框架。康虹等⑥从知识管理的视角对政府网络信息资源的序化组织、整合与共享等进行了探究，并从概念、功能与实现机制等方面提出了知识管理

① Jong M, Lentz L. Municipalities on the Web: user-friendliness of government information on the internet[C] // Electronic Government. Lecture Notes in Computer Science. Berlin: Springer Berlin Heidelberg, 2006: 174-185.

② 廖敏秀．论我国政府网站政务信息资源建设[D]. 湘潭：湘潭大学，2006.

③ 朱晓峰．政府网站信息资源组织规范研究[J]. 情报科学，2009，27(11)：25-29.

④ Qiu J, Song Y, Yang S. Digital integrated model of government resources under e-government environment[C] // International Conference on Internet Technology and Applications. New York: Institute of Electrical and Electronics Engineers, 2010: 1-4.

⑤ Han Meng. Research on e-government information resources sharing system based on cloud computing[J]. Applied Mechanics & Materials, 2014(1): 1758-1761.

⑥ 康虹，王敏．从知识管理视角整合政府网络信息资源的模型[J]. 情报杂志，2006(5)：126-128.

理念驱动的政府网络信息资源整合模型。朱晓峰等[①]结合信息生命周期理论，基于政府网络信息资源的管理流程，设计出了贯穿政府网络信息资源整个生命周期与管理过程的标准化组织框架模型。②技术方法。Lambert F[②]提出了基于逻辑映射机制实现海量政府网络信息资源进行高效序化组织与精准检索的方法，并通过实验对比验证了所提出方法的有效性。廖思琴等[③]根据云存储环境下政府网络信息资源组织管理与长期保存的实际需求，构建了基于云存储的政府网络信息资源保存型元数据方案。黄新平[④]从知识组织的视角，以大数据环境下的语义网、领域本体、知识推理、知识发现等技术为支撑，从不同的维度探索了政府网站信息资源领域知识融合的实现方法。③实现策略。何欢欢[⑤]在明确政府网站信息资源长期保存管理的实施主体与客体的基础上，结合政府网站信息资源的长期保存流程，从宏观和微观层面提出政府网站信息资源长期保存的实现策略。翟秀丽[⑥]针对我国政府门户网站中政务信息资源整合面临的现实困境，探讨了通过构建统一规范的政务信息资源目录体系、无缝衔接的"一站式"网络服务平台等方式来实现政府网站信息资源有效整合与共享的策略与机制。

(3)政府网络信息资源的开发利用研究。政府网络信息资源建设的最终目的就是实现资源的价值增值与开发利用，以最大限度发挥政府网络信息资源所具有的应用价值。针对该研究主题，学者们从不同层面提出了政府网络信息资源开发利用的方法与策略等。如Kim S[⑦]系统分析了政府网络信息资源整合与共享利用面临的主要问题，并着重从制定统一规范的标准体系的视角探

① 朱晓峰，苏新宁．构建基于生命周期方法的政府信息资源管理模型[J]．情报学报，2005，24(2)：136-141.

② Lambert F. Seeking information from government resources：A comparative analysis of two communities'Web searching of municipal government Web sites[J]. Government Information Quarterly，2013，30(1)：99-109.

③ 廖思琴，周宇，胡翠红．基于云存储的政府网络信息资源保存型元数据研究[J]．情报杂志，2012，31(4)：143-147+152.

④ 黄新平．政府网站信息资源多维语义知识融合研究[D]．长春：吉林大学，2017.

⑤ 何欢欢．政府网站信息资源保存体系研究[D]．武汉：武汉大学，2010.

⑥ 翟秀丽．我国政府门户网站中政务信息资源整合研究[D]．郑州：郑州大学，2011.

⑦ Kim S. Factors affecting state government information technology employee turnover intentions[J]. The American Review of Public Administration，2005，35(2)：137-156.

讨了政府网络信息资源开发利用的方法。Ashraf M[①] 等通过调查，系统地提出了政府网络信息资源的开发利用方式与实现途径。Chen C 等[②]通过文献计量分析方法对我国政府网络资源在人文与社会科学研究中的应用方式和影响因素等进行了分析，提出了将政府网络信息资源应用于科学研究的策略与建议。夏义堃[③]结合图书馆在政府信息公开工作中承担的政府网络信息资源开发及其访问利用服务职能，针对当前图书馆在政府网络信息资源服务利用方面所存在的不足，提出了实现政府网络信息资源的深度序化加工处理、增值开发利用、方便公众访问利用的思路与方法。刘合翔[④]结合政府网络信息资源访问利用的范围、分布、强度及时序特性，构建了相应的可视化分析框架，通过可视化的方式分析和呈现政府网络信息资源的访问利用情况。

1.2.2 网络信息归档研究现状

随着网络技术的不断发展，互联网已经成为当今社会重要的“文化集散地”。在网络上，人们能够参与信息的创建、发布、传播、利用活动，这些信息汇集了当今的流行事件、热点新闻、网络舆论、动态趋势等，记录了人类网络时代的生活痕迹，作为社会的“公众记忆库”，具有重要的历史回顾、参考凭证、学术研究等价值，是当前数字资源长期保存的重要对象。目前，世界上许多国家的档案馆和图书馆等文化记忆机构都在积极开展网络信息归档的理论研究和实践探索，同时也引起了国内外学者的广泛关注，并成为近年来图情档领域学术界研究的热点问题[⑤]。

在文献检索过程中限定的时间范围为 2000 年至今，检索使用的关键词主

---

① Ashraf M, Shabbir F, Saba T, et al. Usability of government websites [J]. International Journal of Advanced Computer Science & Applications, 2017, 8(8): 163-167.

② Chen C, Ping W, Liu Y, et al. Impacts of government website information on social sciences and humanities in China: A citation analysis [J]. Government Information Quarterly, 2013, 30(4): 450-463.

③ 夏义堃．图书馆政府信息资源开发利用功能的定位与实施[J]．情报资料工作，2011，32(1)：72-75.

④ 刘合翔．政府网站信息资源利用的可视化分析与评价[J]．情报科学，2018，36(9)：136-141+152.

⑤ 黄新平，王萍．国内外近年 Web Archive 技术研究与应用进展[J]．图书馆学研究，2016(18)：30-35+19.

要有"Web Archive""Web Archiving""Internet Archive""网络信息资源保存""网页存档""网页保存""网页档案馆"等，经过人工筛选后，共获得相关中文文献271篇、英文文献221篇。在对国内外近年来相关研究文献和网络存档项目调研的基础上，以下分别从理论研究与实践动态两个方面对国内外网络信息归档的研究现状进行梳理和总结。

在理论研究方面，网络信息归档也称为"Web Archive""Internet Archive"，是指对采集的网络信息进行长期保存，以便未来的研究人员、历史学家和社会公众对存档的网络资源进行获取与利用的一系列活动①，在国内通常被翻译成网络存档、网络信息资源长期保存、网页信息存档等②。通过文献调研，发现国外相关理论研究主要聚焦在网页采集与归档保存方法、网络归档的数据质量控制、归档及存储技术的应用研究、网络存档资源的开发利用等方面。

(1)网页采集与归档保存方法研究。Mitja Dečman③ 从当前网页采集与保存面临的资源高效采集、数据动态存储等挑战、组织合作机制及用户利用需求等方面论述了网页采集与归档保存所需要解决的关键问题，并提出了实现网页采集与归档保存的策略与方法。Alam S 等学者④针对网站网页动态增长的特点，实现了一种基于CDX摘要机制进行网络资源增量采集与长期保存的方法。Gossen G 等学者⑤分析了当前网络存档面临的诸多挑战，以及网页采集与保存的特点，并提出了基于特定主题和事件的网页归档保存方法。James

① Schafer V, Winters J. The values of web archives [EB/OL]. [2021-02-25]. https://linkspringer. 53yu. com/article/10. 1007/s42803-021-00037-0.

② 刘兰. Web Archive的内涵、意义与责任、发展进程及未来趋势[J]. 图书馆建设，2014(3)：28-34+38.

③ Mitja Dečman. Problems of long-term preservation of web pages [J]. Knjižnica, 2011, 55(1): 193-208.

④ Alam S , Nelson M L , Sompel H , et al. Web archive profiling through CDX summarization [C]// International Conference on Theory and Practice of Digital Libraries. Cham: Switzerland Springer Cham, 2016: 223-238 .

⑤ Gossen G, Demidova E, Risse T. Analyzing web archives through topic and event focused su-collections[C]// ACM Conference on Web Science. New York: Association for Computing Machinery, 2016: 291-295.

Jacobs 等学者[①]专门就政府网站网页采集范围、采集内容、采集策略、存取模型，以及如何实现归档数据的永久访问利用等问题进行了系统的探讨。

(2)网络归档的数据质量控制研究。为了提高网页的采集质量，Dimitar Denev 等学者[②]构建了一个可以评价网页采集质量的 SHARC 框架，并基于该框架提出了控制网页采集质量的技术策略。M. B. Saad[③] 在实现网站网页更新状态实时获取的基础上，提出了基于网站网页页面更新机制实现网页动态采集与归档的方法，从而达到提升网页归档质量的目的。Alsum A 等学者[④]通过目标网站域名下网页内容的归档覆盖率来判断网页采集的深度，并提出相应的网页采集优化算法，从而达到提升网页采集质量的效果。Jurik B 等学者[⑤]从网络归档数据的安全管理层面对归档数据质量的控制进行了深入的研究。

(3)归档及存储技术的应用研究。Edgar Crook[⑥] 探讨了 Web2.0 环境下，网页归档面临的动态网站网页采集、网页情景信息抓取等诸多新挑战，并阐述了网页归档的新思路、新技术和新方法。Elena Demidova[⑦] 针对政府网站、政府社交媒体网页的采集与长期保存，采用智能化的网页采集工具，以及群体智慧驱动的网页资源采集模式，设计和实现了一个面向政治事件主题的语义网络归档系统——ARCOMEM。Fafalios P 等学者[⑧]基于 RDF/S 模型这样

---

① James Jacobs, Jefferson Bailey. The end of term Web archive: collecting & preserving the. gov information sphere [EB/OL]. [2021-02-21]. http: //scholarworks. sjsu. edu/slasc/15/.

② Dimitar Denev. The SHARC framework for data quality in Web archiving [J]. The VLDB Journal, 2011(20): 183-207.

③ M. B. Saad, S. Ganarski. Archiving the web using page changes patterns: a case study[J]. International Journal on Digital Libraries, 2012(13): 33-49.

④ Alsum A, Weigle M C, et al. Profiling web archive coverage for top-level domain and content language[J]. International Journal on Digital Libraries, 2014, 14(3-4): 149-166.

⑤ Jurik B, Zierau E. Data management of web archive research data [C] // Researchers, practitioners and their use of the archived web. London: University of London, 2017: 1-9.

⑥ Edgar Crook. Web archiving in a Web 2.0 world [J]. The Electronic Library, 2009, 27(5): 831-836.

⑦ Elena Demidova. Analysing and enriching focused semantic Web archives for parliament applications [J]. Future Internet, 2014(6): 433-456.

⑧ Fafalios P, Holzmann H, Kasturia V, et al. Building and querying semantic layers for Web archives[C]// Digital Libraries. New York: Institute of Electrical and Electronics Engineers, 2017: 1-10.

一个分布式语义描述框架，通过描述归档网页的语义信息来实现其内容的语义关联，并实现了相应的语义检索系统。Hwang H C 等学者[①]提出了一种基于区块链技术来实现网络信息资源长期安全保存和存储的技术方案。

(4)网络存档资源的开发利用研究。Weikum G 等学者[②]探讨了将网络存档资源应用于政策分析、市场营销、学术研究等不同场景的路径。Alsum A 等学者[③]实现了面向海量网络存档资源进行开发利用的 ArcSys 系统，该系统可以实现对 Web 存档语料库的提取，并通过 API 为普通用户、研究人员、第三方开发人员等提供相应的服务。Vlassenroot E 等学者[④]以欧洲网络存档资源的访问利用为例，分析了网络存档资源的学术价值，并描述了将其作为重要数据集合为文化遗产专业人士、IT 专家、人文社会科学研究人员开展相关研究提供重要素材的场景。Jones S M 等学者[⑤]以故事化线索的形式，利用 MementoEmbed 和 Raintale 等工具为用户提供馆藏网络存档资源的访问利用服务。Ruest N 等学者[⑥]提出了基于云技术的网络存档资源的服务界面设计和系统架构方案，旨在为科研人员提供网络归档资源的云共享服务。

与国外相比，国内相关研究多是从理论层面探讨网络信息归档的机制、策略、方法与技术等。

(1)在网络信息归档机制方面，何欢欢[⑦]系统地探讨了政府网站信息资源保存客体和目标、保存主体、保存策略以及保障机制等问题。刘乃蓬等[⑧]从档

---

① Hwang H C, Park J S, Lee B R, et al. A Web archiving method for preserving content integrity by using blockchain[EB/OL]. [2021-02-27]. https://linkspringer.53yu.com/chapter/10.1007/978-981-15-9343-7_47#citeas.

② Weikum G, Ntarmos N, Spaniol M, et al. Longitudinal analytics on web archive data: It's about time! [C]//Conference on Innovative Data Systems Research. Asilomar: CIDR, 2011: 199-202.

③ AlSum A. Web archive services framework for tighter integration between the past and present web[M]. Norfolk: Old Dominion University Press, 2014.

④ Vlassenroot E, Chambers S, Di Pretoro E, et al. Web archives as a data resource for digital scholars[J]. International Journal of Digital Humanities, 2019, 1(1): 85-111.

⑤ Jones S M, Klein M, Weigle M C, et al. MementoEmbed and raintale for Web archive storytelling[EB/OL]. [2021-02-23]. https://arxiv.53yu.com/abs/2008.00137.

⑥ Ruest N, Fritz S, et al. From archive to analysis: accessing web archives at scale through a cloud-based interface[J]. International Journal of Digital Humanities, 2021(1): 1-20.

⑦ 何欢欢. 政府网站信息资源保存体系研究[D]. 武汉：武汉大学，2010.

⑧ 刘乃蓬，张伟. 档案管理模式下网络信息资源长期保存的研究[J]. 中国档案，2012(9)：66-68.

案管理视角探讨了网络信息资源长期保存的实现机制。顾品浩[①]从档案管理视角围绕政府网络信息存档责任主体及组织合作机制等内容展开了较为系统的探究。李宗富等[②]运用5W2H法探讨了政府网站信息存档的原因、主体、范围、内容及成本等问题。张炜等[③]对国家数字图书馆在网络资源遴选、管理平台搭建和服务方式等方面的网络信息归档实现机制进行了介绍。孙红蕾等[④]从协作保存的视角探讨了网页长期保存的组织、责任、激励、保障与运行机制。

(2)在网络信息归档策略方面，周林兴[⑤]较早提出了网络信息资源采集与归档保存策略。仇壮丽等[⑥]通过对国内外典型网络存档项目的分析，总结出影响网络信息归档选择策略的主要因素。马宁宁等[⑦]对中外网络资源采集信息服务方式进行了比较分析，提出了优化完善我国网络资源采集信息服务的策略与建议。戴建陆等[⑧]从参与主体、法律法规、网络采集等方面提出了建立中文网络信息资源长期保存体系的基本对策。黄新荣等[⑨]从政策法规、交流合作、多方参与、技术开发等方面构建网页归档生态系统，提出网页归档推进策略。周文泓[⑩]探究了参与式管理框架下互联网信息社会化保存的推进策略。

(3)在网络信息归档方法方面，吴振新等对网络信息归档涉及的信息采

---

① 顾品浩．基于综合档案馆视角的政府网络信息存档组织机制研究[D]．天津：天津师范大学，2014.

② 李宗富，黄新平．基于5W2H视角的政府网站信息存档研究[J]．档案学通讯，2016(2)：68-72.

③ 张炜，敦文杰，周笑盈．国家数字图书馆网络资源保存的实践与探索[J]．数字图书馆论坛，2017(6)：32-38.

④ 孙红蕾，郑建明．互联网信息资源长期协作保存机制研究[J]．图书馆学研究，2017(10)：20-25+10.

⑤ 周林兴．Web Archive保存研究：现状、意义与发展策略[J]．档案管理，2009(5)：26-28.

⑥ 仇壮丽，许冬玲．归档网络信息选择策略的影响因素研究[J]．档案学研究，2011(3)：63-66.

⑦ 马宁宁，曲云鹏．中外网络资源采集信息服务方式研究与建议[J]．图书情报工作，2014，58(10)：85-89+116.

⑧ 戴建陆，范艳芬，金涛．中文网络信息资源长期保存策略研究[J]．情报科学，2015，33(11)：34-38.

⑨ 黄新荣，曾萨．网页归档推进策略研究——基于网页归档生态系统视角[J]．图书馆学研究，2018(16)：63-70+16.

⑩ 周文泓．互联网信息社会化保存的冷思考与热展望[J]．图书馆论坛，2020，40(1)：87-95.

集[①]、存档[②]，以及归档资源开发利用[③]的方法进行了系统的研究，并利用IIPC开源软件拓展构建国际重要科研机构Web存档系统[④]。此外，黄雪梅等[⑤]通过本体与数据库进行链接的方式，完成了基于领域本体的特定领域Web Archive构建。徐飞等[⑥]利用云存储方法实现了网页的归档保存，解决了网页采集数据动态增长的存储问题。胡吉颖等[⑦]采用模块化方法解析WARC文件，实现对网页存档保存的WARC文件基于内容的检索访问服务。高婷等[⑧]提出了一种基于OutbackCDX和UKWA-Heritrix的增量采集方法，该方法在不需要爬虫程序重启的情况下实现网络信息的定题增量采集。

(4)在网络信息归档技术方面，廖思琴等[⑨]将云存储技术应用到了政府网络信息资源长期保存的研究中，并设计了满足云存储需求的政府网络信息资源保存型元数据技术方案。刘准[⑩]对政府网络信息资源采集与存档面临的关键问题进行了较为系统的分析，提出了政府网络信息资源存档的技术实现方案，开发了政府网络信息资源存档系统原型并进行了采集与归档试验。吕琳[⑪]对互联网信息长期保存中可视化分析技术的应用进行了较为系统的探究。黄新平[⑫]

① 刘兰，吴振新．网络存储信息采集方式研究[J]. 图书馆杂志，2009，28(8)：28-31.

② 林颖，吴振新，张智雄．Web Archive存档策略分析[J]. 现代图书情报技术，2009(1)：16-21.

③ 吴振新，张智雄，孙志茹．基于数据挖掘的Web Archive资源应用分析[J]. 现代图书情报技术，2009(1)：28-33.

④ 吴振新，张智雄，谢靖，等. 基于IIPC开源软件拓展构建国际重要科研机构Web存档系统[J]. 现代图书情报技术，2015(4)：1-9.

⑤ 黄雪梅，李白杨．基于领域本体的特定领域Web Archive构建[J]. 图书馆学研究，2015(9)：13-18.

⑥ 徐飞，郑秋生，高艳霞．基于云存储的网页归档方案的研究[J]. 计算机时代，2017(4)：21-24+28.

⑦ 胡吉颖，吴振新，谢靖，等．构建面向WARC文档的全文索引系统[J]. 现代图书情报技术，2016(5)：91-98.

⑧ 高婷，白如江．基于OutbackCDX的增量式Web信息采集研究[J]. 山东理工大学学报(社会科学版)，2020，36(4)：99-105.

⑨ 廖思琴，周宇，胡翠红．基于云存储的政府网络信息资源保存型元数据研究[J]. 情报杂志，2012，31(4)：143-147+152.

⑩ 刘准．政府网络信息存档策略研究及系统实现[J]. 中国档案，2017(12)：60-61.

⑪ 吕琳，魏大威．互联网信息长期保存中可视化分析技术应用研究[J]. 图书馆，2018(5)：17-23.

⑫ 黄新平．基于云计算的政府网站网页在线归档管理平台构建研究[J]. 北京档案，2019(12)：16-20.

在设计政府网站网页在线归档业务流程的基础上，构建了基于云计算的政府网站网页在线归档管理平台的技术方案。

在实践动态方面，随着网络技术的不断发展，互联网已经成为当今社会快速获取和发布信息的重要渠道，越来越多的政府公开信息、社会团体信息及公众个人信息在互联网上创建、发布、传播与利用。这些信息种类繁多、数据量大、更新速度快、价值稀疏，具有原创性、时效性、易衰减、易消逝等特点，作为人类数字遗产的一部分，具有重要的历史记录与科学研究价值，是当前数字资源长期保存的重要内容。为了保存互联网上的"社会记忆"，近年来，欧美等一些发达国家的图书馆、档案馆、高校及相关科研机构便开展了网络信息归档保存的实践探索。其中欧盟对网络信息归档保存的探索起步早，项目开展较为深入，技术方法及成果应用已相对成熟，处于世界领先水平。以下将分别从项目内容、开发技术和实践应用等方面对欧盟第七框架计划(FP7)资助的 4 项具有代表性的网络信息归档实践项目的发展动态进行系统的总结与比较分析①。

欧盟框架计划(简称"FP")是由欧盟成员国和相关国家共同参与的一项官方科技计划，该计划以促进欧洲科技与经济社会发展为主要目标，自 1984 年实施以来，目前已完成了 7 个框架计划。在最新完成的欧盟 FP7 中，信息通信技术是该框架计划支持的重点领域，在项目计划整体预算中占比最高。其中，FP7 的 ICT 项目发展计划设立了专门面向数字资源的 ICT 项目，这些项目涵盖了数字图书馆与资源、数字存储、网络保存、信息检索及运用等多个研究主题，网络信息归档相关研究项目包含在以上这些研究主题之中。通过对欧盟委员会公开的 FP7 项目数据集合②的内容进行分析，基于项目的研究主题、研究目标、研究内容，从中选取 LiWA、BlogForever、ARCOMEM、ForgetIT 4 个发展成熟且具有代表性的网络信息归档项目作为案例，对其进行深入调研和比较分析，以上各项目的基本情况如表 1.1 所示。

---

① 黄新平．欧盟 FP7 社交媒体信息长期保存项目比较与借鉴[J]. 图书馆学研究，2019(17)：2-9.

② FP7 Projects [EB/OL]. [2021-04-16]. https://data.europa.eu/euodp/en/data/dataset/cordisfp7projects.

表 1.1 欧盟 FP7 网络信息归档项目基本情况

项目名称 \ 基本情况	国家	负责机构	起止时间	研究主题	研究目标
LiWA	德国	莱布尼茨汉诺威大学	2008 年 2 月—2011 年 1 月	ICT(2007 年 4 月 1 日)——数字图书馆和技术增强型学习	开发下一代网页内容采集、管理、保存与利用的长期保存系统
BlogForever	希腊	塞萨洛尼基亚里士多德大学	2011 年 3 月—2013 年 8 月	ICT(2009 年 4 月 1 日)——数字图书馆和数字保存	创建一个能够整合、保存、管理和传播博客的软件平台
ARCOMEM	英国	谢菲尔德大学	2011 年 1 月—2013 年 12 月	ICT(2009 年 4 月 1 日)——数字图书馆和数字保存	建立一个能够反映集体记忆和社会感知的社交媒体数字档案馆
ForgetIT	德国	莱布尼茨汉诺威大学	2013 年 2 月—2016 年 1 月	ICT(2011 年 4 月 3 日)——数字保存	构建一个可以实现个人和组织“数字记忆”的网络服务平台

(1)LiWA 项目。LiWA 项目的全称是“Living Web Archives”，它实现了传统网络资源保存采用的“冻结”式静态快照复制保存方式向“实时”的动态网络归档方式的转变。LiWA 作为世界上第一个探索网络资源实时动态归档的实践项目，与其他网络资源保存项目相比，其开发的新一代网页存档系统在确保归档网页的真实性、连贯性、可信性和长期可访问性等方面具有显著优势①。随着 Web2.0 时代的到来，LiWA 项目开始关注对互联网上发布的照片、语音、视频等多媒体信息的采集与保存。2010 年 6 月，LiWA 项目实现了一个针对

① 郭红梅，张智雄．欧盟数字化长期保存研究态势分析[J]．中国图书馆学报，2014(2)：120-127.

YouTube 的爬虫工具——LiWA 2010[①]，用于捕获 YouTube 视频，从而拉开了社交媒体网络信息归档保存的序幕。随后，该项目不断解决网络信息保存涉及的动态 Web 信息采集、降噪处理、元数据管理、时空定位、语义存储等诸多难题，最终在已有系统的服务之上构建了面向社交网络和多媒体存档的具体应用程序[②]，使其成为世界范围内网络信息归档的先驱与典范。

(2)BlogForever 项目。在 Web2.0 时代，博客、微博、论坛等社交网站不断涌现。由于这类网络资源结构复杂、动态交互性强、更新频率高，对社交网站资源的采集与保存日益受到学界和业界的重视。BlogForever 就是专门针对网络日志资源进行采集与保存的最佳实践项目，它利用网络日志采集与数字化存储两个重要组件，实现网络日志资源的在线评估、采集、管理、保存与重用[③]。其中网络日志采集组件用于完成对网络日志的版权问题、网络日志的结构和语义、不同资源实体之间关联关系的分析，在此基础上，通过创建通用的网络日志数据模型来捕获动态变化的网络日志内容及其网络和社会结构等情景信息。数字化存储组件则根据网络日志站点的动态性、交互性等特点及未来对其访问的需求，依赖能够保证归档资源的真实性、完整性、可用性和可长期访问性的长久保存策略，对采集的网络日志资源及其情景信息进行归档保存[④]。

(3)ARCOMEM 项目。ARCOMEM(Archive Community Memories)是由英国谢菲尔德大学牵头负责，协同其他多家科研机构共同开展的一项面向 Twitter、Facebook、Flickr、Google+、YouTube 等主流社交媒体的信息采集与保存实践项目。该项目旨在利用集体智慧开展社交媒体信息的评估、选择、采集和保存工作，进而建立一个基于群体意识和社会感知的社交媒体数字档案馆[⑤]。与传统的网络信息归档项目不同，该项目利用群众的智慧对社交

---

① Thomas A, Meyer E T, Dougherty M, et al. Researcher engagement with Web archives: challenges and opportunities for investment[EB/OL]. [2021-04-18]. https://papers.ssrn.com/sol3/papers.cfm?abstract_id=1715000.

② Living Web Archives [EB/OL]. [2021-04-18]. https://cordis.europa.eu/project/rcn.

③ Kasioumis N, Banos V, Kalb H. Towards building a blog preservation platform [J]. World Wide Web, 2013, 17(4): 1-30.

④ BlogForever [EB/OL]. [2019-04-18]. http://cordis.europa.eu/project/rcn/98063_en.html.

⑤ 张卫东，黄新平．面向 Web Archive 的社交媒体信息采集——基于 ARCOMEM 项目的案例分析[J]．情报资料工作，2017(1)：94-99.

媒体信息的保存价值进行评估，从中选择出需要优先采集的信息，并采用自适应智能决策的信息采集方法捕获社交媒体上公众共同关注的信息，然后利用社会化语义标注以及事件、主题、实体等信息抽取技术使存档资源具有语义结构，确保社交媒体信息归档前后内容的一致性与完整性，最终将社交媒体信息的采集与保存转变为群体智慧驱动的数字存储模式[①]。

(4)ForgetIT 项目。互联网作为当今社会个人的“自媒体”及组织机构的“发生器”，其庞大的用户群体产生了海量原生性信息，这些信息以文本、图片、音频、视频等媒体形式记录了人类在互联网时代的生活痕迹，作为一种新形式的数字文化遗产，是建构和传承人类社会“数字记忆”的重要内容。为了实现互联网时代数字文化遗产保护工作的推广和普及，近年来，世界各国陆续开展了面向公众的互联网数字文化遗产保存、传播与利用的实践探索，其中最具代表性的是德国莱布尼茨汉诺威大学负责开展的 ForgetIT 项目。该项目综合运用信息管理、多媒体分析、存储计算、认知心理学等多门学科的理论、方法与技术，将“管理遗忘模型”“协同存储”“场景记忆”三个概念创新性地引入网络资源保存领域，通过对三者进行深层次的整合，构建了一个能够支持个人和机构开展诸如网络信息保存等“数字记忆”活动的网络共享服务平台[②]。

FP7 启动实施后，就不断根据欧盟的发展需求及全球在相关领域面临的最新挑战，及时调整自身的战略规划，有针对性地实施“领域”导向的专项计划，避免重复研究，确保同一研究主题下不同项目之间富有连贯性。以上 4 个项目虽然都是 FP7－ICT 发展计划下的资助项目，而且研究主题均属于“数字图书馆与数字保存”，但是这些项目的目标定位、研究重心、开发工具、技术标准、目标用户与应用领域等各不相同，以下将分别从项目内容、开发技术和实践应用三个维度对其进行比较分析。

(1)项目内容维度。项目内容维度的比较主要从项目的目标定位、参与机构、研究重心三个方面来描述，具体如表 1.2 所示。

① ARCOMEM [EB/OL]. [2021-04-20]. http://cordis.europa.eu/project/rcn/97303_en.html.

② ForgetIT [EB/OL]. [2021-04-21]. https://cordis.europa.eu/project/rcn/106844_en.html.

表 1.2　欧盟 FP7 网络信息归档项目内容比较

比较内容 \ 项目名称		LiWA	BlogForever	ARCOMEM	ForgetIT
目标定位	项目类别	特定目标型	协同型	综合型	卓越网络型
	发展愿景	实现网络资源的实时动态归档	为网络日志的长期保存提供强大的数字存储系统	构建集体智慧驱动的社交媒体数字档案馆	建设欧盟共建共享的“数字记忆”网络平台
参与机构	机构类型	科研机构	科研机构、存储机构、企业	科研机构、存储机构、企业	科研机构、存储机构
	合作方式	跨国家、跨区域、跨领域	跨国家、跨区域、跨行业、跨领域	跨国家、跨区域、跨行业、跨领域	跨国家、跨区域、跨领域
研究重心	保存对象	网页、社交网站、YouTube 视频等多媒体资源	网络日志	Twitter、Facebook、Flickr、YouTube 等主流社交媒体资源	互联网上的文本、图片、音频、视频等文件
	学科领域	信息采集、语义技术、多媒体分析、网络存储	内容管理、数字版权、风险评估、社会网络	信息管理、社会网络、语义技术、多媒体内容挖掘、知识库	信息管理、多媒体分析、存储计算、认知心理学
	关注重点	实时动态归档、语义存储	网络日志数据模型、存储内容风险管理	社交媒体信息的选择与采集、归档资源的语义组织	管理遗忘模型、协同存储、场景记忆

①目标定位。随着欧盟委员会对“数字保存”问题的重视，数字保存技术在 ICT 领域中的应用已经提升到研究主题的高度，在最新一期的 FP7－ICT 项目计划中，专门设立了面向“数字保存”的研究主题[①]。网络信息归档相关研究项目包含在“数字保存”研究主题之中。根据研究主题和目标，可以将网络

① ICT－Information and communication technologies work programme［DB/OL］.［2021-04-23］. http://cordis. europa. eu/fp7/ict/docs/ict－wp2013-10-7-2013. pdf.

信息归档领域的项目划分为特定目标型(specific targeted research)、卓越网络型(network of excellence)、协同型(coordinated action)、综合型(integrated project)4 种类型[①]。以上 4 个项目分别属于不同的项目类别，其中 LiWA 属于特定目标项目，旨在实现各种网络资源的实时动态归档；BlogForever 属于协同项目，通过建立机构协调与技术合作机制，为网络日志的长期保存提供强大的数字存储系统；ARCOMEM 属于综合项目，致力于构建集体智慧驱动的社交媒体数字档案馆；ForgetIT 属于卓越网络项目，其目标是将欧盟数字化长期保存机构联合起来构建各机构可共享的“数字记忆”网络平台，以实现对网络资源及其他数字资源的永久利用。

②参与机构。网络信息采集与保存是一项系统的工程，其中涉及资金、技术、人力、管理等诸多问题，单靠某一个机构的力量难以完成，需要多机构的协同参与。通过对 4 个项目的参与机构情况进行调研，发现共有 42 个来自不同国家和地区的机构参与了这些项目，其中以科研机构为主，如德国的莱布尼茨汉诺威大学先后牵头负责了 LiWA 和 ForgetIT 两个项目，说明其在该领域进行了持续的深入研究。随着存储资源类型的复杂和多样化，一些存储机构也开始参与到 BlogForever、ARCOMEM、ForgetIT 项目中，并与科研机构合作，共同研究网络资源采集及数字化存储的流程与方案等问题。此外，在 BlogForever 和 ARCOMEM 项目中，企业也承担了关键角色，它们协助科研机构和存储机构解决了项目在爬虫工具、存储系统开发上遇到的技术难题。总之，这些项目通过建立资源采集、数字存储、工具开发等合作框架，实现了不同机构之间跨国家、跨区域、跨行业、跨领域的合作方式，各参与机构通过分工协作、资源共享、优势互补，来降低项目的成本与风险，从而使项目效益最大化。

③研究重心。立足数字保存的视角，确保归档资源的真实性、完整性、可靠性及长期可访问性是这些项目所共同关注的内容。然而由于各项目保存的资源类型与结构、涉及学科领域、关注重点存在差异，以至于其研究重心也有所不同。其中 LiWA 项目主要对网站资源进行归档保存，重点应用语义

① 郭红梅，张智雄．欧盟数字化长期保存研究现状[J]．图书情报工作，2014(8)：122-127.

技术、多媒体分析、网络存储等领域的知识，基于资源内容生命周期的语义演化实现资源的实时动态归档与语义存储；BlogForever 项目专门对动态交互的网络日志进行采集和保存，其构建的网络日志数据模型中融入了版权鉴别、风险评估、社会网络分析等重要特征信息，以简化个人和机构对网络日志资源的长期保存；ARCOMEM 项目关注对一些主流社交媒体资源的长期存取，基于社会网络、语义技术、多媒体内容挖掘、知识库等领域的方法与技术，实现对大量异质复杂的社交媒体信息的选择、评估与采集，以及归档资源的语义组织；ForgetIT 项目重在对互联网发布的文件进行存储，其研究重心是集中信息管理、计算科学、心理学等学科领域的专家，构建包含管理遗忘模型、协同存储、场景记忆三个模块的存储框架，进而实现对资源的智能化存储与管理。

(2)开发技术维度。开发技术维度的比较主要从项目的信息采集、数据管理、资源保存三个方面来描述，具体如表 1.3 所示。

表 1.3 欧盟 FP7 网络信息归档项目开发技术比较

比较内容＼项目名称		LiWA	BlogForever	ARCOMEM	ForgetIT
信息采集	采集方法	定域采集	定点采集	定题采集	定点采集
	采集工具	LiWA 2010	BlogForever Crawler	ARCOMEM Crawler	Flickr API、Twitter API 等
数据管理	概念模型	OAIS 参考模型	资源生命周期管理模型	OAIS 参考模型	Preserve-or-Forget 框架
	元数据方案	WARC	BlogForever Data Model	ARCOMEM Data Model、WARC	PoF Information Model、DC
资源保存	保存策略	数据加密、数据备份、数据迁移	数据备份、数据检测、数据迁移	数据备份、数据迁移	数据加密、数据备份
	存储技术	网络存储、语义存储	数据仓库、分布式存储	本体存储、知识库、语义存储	云存储、协同存储

①信息采集。根据采集范围的不同，可将网络信息采集方式划分为定域采集、定点采集与定题采集3种类型[①]。这些项目根据各自需求选择了不同的信息采集方式。LiWA项目采用的LiWA 2010是在面向特定网络域的经典网络爬虫Heritrix基础上开发的用于网络资源的工具，它可以实现对目标网站上所有信息的自动采集[②]。这种定域采集方式，具有较高的采集效率，但是由于采集量大，垃圾信息较多，从而影响信息的采集质量。BlogForever和ForgetIT项目采用的定点采集方式则按照既定的规则，从特定目标来源中挑选出具有保存价值的站点，对这些站点资源进行采集。其中，BlogForever项目根据网络日志资源动态交互性强的特点，基于增量式Web信息采集技术开发了专门的网络日志爬虫工具[③]。ForgetIT项目并未开发专门的爬虫工具，而是利用相应网络平台提供的REST API应用程序接口技术实现网络信息的采集[④]。与以上项目不同，ARCOMEM项目主要围绕预设好的某一主题进行有针对性的信息采集，为此设计开发了智能自适应决策支持的社交媒体信息抓取工具，利用它实现欧洲主要政治事件（如议会选举、各国大选等）驱动的特定主题社交媒体资源的采集[⑤]。

②数据管理。利用爬虫工具捕获的网络信息多是杂乱无序的，还要在相应的概念模型或系统框架下设计所需的元数据方案，通过资源描述与内容整理等数据管理操作，实现无序信息的序化组织。OAIS参考模型是数字保存领域中通用的基本概念模型，LiWA和ARCOMEM项目均在该模型的基础上提出基于WARC格式的元数据方案，区别在于前者采用标准的WARC网页档

① 黄新平，王萍．国内外近年Web Archive技术研究与应用进展[J]．图书馆学研究，2016(18)：30-35+19.

② Technologies for living Web Archives [DB/OL]. [2021-04-25]. https：//cordis.europa.eu/docs/projects/cnect/7/216267/080/deliverables/001-D610TechnologiesforLivingWebArchivesv10.pdf.

③ Blanvillain O，Kasioumis N，Banos V. Blogforever crawler：techniques and algorithms to harvest modern weblogs[C]//Proceedings of the 4th international conference on web intelligence，mining and semantics (WIMS14). New York：Association for Computing Machinery，2014：1-8.

④ ForgetIT Brochure [DB/OL]. [2021-04-29]. https：//www.forgetit-project.eu/fileadmin/fm-dam/downloads/forgetit_brochure.pdf.

⑤ Risse T，et al. The ARCOMEM architecture for social and semantic driven Web archiving [J]. Future Internet，2014，6(3)：688-716.

案文件格式记录资源的内容、结构、背景等信息[①]，后者采用RDF、OWL等框架标准设计了一个数据模型对资源对象进行语义描述，并将其以WARC文件格式进行保存[②]。BlogForever项目主要是让一些动态、交互、高度相关的网络日志资源在其整个生命周期内保持可用性和可信性，提出了基于关联数据的通用数据模型来描述资源，包括语义、内容、元数据、过程、规则及交互信息等，以便在不同应用场景下都能够还原其原始信息[③]。ForgetIT项目则是在其构建的Preserve-or-Forget框架的基础上，提出了基于DC(都柏林核心元数据集)的PoF信息模型，对采集的网络资源对象及其元数据等相关信息进行封装，形成可以实现长期保存的资源数据包[④]。

③资源保存。网络资源结构复杂且动态增长，其复杂性、动态性、技术依赖性强等特点对存储管理提出了挑战，如何实现海量归档资源的动态存储及长久保存等是这些项目要解决的关键问题。通过调研发现以上项目根据各自保存资源的类型与结构，均有针对性地采用了数据加密、检测、备份、迁移等相结合的长期保存技术策略，完成对归档资源的内容完整性检测和数据恢复。在存储技术应用方面，LiWA项目在传统网络存储技术的基础上，针对存储过程动态演变导致的归档资源内容“语义漂移”问题，引入语义存储技术，实现网络资源的实时动态存储[⑤]。BlogForever项目则以Hadoop分布式框架为支撑，在数据仓库集群环境下，通过存储计算，实现对海量、异质、非结构化的网络日志资源的分布式存储[⑥]。ARCOMEM项目借鉴了LiWA项目采用的语义存储技术，并在此基础上，利用本体存储、知识库等技术构建

---

① Technologies for living Web Archives [DB/OL]. [2021-04-25]. https://cordis.europa.eu/docs/projects/cnect/7/216267/080/deliverables/001-D610TechnologiesforLivingWebArchivesv10.pdf.

② Arcomem framework[DB/OL]. [2021-04-30]. http://api.arcomem.eu/ArcomemFramework.pdf.

③ BlogForever data model [DB/OL]. [2021-05-06]. https://zenodo.org/record/7488/files/BlogForever_D2_2WeblogDataModel.pdf.

④ Bridging information management and preservation: A reference model [DB/OL]. [2021-05-08]. https://link.springer.com/content/pdf/10.1007%2F978-3-319-73465-1.pdf.

⑤ Technologies for living Web Archives [DB/OL]. [2021-04-25]. https://cordis.europa.eu/docs/projects/cnect/7/216267/080/deliverables/001-D610TechnologiesforLivingWebArchivesv10.pdf.

⑥ BlogForever: D3.1 preservation strategy report[DB/OL].[2021-05-11]. http://eprints.gla.ac.uk/153538/7/153538.pdf.

用于社交媒体资源存储的语义知识库①。ForgetIT 项目将云存储技术应用到了网络资源的长期保存中，基于云计算构建可以动态扩展的协同存储框架，实现对网络资源的多云协同存储②。

(3)实践应用维度。实践应用维度的比较主要从项目的服务功能、目标用户、应用领域三个方面来描述，具体如表 1.4 所示。

表 1.4　欧盟 FP7 网络信息归档项目实践应用比较

比较内容＼项目名称	LiWA	BlogForever	ARCOMEM	ForgetIT
服务功能	域名、URL、站点地图、起止日期、标签、主题分类	标题、主题、作者、URL、日期、关键词、权限	关键词、标签、URL、事件、时间、主题分类	作者、主题、日期、标题、资源类型、专题馆藏
目标用户	图书馆、档案馆、网络存档机构	图书馆、档案馆、科研机构、企业、博客作者	图书馆、档案馆、科研机构、政府部门	图书馆、档案馆、博物馆、科研机构、企业、公众
应用领域	数字图书馆、数字档案馆建设	个人和机构网络日志保存、学术研究	专题馆藏、政府决策、学术研究	机构信息与私人文件保存、学术研究

①服务功能。网络信息归档的目的就是实现归档资源的访问与利用，从而发挥资源的保存价值。浏览查询是用户访问和获取存储资源的基本服务，调研发现，以上项目开发的网络服务平台虽然界面风格各不相同，但都为用户提供了较为完善的检索和浏览服务功能。在 LiWA 项目的访问界面中，用户可以按照域名、URL、站点地图、起止日期、标签、主题分类等方式检索所需的资源。BlogForever 项目除了提供网络日志的标题、主题、作者、URL

① Risse T，et al. The ARCOMEM architecture for social and semantic driven Web archiving [J]. Future Internet，2014，6(3)：688-716.

② Bridging information management and preservation：A reference model [DB/OL]. [2021-05-08]. https：//link. springer. com/content/pdf/10. 1007%2F978-3-319-73465-1. pdf.

等基本检索方式外，还可以通过限定日期、关键词、权限等选项实现高级检索。ARCOMEM 项目针对归档资源的检索服务专门开发了一个应用程序——SARA[①]，利用该检索系统，用户可以按关键词、标签、URL、事件、时间、主题分类等方式实现归档资源的快速精准查询。ForgetIT 项目不仅提供了作者、主题、日期、标题、资源类型等检索服务，而且在其用户界面上设计了“Communities & Collections”标签，通过此功能，用户可以“专题馆藏”的检索方式获取所需的资源。

②目标用户。目标用户在一定程度上反映了不同项目开展网络信息归档实践应用的目标与焦点。根据性质不同，可将目标用户划分为文化记忆机构、科研机构、政府部门、企业、个人等不同类型。以上 4 个项目的目标用户主要为文化记忆机构和科研机构，这是因为图书馆、档案馆、博物馆这些机构作为保存时代记忆的责任主体，在网络资源保存中起着关键作用。同时归档保存的网络资源具有重要的学术价值，能够为科研机构开展相关学术问题研究提供支撑。此外，LiWA 项目的目标用户中还包括一些网络存档机构，如 Chris Pederick、Hanzo 等，它们利用 LiWA 技术对网络资源进行保存和增值利用[②]。BlogForever、ForgetIT 是两个关注终端用户的项目，除了为专门的存储机构提供服务外，其开发的网络平台还可以满足企业和个人的需要[③④]。ARCOMEM 项目主要针对与政治事件相关的社交媒体网络信息资源进行保存，其目标用户还涉及欧洲议会等政府部门[⑤]。

③应用领域。目前，以上项目已被广泛地应用到数字图书馆与数字档案馆的建设、科学研究、政府决策，以及机构和个人的“数字记忆”等诸多领域。

① ARCOMEM archivist’s tool [DB/OL]. [2021-05-16]. http://www.arcomem.eu/wp-content/uploads/2012/05/D8_1.pdf.

② Technologies for living Web Archives [DB/OL]. [2021-04-25]. https://cordis.europa.eu/docs/projects/cnect/7/216267/080/deliverables/001-D610TechnologiesforLivingWebArchivesv10.pdf.

③ BlogForever：D4.8 final blogforever platform [DB/OL]. [2021-05-18]. https://zenodo.org/record/7497/files/BlogForever_D4_8_FinalBlogForeverPlatform.pdf.

④ Bridging information management and preservation：A reference model [DB/OL]. [2021-05-08]. https://link.springer.com/content/pdf/10.1007%2F978-3-319-73465-1.pdf.

⑤ Elena D, Nicola B, Stefan D, et al. Analysing and enriching focused semantic Web Archives for parliament applications[J]. Future Internet, 2014, 6(3): 433-456.

譬如，国际互联网保护联盟(IIPC)中的一些国家图书馆和档案馆将LiWA作为建设数字图书馆和档案馆馆藏资源的工具，利用它构建网络归档数字资源库，以丰富其数字馆藏资源①。BlogForever保存的网络日志资源涵盖了社会、经济、政治、科学、文化等各个领域，作为科学研究的重要素材，相关科研机构利用它开展了数字文化、社交网络、信息传播等主题的学术研究②。欧洲议会图书馆利用ARCOMEM对与“议会选取”事件相关的社交媒体网络资源，包括官方发布的信息及公众的意见与评论等进行专题保存，以此来还原事件的全貌，为政府部门决策提供参考③。而ForgetIT自对公众开放以来，已有很多机构和个人利用它开展网络信息保存等“数字记忆”活动，保存的资源内容包含机构信息与私人文件，资源主题涉及流行事件、网络舆论、科研教育、社会文化等众多领域④。

在政府网络信息归档实践方面，国外主要依靠档案馆、图书馆等机构所负责的项目实施驱动，其中有代表性的实践项目如表1.5所示。

表1.5 国外主要政府网络信息归档项目基本情况

基本情况 项目简称	国家	负责机构	起始时间	项目名称
NCSGWA	美国	北卡罗来纳州档案馆	2005年	北卡罗来纳州政府网站存档项目
LAGDA	美国	美国得克萨斯大学图书馆等	2005年	拉丁美洲政府文献存档项目
EOT	美国	IIPC等7个组织机构合作	2008年	总统任期网络存档项目

① A Survey on Web archiving initiatives [DB/OL]. [2021-05-23]. https://core.ac.uk/download/pdf/62687243.pdf.

② Banos V, Baltas N, Manolopoulos Y. Blog preservation: current challenges and a new paradigm [M]. Berlin: Springer Berlin Heidelberg, 2012: 16-19.

③ Elena D, Nicola B, Stefan D, et al. Analysing and enriching focused semantic Web Archives for parliament applications [J]. Future Internet, 2014, 6(3): 433-456.

④ Towards concise preservation by managed forgetting: research issues and case study [DB/OL]. [2021-05-29]. http://l3s.de/~kanhabua/papers/iPRES2013-Managed_Forgetting.pdf.

续表

基本情况 / 项目简称	国家	负责机构	起始时间	项目名称
GCWA	加拿大	加拿大国家图书档案馆	2005 年	加拿大政府网站存档项目
UKGWA	英国	英国国家档案馆	2003 年	英国政府网络存档项目
AGWA	澳大利亚	澳大利亚国家图书馆	2014 年	澳大利亚政府网络存档项目

(1)北卡罗来纳州政府网站存档项目(The North Carolina State Government Website Archive, NCSGWA)。NCSGWA是2005年美国北卡罗来纳州档案馆启动的用于采集和保存政府网络信息的存档项目，该项目的存档内容涵盖1996年以来州政府的委员会会议记录、政府政策、有历史意义的照片和视频、全州的统计报告等网络资源。NCSGWA注重存储资源的价值，由此在采集资源标准上开发了“网站宏观评估计分表”用于揭示资源的重要程度，进而缓解保存组织的存储压力，促使用户发现高价值资源[①]。

(2)拉丁美洲政府文献存档项目(Latin American Government Documents Archive, LAGDA)。LAGDA是2005年美国得克萨斯大学图书馆、拉丁美洲馆藏、得克萨斯大学奥斯汀分校和拉丁美洲网络信息中心的联合项目。该项目利用互联网档案馆(IA)开发的Archive-It服务系统采集18个拉丁美洲、加勒比国家的各部长级与总统级文件(采集格式主要有Html、Word 、PDF和RTF文档)，以及部长与总统演讲的原始音视频[②]。

(3)总统任期网络存档项目(End of Term, EOT)。EOT是美国总统任期结束时收集关于联邦政府立法、行政、司法机构网站资源的项目，涉及总统过渡期间Whitehouse. gov网站信息的采集，每四年采集一次，该项目是一项

① North Carolina department of cultural resources standard for automated Web site capture [EB/OL]. [2021-04-20]. https://archives. ncdcr. gov/media/28/open.

② Web Archives and large-scale data: perliminary techniques for facilitating research[EB/OL]. [2021-04-21]. https://tdl-ir. tdl. org/handle/2249. 1/57153.

跨大学、文化组织、政府机构等组织的协作计划项目[①]。

(4)加拿大政府网站存档项目(Government of Canada Web Archive,GCWA)。该项目是由加拿大国家图书档案馆负责牵头的专门用于采集和保存政府网络信息的网页归档项目，其采集与保存的网络资源包括联邦政府网络存档、联邦选举、奥运会和加拿大纪念活动。该项目数据库的内容几乎涵盖了加拿大本国所有政府部门网站的可获取信息，目前存档数据的存储容量为70TB，公众可以利用相应的检索系统来查询和下载这些政府网络信息[②]。

(5)英国政府网络存档项目(UK Government Web Archive，UKGWA)。UKGWA项目是由英国国家档案馆负责的专门用来收藏和归档英国所有的政府网站网页、政府社交媒体等网络资源。该项目采用选择性、事件、主题相结合的采集方式以及基于外部索引的压缩存档策略，实现政府网站的归档保存。这个项目拥有3亿个存档网页，是世界上最大的政府网络存档项目，每月用户访问量达1000万次[③]。

(6)澳大利亚政府网络存档项目(Australian Government Web Archive,AGWA)。AGWA是PANDORA(澳大利亚的网络文献资源存取)的子项目，受开放政府运动驱使，于2014年开始保存2005年至今的澳大利亚政府网络信息。该项目通过其自主研发的PANDAS存档系统，采用选择性的网页采集策略和基于分布式多文件存储的保存策略来捕获网页信息，生成网络存档资源的管理元数据，实现归档资源的自动获取与存储，并通过专门的网络检索系统为用户提供存档资源的访问利用服务[④]。

与国外相比，国内相关的实践应用研究尚处于起步阶段，较大规模的实践应用还付之阙如，系统应用实践发展尚不成熟。其中具有代表性的是国家图书馆负责的网络信息资源采集与保存试验(Web Information Collection and

---

① End of term Web Archive [EB/OL]. [2021-06-10]. https://end-of-term.github.io/eotarchive/.

② Library and archives Canada [EB/OL]. [2021-04-23]. http://collectionscanada.ca/.

③ UK Web Archive [EB/OL]. [2021-04-23]. http://www.webarchive.org.uk/ukwa/.

④ Collecting the government's online documentary heritage goes large scale[EB/OL]. [2021-04-22]. https://www.nla.gov.au/stories/blog/web－archiving/2015/02/11/the-australian-government-web-archive.

Preservation，WICP）和中国政府公开信息整合服务等项目[①]。这些项目标志着我国政府网站网页保存实践有了一定进展，初步解决了政府网络信息选择与长期保存在技术层面的困难，但在资源数量与质量的控制及用户存取利用等方面还存在一定不足，有待进一步的改进与完善。近年来，国家档案局对政府网站网页归档的实践问题也在不断地研究和探索，已经启动了国家政府网站网页存档工作，同时为实现我国各级政府网站，以及各国有企业、中央企业等网站网页的永久保存，已经发布《政府网站网页归档指南》等相关行业标准[②]，并选择北京市档案局、宁波市档案局、自然资源部信息中心、国家电网江苏省电力有限公司等单位作为试点，率先开展了政府网站网页归档的实践探索[③]。

1.2.3 云归档研究现状

近年来，随着云计算技术的迅速发展及其在数字资源保存、电子档案管理等领域的广泛应用，云归档问题日益受到全球信息资源管理领域的广泛关注，通过梳理和总结近年来国内外关于“云归档”主题的研究成果，可以为本文的研究提供一定的指导与借鉴。在文献检索过程中限定的时间范围为2000年至今，检索使用的关键词主要有“云归档”“云＋数字资源保存”“云＋档案管理”“Cloud Archive”“Cloud Archiving”“Cloud ＋ Digital Archives”等，对文献进行主题筛选后，共获得相关中文文献317篇、外文文献192篇。在对国内外近年来相关研究文献和云归档项目调研的基础上，以下分别从理论研究与实践动态两个方面对国内外云归档的研究现状进行梳理和总结。

在理论研究方面，通过对检索得到的文献研究主题进一步归类与合并，发现目前国内外关于“云归档”主题的相关理论研究主要聚焦在以下几个方面。

（1）云归档技术。本研究所讨论的云归档技术是聚焦在云归档过程中使用的关键云技术，也是云计算技术在数字资源保存及电子档案管理领域中的应

---

① 中国政府公开信息整合服务平台[EB/OL]．[2017-07-22]．https：//www．govinfo．nlc．gov．cn．

② 中华人民共和国国家档案局．政府网站网页归档指南（DA/T 80—2019）[DB/OL]．[2021-09-28]．https：//www．saac．gov．cn/daj/hybz/201912/5e653e193bd747659d78783c8c4c8818/files/a778567bbacd47119ecb115cfe84e9a8．pdf．

③ 中华人民共和国国家档案局．网站网页资源归档试点工作启动[EB/OL]．[2021-05-12]．https：//www．saac．gov．cn/daj/daxxh/201807/b7ee27b2500a4a3cbda3c8cb5a787bda．shtml．

用和延伸。目前，云归档使用的主要云技术包括分布式存储技术和虚拟化技术两大类。在分布式存储技术研究方面，分布式存储作为云归档的核心技术之一，能够将分散在网络中的各种存储设备和信息整合在一起形成网络群，共同调配群中的资源，实现海量归档资源的动态存储及长久安全保存，为用户提供海量、统一和安全的网络存储资源，目前已引起国内外众多学者、科研机构的广泛关注。譬如，Kim Y① 在 BlogForever 项目设计中，以 Hadoop 分布式框架为支撑，在数据仓库集群环境下，通过存储计算，实现对海量、异质、非结构化的网络日志资源的分布式存储。尚珊②在分析云存储的结构和优点以及档案用户需求的基础上，提出利用分布式云存储技术，构建档案系统私有云的技术方案，通过建设一个分布式的档案系统私有云，确保云端归档数据的安全性。在虚拟化技术研究方面，虚拟化技术作为云归档技术的另一重要支撑，可以将云存储底层硬件资源进行资源池化，支持多台虚拟机的运行和使用，形成灵活可扩展的云平台服务，用户不必了解应用程序运行的具体位置就可以随时随地使用各类终端获取所需服务。对虚拟化技术在云归档中的应用进行深入挖掘和探讨，也已经成为当前学者关注的重要议题。如董晓莉等③在构建数字资源云归档数字对象模型的基础上，提出了依托混合云技术构建数字资源长期保存云平台的方案。陶水龙④基于对当前区域档案数字资源的集约化与共享化建设的重要性分析，提出采用云计算技术架构搭建云虚拟资源池，利用虚拟化技术实现硬件资源的整合，从而对业务管理及相应的应用程序进行统一的实施和调配。

(2)云归档业务。云归档业务主要是指在云归档过程中所经历的一系列活动或过程的总和，包括采集、管理、保存、利用等各项业务，这些都是数字资源保存、电子档案管理过程中不可缺少的重要环节。对检索得到的有关文献进行分析，发现云归档业务相关研究主要聚焦在云归档业务系统模型的构

① Kim Y，Ross S，Stepanyan K，et al. BlogForever：D3. 1 preservation strategy report[EB/OL]. [2021-05-12]. https：//eprints. gla. ac. uk/153538/.

② 徐尚珊，王岩．“云存储＋智能终端”的档案管理模式初探[J]. 山西档案，2013(6)：52-55.

③ 董晓莉，李杉．数字资源长期保存混合云平台技术分析[J]. 图书馆工作与研究，2018(8)：50-56.

④ 陶水龙．基于云计算的区域性数字档案馆建设研究[J]. 中国档案，2013(2)：4.

建和云业务流程的优化等方面。从构建云归档业务系统模型的视角来看，学者们普遍基于 OAIS 模型(开放档案信息系统)设计云归档业务流程。如 Jan Askhoj J 等①对云归档及实现云归档的服务系统进行了全面的阐释，创建了一个云归档系统的整体模型，将 OAIS 模型的功能实体映射到云服务的分层系统中，以对数据资源进行存储加工，最终提供给用户。Askhoj J② 还对业务系统模型的应用规范进行设计，以此建立了一个实现电子文件云归档的服务系统。Zhang Guigang 等③参考 OAIS 模型，设计和开发了一个基于云存储的数字存储系统(Cloud DA)，该系统可以实现数字资源的海量存储；从优化云归档业务流程的视角来看，为了促使待归档资源更加方便快捷地实现采集、管理、保存、利用等活动，学者们针对云业务流程优化相关问题展开了深入的研究。如何正军等④设计了区域性"数字档案云"、行业性"档案云"和社会组织联合"数字档案云的运行"平台，将云计算技术融入整个云归档的业务中，实现了云归档业务的重塑。Qi J 等⑤以关联数据技术为支持，对云归档业务进行分析，提出了基于关联数据的网络电子文件的云归档集成管理业务流程，其中实现了电子文件归档管理中云采集、云存储、云管理等业务流程的创新和优化。

(3)云存储应用。云存储是在云计算概念下延伸出来的一个新概念，是在对归档资源进行采集、处理之后，利用分布式文件系统、集群应用等云技术将分散在网络中的各种存储设备资源整合在一起，为用户提供海量、统一和安全的网络存储服务。通过对检索得到的相关文献研究主题进一步归类与合并，发现目前国内外对云存储的研究主要集中在以下 3 个方面：云存储资源的长期保存策略研究、云存储架构技术方案研究和云存储数据安全保护研究。

---

① Askhoj J，Sugimoto S，Nagamori M. Preserving records in the cloud[J]. Records Management Journal，2011，21(3)：175-187.

② Askhoj J，Nagamori M，Sugimoto S. Archiving as a service：a model for the provision of shared archiving services using cloud computing[C]//Proceedings of the 2011 in Conference. New York：Association for Computing Machinery，2011：151-158.

③ Guigang Z，Sixin X，Huiling F，et al. Massive electronic records processing for digital archives in cloud[C]//Joint international conference on pervasive computing and the networked world. Berlin：Springer Heidelberg，2012：814-829.

④ 何正军，金波. 云计算与数字档案馆建设新机遇[J]. 档案与建设，2015(12)：4-8.

⑤ Qi J，Ren Y，Wang Q. Network electronic record management based on linked data[J]. Journal on Big Data，2019，1(1)：9.

①云存储资源的长期保存策略研究。高建秀在分析传统的存储技术在数字资源长期保存应用中面临的挑战的基础上，提出了将云存储技术应用于数字资源长期保存中的思路①。薛四新提出了云计算环境下利用云存储技术实现电子文件长期管理的技术策略②。董晓莉等对长期保存云模式的选择进行了系统分析，并依此提出依托混合云技术构建数字资源长期保存云平台的技术策略③。而在国外，采用合作方式开展云存储环境下的数字资源长期保存的发展方向也已成普遍共识，有学者据此提出多机构、多主体、多领域下的云存储数字资源长期保存策略④。

②云存储架构技术方案研究。随着云归档理论研究和实践的深入开展，相关的研究逐步体系化，许多学者开始系统探讨云存储架构的技术方案问题。在云存储架构层面，很多学者将 OAIS 作为参考模型，基于 OAIS 基本概念、功能模型和信息模型，提出了不同的云存储架构分层模式。如学者 Voinov N 等⑤构建了一个基于分布式 OAIS 的数字资源保存系统的体系结构，该系统基于 Apache Hadoop 框架，使用 HDFS 作为文件存储系统，支持在大量集群节点上广泛分布，具有良好的水平可伸缩的分布式架构，能够提供可靠长期存储和强大的管理能力。付鸿鹄等⑥提出一个基于 OAIS 的分布式数字资源保存系统与技术架构方案，这对云存储环境下建设分布式数字资源保存系统具有重要的参考价值。

③云存储数据安全保护研究。可靠的存储环境是开展数字资源长期保存活动的基础保障，数字资源云存储面临最重要的问题就是云存储数据的安全

---

① 高建秀，吴振新，孙硕．云存储在数字资源长期保存中的应用探讨[J]．现代图书情报技术，2010(6)：1-6.

② 薛四新．云计算环境下电子文件管理的实现机理[J]．档案学通讯，2013(3)：65-66.

③ 董晓莉，李杉．数字资源长期保存混合云平台技术分析[J]．图书馆工作与研究，2018(8)：50-56.

④ Mead D. Shaping a national consortium for digital preservation[C]//Proceedings of the 11th International Conference on Preservation of Digital Objects. Melbourne：IPRES，2014：232-234.

⑤ Voinov N，Drobintsev P，Kotlyarov V，et al. Distributed OAIS-Based digital preservation system with HDFS technology[C]//2017 20th conference of open innovations association（FRUCT）. IEEE，2017：491-497.

⑥ 付鸿鹄，吴振新．分布式数字资源保存系统与技术架构研究[J]．国家图书馆学刊，2015，24(2)：82-88.

保护问题。针对该问题，国内外学者从不同层面提出了相应的对策，学者的研究视角大多聚焦在新兴的区块链技术、加密密钥等技术角度。譬如，黄新平①针对现阶段政府网站信息资源长期保存面临的碎片化、安全性差等问题，设计了基于区块链的政府网站信息资源安全保存流程，并构建了相应的技术框架，为云归档的安全保存提供了新思路、新方法。Katharine Stuart 等学者②基于数据分片存储和数据分片加密技术，提出一种静态云存储数据安全管理策略。通过采用数据分片存储方法将归档的网站信息存储于文件系统的不同节点，提高数据传输的效率，减小数据存储的开销。同时为了保障数据的安全、可靠、可用，结合文件分片存储的特点，对数据进行分片加密，并设计和实现了相应的加密密钥生成方法。

(4)云归档服务研究。云归档服务是指对归档资源进行采集、管理、保存等过程之后，最终为用户提供相应的归档资源的云端访问利用服务。云归档的根本目的就是实现归档资源的最大限度开发与利用，以发挥归档资源的应用价值。因此，云归档服务是整个归档过程的终点，也是云归档的目标和价值所在，探究如何安全高效地为用户提供所需云归档资源的访问利用服务便成为国内外学者研究的重点内容。相关研究主要聚焦在如下几个方面：首先，从优化用户服务的视角来看，许多学者主张以用户需求为中心，为用户提供个性化的云服务。如陶水龙③提出了基于"云端"的网络服务平台为用户提供"一站式"服务的思路，即用户利用"云端"的终端设备，不受时空限制，可以随时随地方便快捷地检索所需的档案资料。彭小芹等④认为可以通过与用户的交互，对用户需求做出更加敏捷的反应，增强云服务的实用性和针对性，提供能够有效支持知识应用和知识创新的服务。其次，为了优化归档资源获取方式，实现归档资源的有效利用，学者们针对云归档的服务方式展开了深入的研究。如黄华坤⑤在基础设施即服务("IaaS")和平台即服务("PaaS")构建完

---

① 黄新平．基于区块链的政府网站信息资源安全保存技术策略研究[J]. 图书馆，2019(12)：1-6.

② Katharine Stuart，David Bromage. Current state of play records management and the cloud [J]. Records Management Journal，2010(2)：217-225.

③ 陶水龙．基于云计算的区域性数字档案馆建设研究[J]. 中国档案，2013(2)：4.

④ 彭小芹，程结晶．云计算环境中数字档案馆服务与管理初探[J]. 档案学研究，2010(6)：71-75.

⑤ 黄华坤．省级国土资源档案云平台的研究与设计[J]. 档案管理，2014(6)：41-43.

备的条件下，设计了一个档案应用云平台，对云平台中的服务业务进行优化。徐尚珊等[①]在分析云存储的结构、优点以及档案用户需求的基础上提出“云存储＋智能终端”的设想，通过“云存储＋智能终端”的模式为用户提供归档资源的信息服务，并通过实现归档资源的泛在化服务机制，为用户提供无处不在的归档资源访问利用服务。最后，对于云归档服务安全保障机制的研究，学者们围绕公有云、私有云、混合云等不同的归档资源访问利用安全保障机制进行了研究。如郭娟[②]提出为用户定制具有特殊服务和应用功能的“私有云”，既能保证归档资源的安全性和保密性，还可以按需求提供服务，改进服务模式。Catherine Andrews[③] 提出在混合云环境下，可以通过软件即服务(SaaS)的访问机制，以私有云的形式为普通用户提供嵌入式的归档资源安全访问利用服务，同时为公共部门提供公有云下的基础设施、平台和具体应用服务。

在实践动态方面，目前，云归档已经被广泛地应用到数字资源的长期保存中，许多国家陆续开始了相关实践探索，并涌现出一批具有代表性的实践项目。基于文献和网络资源调研，以下对其中有代表性的 Europeana Cloud、DuraCloud、SCAPE、ForgetIT4 个发展较为成熟的云归档项目进行系统介绍，4 个云归档项目的基本情况如表 1.6 所示。

表 1.6　国外主要云归档项目基本情况

基本情况 / 项目简称	国家或地区	负责机构	起始时间	项目名称
Europeana Cloud	欧盟	欧盟数字图书馆	2013 年	欧盟数字图书馆云计划项目
DuraCloud	美国	美国国会图书馆、DuraSpace 公司等	2009 年	美国图书馆托管云服务项目
SCAPE	奥地利	奥地利国家图书馆等	2011 年	机构数字资源长期保存项目
ForgetIT	德国	莱布尼茨汉诺威大学等	2013 年	“数字记忆”网络平台服务项目

① 徐尚珊，王岩．“云存储＋智能终端”的档案管理模式初探[J]．山西档案，2013(6)：52-55.

② 郭娟．云计算在数字档案馆建设中的应用研究[J]．城建档案，2012(8)：85-86.

③ Catherine Andrews. Software as a service：the key to modernizing government[EB/OL]. [2021-05-16]. https：//www.govloop.com/software-as-a -service-the-key-to-modernizing-government/.

(1) Europeana Cloud 项目。欧盟数字图书馆的云计划项目 Europeana Cloud 旨在利用新兴的云计算技术为欧洲的众多文化记忆机构提供一个面向数字文化遗产馆藏建设服务的数字基础设施，通过实现跨部门、跨机构、跨领域的数字馆藏系统的整合与集成管理，为终端用户提供多源异构数字文化资源的整合与共享服务[①]。自 Europeana Cloud 项目开放以来，欧洲的许多文化记忆机构便利用它开展了面向“云端”用户的数字文化馆藏资源的利用服务，此外，还有不少科研机构也借此构建了相应的数字化科研云服务平台，为研究人员获取所需的馆藏资源带来极大便利，满足了用户多元化的需求[②]。

Europeana Cloud 项目的系统技术架构主要涉及业务处理与资源存储，相应的云技术方案主要包括计算云和存储云两种不同类型的云[③]。其中计算云对应整个系统技术架构中的前端用户服务和后端系统管理，分别为前端的用户提供所需的信息服务，以及为系统后端提供具体业务流程的操作管理服务。存储云为计算云中的各项服务提供所需的数据存储服务，包括前端访问利用中的存储数据查询服务，以及系统后端操作中的数据库操作服务。此外，为保证系统的可扩展性，Europeana Cloud 项目的云技术框架采用了应用程序编程接口 API 技术，实现系统功能模块的扩展，并通过统一技术支持框架来实现计算云与存储云的有机结合[④]。

(2) DuraCloud 项目。该项目是由美国国会图书馆和 DuraSpace 公司共同发起的一项试验计划项目，目的在于利用云技术实现数字资源永久存取，为学术机构提供一种可在云端保护与存储研究资料的可靠方式[⑤]。DuraCloud 项目尤其专注为高校图书馆、学术研究中心和其他文化遗产组织提供数字资源

---

① 周秀霞，刘万国，杨雨师．基于云平台的数字资源保存联盟比较研究——以 Hathitrust 和 Europeana 为例[J]. 图书馆学研究，2018(23)：52-60.

② 陈劲松．欧盟数字图书馆云计划 Europeana Cloud 研究[J]. 新世纪图书馆，2015(10)：84-87.

③ 汪静．Europeana 发展现状及启示[J]. 数字图书馆论坛，2017(3)：46-53.

④ Kats P, Mielnicki M, Knoth P, et al. Design of Europeana Cloud technical infrastructure[C]//IEEE/ACM joint conference on digital libraries. New York: Institute of Electrical and Electronics Engineers, 2014: 8-12.

⑤ DuraCloud introduction[EB/OL]. [2021-08-18]. https://duraspace.org/duracloud/.

长期保存支持和利用服务[①]。在DuraCloud项目的建设过程中，有多个不同领域的机构共同参与了项目的建设，包括纽约公共图书馆、生物多样性遗产图书馆和波士顿广播电台等，这些机构通过分工协作，共同推进项目的顺利开展。目前，基于云计算技术开发的DuraCloud项目已经在美国多家数字保存机构得到广泛的应用，如麻省理工学院、哥伦比亚大学、西北大学等多家高校图书馆都已使用DuraCloud来保存其馆藏的数字资源[②]。

DuraCloud项目的技术方案是将最基本的数据仓储业务交由云存储服务商完成，在此基础上，采用分布式协作保存技术策略实现数字资源在云存储服务器中的长期保存[③]。该项目以云服务为支撑，提供确保数字内容长期可访问以及便利使用的功能，具体包括访问、保存再用和云分享等服务。除此之外，DuraCloud项目还可以提供能够在多家云存储服务提供商之间实现互操作的内容复制与内容监控服务，以此为广大用户提供一个可实现数字资源长期安全保存与访问的解决方案的范例[④]。

(3)SCAPE项目。SCAPE项目的主要目标是用来解决机构工作流数字化资源的长期保存问题，面向大数据量的数字对象的复杂异构集合，实现云技术驱动的功能扩展性的数字资源归档服务。目前，SCAPE项目所提供的各种开源工具，已经在网络资源归档、机构库构建等多个领域得到广泛的利用[⑤]。

SCAPE项目使用基于Hadoop的技术方案来架构系统，通过在多个服务器上分配要处理的总数据量来分配数据处理的负载[⑥]。在数据存储方面，SCAPE项目主要是在OAIS参考模型的基础上，应用云存储技术对大量结构松散的数据进行扩展处理，同时还开发了支持数据仓储长期保存生命周期的规划和监测工具集，通过对大规模资源内容进行处理，实现海量数字资源的

---

① 高建秀，吴振新，孙硕．云存储在数字资源长期保存中的应用探讨[J]．现代图书情报技术，2010(6)：1-6.

② DuraCloud[EB/OL]．[2021-06-18]．https：//duraspace.org/duracloud/about/features/.

③ 高建秀，吴振新．数字资源协作保存网络研究[J]．图书馆学研究，2010(23)：26-31+25.

④ 孙坦，黄国彬．基于云服务的图书馆建设与服务策略[J]．图书馆建设，2009(9)：1-6.

⑤ 刘悦如，余育仁，韦成府，等．图书馆界的"大数据"——欧盟SCAPE项目工具简述[J]．上海高校图书情报工作研究，2016，26(3)：31-35.

⑥ Schlarb S. Big data in bibliotheken：skalierbare langzeitarchivierung im SCAPE project[J]. Bibliothek Forschung Und Praxis，2014，38(1)：124-130.

自动归档保存[①]。此外，该项目开发所依赖的重要工具是基于质量保证的自动保存工作流框架，该技术框架提供了对数字资源的集成管理和业务处理功能，通过将不同的数据源和数据接收器集成在一起，完成对文本、图像、数据及文件等不同类型、不同结构数字资源的高效处理，从而实现大量多源异构数据集的集成归档管理与长期保存。

(4)ForgetIT 项目。如前文所述，ForgetIT 项目不仅是典型的网络信息归档实践项目，而且还是非常具有代表性的云归档实践项目，该项目的目标是将欧盟数字化长期保存机构联合起来构建各机构可共享的“数字记忆”网络平台，以实现对网络资源及其他数字资源的长期保存与永久利用。在云归档方面，ForgetIT 项目主要是将云存储技术应用到了网络等数字资源的长期保存中，基于云计算构建可以动态扩展的协同存储框架，实现对网络等数字资源的多云协同存储[②]。而且在云端为用户提供馆藏资源的多元化访问利用服务，包括云保存、云管理、云访问、云获取、云共享等多种服务[③]。

1.2.4 研究现状述评

纵观国内外研究，诸多学者和研究机构围绕政府网络信息资源、网络信息归档、云归档等问题进行了理论研究和实践探索。随着政府门户网站信息公开工作的不断深化与发展，政府网站信息资源管理将日益成为学界关注的焦点，如何对具有重要的历史追溯、凭证参考、政策分析、数据挖掘、民意汇总、科学研究等多重利用价值的政府网站网页实现长期可存取管理是政府网络信息资源研究领域的一个重要发展方向。

近年来，网络信息归档逐渐成为信息资源管理领域较为前沿的研究主题。经过长期的探索，国外关于网络信息归档的理论和实践研究取得了较大的进展，积累了丰富的理论成果和实践经验，这为国内相关研究提供了参考和借

① 郭红梅，张智雄．欧盟数字化长期保存研究态势分析[J]．中国图书馆学报，2014，40(2)：120-127.

② ForgetIT brochure [DB/OL]. [2021-05-17]. https：//www. forgetit-project. eu/fileadmin/fm-dam/downloads/forgetit _ brochure. pdf.

③ Towards concise preservation by managed forgetting：research issues and case study [DB/OL]. [2021-05-17]. http：//l3s. de/～kanhabua/papers/iPRES2013-Managed _ Forgetting. pdf.

鉴。目前国内学者对网络信息选择、采集、保存的研究虽都有涉及，但大部分是从理论上进行探讨，开展具体的实践应用研究相对较少。此外，实现网络存档资源的利用作为开展网络信息资源长期保存的最终目的，如何对归档的海量网络资源进行深度开发，挖掘其潜在的利用价值，目前国内还鲜有相关研究。纵观国内外相关实践项目，在政府网页存档活动中，大多数是以图书馆为责任主体，较少有档案部门参与其中。然而，政府网页作为政府行政过程中可追溯的真实记录，具有原始性、历史性等档案属性。档案部门作为保存时代记忆、维护历史真实面貌的机构，在政府网页存档上具有天然优势，是开展政府网页存档活动义不容辞的责任主体。因此，应当将政府网页存档置于档案管理之中，运用档案管理中的相关标准和规范指导政府网页存档工作，将有价值的政府 Web 资源进行长期保存，确保其在需要时能够以真实、可靠、完整、可读的档案形式提供利用，以满足未来人们对过去政府 Web 资源的信息需求。

通过对云归档的研究现状进行梳理和总结，发现云归档是近年来数字资源保存领域兴起的研究热点，作为实现数字资源长期保存的新思维、新技术和新方法，国内在该方面的研究多是针对图书馆、档案馆等馆藏数字资源，从理论层面提出基于云归档的数字资源长期保存的技术策略与方案等，开展相关实践应用的研究较少，面向网络资源开展云归档的实践研究更显不足。国外相关研究已步入项目驱动、系统研发阶段，很多研究成果也相继应用于实践，其成功经验可以为解决国内政府网络信息资源归档实践所面临的瓶颈问题提供参考与借鉴。此外，在学科边界逐渐模糊的时代，将多学科的理论与方法进行融合创新运用，对改进网络信息归档方法，提升网络存档组织效率具有积极作用。尽管，当前网络信息归档研究已取得一定的进展，但是鲜有应用多学科理论、方法与技术开展网络信息归档的研究。因此，进一步加强档案学、计算机科学、数据科学、系统科学等学科交叉研究，探索云技术驱动的网络信息归档管理理念、理论、方法与技术，是一个值得深入研究的新课题。

1.3 相关概念界定

1.3.1 政府网站网页

政府网站网页即由国家行政机关在政府门户网站上公开发布的与经济、社会管理、公共服务相关的网络原生数字资源，具有权威性、原创性、时效性、共享性等特点，承载政府实时工作动态与政民互动情况，其作为领导科学决策的重要依据涉及政府文件、政务公报、工作报告、规划计划、绩效信息、网络民意等[①]。以下将分别从政府网站网页的特点与类型两个方面对政府网站网页的概念进行阐释。

(1)政府网站网页的特点

政府网站作为政府信息公开的第一渠道，其承载的网页信息作为国家重要的信息资源，除具有一般信息资源的共同属性外，还具有自身的特殊属性，主要表现为公共性、权威性、原创性、海量性与易逝性[②]。

①公共性。政府网站网页信息资源作为社会的公共财产，是政府部门为了保障社会公众的知情权和信息获取权，通过其门户网站发布的信息资源。这些信息涉及经济、社会、文化、教育、民生等各个方面，公众对其有着广泛的需求，包括社会公众和机构组织等在内的一切个人和组织都有权获取和利用。

②权威性。政府作为能够合理利用国家强制执行权的权力机关，承担依法对国家和社会公共事务进行管理的职责，具有很高的公信力和社会信誉度。政府门户网站发布的网页信息作为政府部门在网络环境下的行政过程记录，其在形成、加工、发布与传播的过程中，都要进行严格的控制与审核，因此，与其他网络信息相比，社会公众普遍认为政府网站发布的网页信息更具有权威性[③]。

③原创性。政府网站网页资源与常规网络资源的区别，主要在于它是互

① 王萍，黄新平，陈为东，等．政府网站原生数字政务信息云归档模型及策略研究[J]．情报理论与实践，2016(4)：60-65.

② 黄新平．政府网站信息资源多维语义知识融合研究[D]．长春：吉林大学，2017.

③ 梁蕙玮，萨蕾．公共图书馆政府公开信息共建共享研究[M]．北京：国家行政学院出版社，2013：12-13.

联网上最原始的数字信息，具有原创性，并没有经过任何修改与雕琢。这些原生数字信息由政府部门通过其门户网站直接形成和发布，与其他网络资源相比，这些资源覆盖面广、涉及内容广泛，作为政府网络活动的真实记录，其中含有大量的原生性信息，具有重要的保存利用价值①。

④海量性。伴随着我国政府信息公开及“互联网＋政务服务”工作的不断深入开展，越来越多的政务信息通过政府门户网站发布，政府网站承载的网页信息呈现出大数据的趋势。例如，2020年上海市各级政府通过政府信息公开网或政府门户网站发布政务公开信息56.3万条②。即便是相对欠发达的青海省，2020年该省通过政府网站公开的政务信息也有13.9万条③。这些数据充分说明了随着数字政府时代的到来，政府门户网站作为政务信息发布的重要渠道和政民互动的主要载体，社会公众通过政府门户网站可访问利用的政府网站网页资源数量已经达到了海量级别的数据规模。

⑤易逝性。政府网站网页信息以计算机为载体，对网络环境中的各类软硬件设备具有极强的依赖性，致使政府网站网页信息的形成和发布等都是基于相应的软硬件设备完成的，而设备的更新或损坏等，势必会对政府网站网页信息的稳定性产生影响。另外，由于网络的不稳定性，政府网站网页的寿命极为短暂，相关统计数据表明，政府网站网页的平均寿命只有4个月，大量以“孤本”形式存在的政府网站网页会因网站的更新、升级和改版等而永久消失④。

(2)政府网站网页的类型

根据不同的划分依据可以将政府网站网页划分为不同的类型，通常可以根据主题、体裁、公文文种来进行划分，具体如图1.1所示。其中，按主题分类，参照国务院办公厅发布的《政府信息公开目录》所提供的主题分类目录，

---

① 黄新平，王萍，李宗富．政府网站原生数字政务信息资源馆藏建设研究[J]．图书馆工作与研究，2017(6)：87-92.

② 2020年上海市政府信息公开工作年度报告[EB/OL]．[2021-05-06]．https：//www.shanghai.gov.cn/nw12344/20210127/dc2f6946248e4f5082644e0a17037633.html.

③ 2020年青海省政府信息公开工作年度报告[EB/OL]．[2021-05-06]．http：//www.qinghai.gov.cn/xxgk/xxgk/zwgkzfxxgknb/n2020/szf/202103/t20210331_183308.html.

④ 王萍，黄新平，陈为东，等．政府网站原生数字政务信息云归档模型及策略研究[J]．情报理论与实践，2016，39(4)：60-65.

可以将其划分为组织机构、综合政务，以及涵盖经济、环境、民生、教育、医疗等具体行业领域的22个主题。按照不同的体裁或者网站专栏，可以将其划分为政策法规、机构文件、政府公报、统计信息等不同的类别。按照政府日常行政过程中形成的不同公文文种，又可以将其划分为公告、命令、批复、通告、通知、纪要等不同的种类。除此之外，按照网页的格式，还可以将其划分为文本、超文本等类型。从发布机构的来源，又可以将其划分为国家层级的网页资源和地方层级的网页资源类型。从网页信息功能的角度，还可以将其划分为政府决策类、社会服务类、政民互动类等不同的类别。

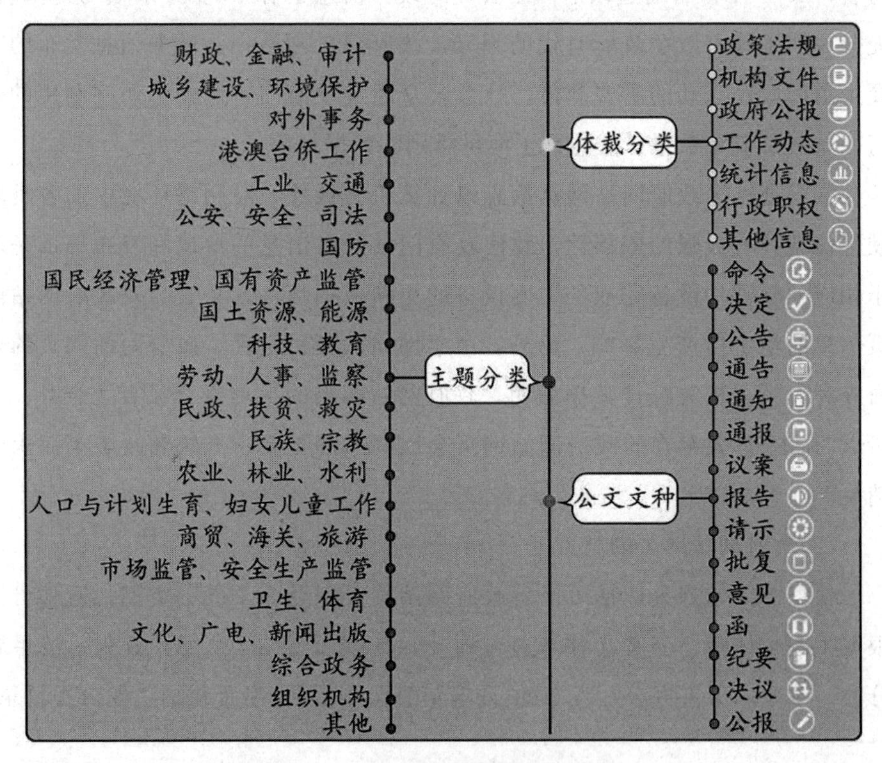

图1.1 政府网站网页的类型划分

1.3.2 网页归档

(1)网页归档的概念界定

早在20世纪90年代，相关学者便已陆续开展了关于网页归档(Web Archive，简称WA)的理论研究与实践探索。目前网页归档被应用的范围较为广泛，涉及网站信息保存、社交媒体信息保存、个人数字记忆、社会数字记忆等多个领域。在信息资源管理领域，网页归档也称为网络归档、网络信息资源保存，并被广泛地定义为对网络信息采集后进行存档进而实现长期保存，以便未来的研究者、历史学家和公众利用的一系列活动过程。表1.7是通过对文献的搜集整理所归纳出的不同学者对网页归档概念的典型表述。

表1.7 不同学者对网页归档概念的界定

作者	时间	网页归档概念	要素描述		
			归档对象	归档过程	归档目的
杨道玲①	2006年	基于网络信息技术手段，通过Web采集、整理、保存、发布等操作对网页资源的管理，将互联网上无序的网页资源转变为有序的数字遗产，供公众使用	互联网上无序的网页资源	采集、整理、保存、发布	将无序网页资源转变为有序数字遗产，供公众使用
周毅②	2010年	档案部门等主体有选择地对具有永久保存价值的网络信息实施捕获、归档、存储等档案化管理的过程，即通过对网络信息资源的采集与归档保存，全面真实地反映和再现社会活动的原始面貌，满足当前或未来人们对网络信息的长远利用需求	具有永久保存价值的网络信息	捕获、归档、存储	反映、再现社会活动的原始面貌，满足相关主体对网络信息的长远利用需求
Jinfang Niu③	2012年	按照特定的频率对互联网信息进行采集、归档和存储，并为不同的目标用户提供归档网络资源的浏览查询、网页还原、统计分析等利用服务	互联网信息	抓取、去重、备份、归档、利用	保存和访问利用消失的互联网信息

① 杨道玲．中文Web档案馆建设构想[J]．图书情报知识，2006(2)：28-34．

② 周毅．网络信息存档：档案部门的责任及其策略[J]．档案学研究，2010(1)：70-73．

③ Jinfang N. Functionalities of Web archives [EB/OL]. [2021-07-17]. https://digitalcommons.usf.edu/si_facpub/309/.

续表

作者	时间	网页归档概念	要素描述		
			归档对象	归档过程	归档目的
Donovan L 等[①]	2013 年	对 Web 资源整个生命周期的管理，包括对 Web 资源的评价、选择、采集、分类、著录、元数据管理、存储保管和访问利用等一系列活动	Web 资源	评价、选择、采集、分类、著录、元数据管理、存储保管和访问利用	提供 Web 资源的访问利用服务
王芳等[②]	2013 年	通过对网络信息的采集、归档、保存所形成的虚拟网络实体，并可以通过网络被访问利用，其实质是面向网络空间的数字资源保存系统	网络信息	采集、归档、保存、访问利用	面向网络空间构建数字资源保存系统
刘兰[③]	2014 年	对采集的网络信息进行存档进而实现长期保存，以便未来的社会公众、研究人员访问利用的一系列活动过程的总和	网络信息	采集、归档、保存、访问利用	以便未来的社会公众、研究人员访问利用
葛婷等[④]	2016 年	采取档案化的管理方式，将网络信息资源保存起来以备将来利用	网络信息资源	捕获、归档、存储、利用	通过档案化管理的形式来维护人类共有的网络文化遗产

① Donovan L，Hukill G，Peterson A. The Web archiving life cycle model[EB/OL]. [2021-04-27]. http：//archive-it. org/static/files/archiveit life _ cycle _ model. pdf.

② 王芳，史海燕. 国外 Web Archive 研究与实践进展[J]. 中国图书馆学报，2013，39(2)：36-45.

③ 刘兰. Web Archive 的内涵、意义与责任、发展进程及未来趋势[J]. 图书馆建设，2014(3)：28-34+38.

④ 葛婷，蒋卫荣. 基于“大档案观”理念的网络信息资源档案化保存[J]. 中国档案，2016(2)：64-65.

续表

作者	时间	网页归档概念	要素描述		
			归档对象	归档过程	归档目的
黄新荣等[①]	2018年	对网页资源和社交媒体信息资源等开展的捕获、长期保存等管理活动	网页、社交媒体信息资源	捕获、长期保存	实现网络信息资源的管理和保存。
Finnemann Niels Ole[②]	2019年	一种动态的、主动的、持续的对互联网上有特定价值或意义的Web资源进行采集，并以档案形式存储，以便能够为当前和未来的人们提供归档资源的访问利用服务	互联网上有特定价值或意义的Web资源	采集、归档、存储、利用	为当前和未来的人们提供归档资源的访问利用服务

(2)网页归档的特点

①系统性。系统性特征主要体现在归档内容的系统性、服务对象的系统性与服务内容的系统性。对于网页信息的归档不仅需要考虑归档的范围，还需考虑归档内容的系统连续，包括主题的连续与时间的连续；网页归档平台的受众不仅仅限于某个人或某个组织，而是为社会公众、企事业单位、科研机构、政府部门等众多服务对象提供归档信息获取和利用服务；网页归档的服务内容既包括基本的浏览查询服务，也包括深层次的数据挖掘与数据分析服务等。

②动态性。网络环境下，网站网页信息具有明显的动态性和变化性，这就导致在进行数据源的采集、组织与存储及后续的访问利用时都处于一个动态变化的环境中。因此，与传统的静态数字资源归档不同，网页归档作为一个动态演化的过程，通过不断调整和更新，达到为用户提供精准化信息服务的目的。

③可扩展性。网络资源结构复杂且动态增长，其复杂性、动态性、技术

① 黄新荣，曾萨．网页归档推进策略研究——基于网页归档生态系统视角[J]．图书馆学研究，2018(16)：63-70+16.

② Finnemann Niels Ole. Web Archive[J]. Knowledge Organization，2019，46(1)：47-70.

依赖性强等特点对存储管理提出了挑战，与静态的数字资源存储不同，网页归档资源的存储需要满足实现海量归档资源的动态存储及长久保存的需求，这就要求在实现海量网络资源归档保存时所采用的存储方案应具备灵活的可扩展性。

(3)网页归档的内容

根据 Internet Archive 团队研制的 Web Archive 生命周期模型(Web Archiving Life Cycle Model，简称 WALCM)可知，网页归档通常包括宏观政策层、中观管理层和微观操作层 3 个层面的内容，具体如图 1.2 所示。

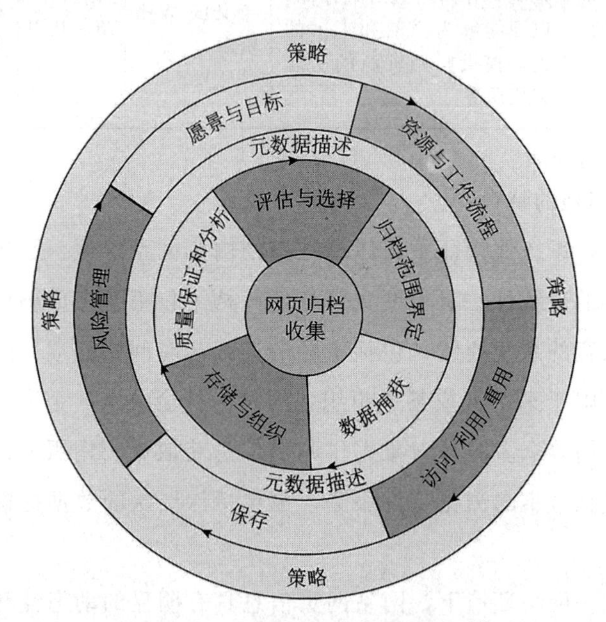

图 1.2 Web Archive 生命周期模型①

①宏观政策层。该层是图书馆、档案馆等机构对网络资源进行评估与选择、数据捕获、归档范围界定、存储与组织、质量保证和分析、访问利用等制定的一系列指导原则、标准规范与战略目标等，它为网络存档馆藏的发展

① Donovan L, Hukill G, Peterson A. The Web archiving life cycle model[DB/OL]. [2021-06-14]. http://archiveit.org/static/files/archiveit_life_cycle_model.pdf.

提供了依据和宏观指导，是实现网络存档工作规范化和科学化的重要保障[①]。

②中观管理层。该层由愿景与目标、资源与工作流程、访问/利用/重用、保存和风险管理五个模块构成，形成了较为完善的宏观资源管理流。其中，愿景与目标是指相应的归档机构要明确的网络归档活动的最终目标；资源与工作流程是指归档机构在实施网页归档过程中可以获取的资源，以便推动网页归档工作的顺利开展；访问/利用/重用是指归档机构为用户提供的存档资源访问利用方式，包括对用户访问内容的监管等；保存是网页归档保存的数据包，包括数据文件和元数据等内容；风险管理是指归档机构在实施网页归档过程中所采取的风险应对方法，主要涉及网络资源采集和归档网络资源访问过程中的知识产权和许可问题[②]。

③微观操作层。该层包括评估与选择、归档范围界定、数据捕获、存储与组织、质量保证和分析，强调了资源从评估到利用的生命流。其中，评估与选择，即归档机构决定将哪些目标网站作为数据源进行网络资源的采集；归档范围界定，即归档机构可以选择目标网站的整体或全部，甚至目标网站所在的整个网络域作为网络资源采集的内容；数据捕获，即利用网络采集工具，通过设定采集频率，获取所要采集的网络资源；存储与组织，即是对采集后的网络资源，通过序化管理与组织后，对归档数据实施的短期或长期的存储计划；质量保证和分析，即存档机构对归档的网络资源质量及其利用价值是否达到预定的目标等进行评估和分析[③]。

1.3.3　云归档

随着云计算、云存储、云服务等云技术在数字资源保存和电子档案管理中的广泛应用，出现了一种云环境下的归档方式——云归档。以下从云归档的概念，云归档与云存储、云备份等相关概念的区别，以及云归档的优势三方面内容对云归档进行介绍。

---

① Announcing the Web archiving life cycle model[EB/OL].[2021-06-11]. https://archive-it.org/blog/post/announcing-theweb-archiving-life-cycle-model/.

② 刘兰．Web Archive的内涵、意义与责任、发展进程及未来趋势[J]. 图书馆建设，2014(3)：28-34+38.

③ 吴硕娜，黄新荣．Web归档生命周期模型的发展研究[J]. 数字图书馆论坛，2018(10)：41-45.

(1)云归档的概念

云归档(Cloud Archive)是一种云环境下的数据存储获取模式，它区别于传统的归档方式，通过云存储服务(Cloud Storage Service)提供商远程地维护和备份不再需要被常规访问的数据，为数据的归档管理提供长期的数据存储优化服务，从而保证数据的安全性以及灵活存用①。作为一种数据存储获取模式，云归档的存储规模具有可伸缩性，该模式将具有长期保存价值的数字资源交由云存储服务商来存储并负责其长期安全保存的技术维护等，确保归档的数据能够长期可存取，当用户请求访问归档的数据时能够及时获得反馈②。

(2)云归档与云存储、云备份的区别

如上所述，云归档涉及云存储、云备份，但是三者在本质上有所不同。云归档、云存储、云备份都能够对归档的数据进行长期保存，但存在一定的区别：云存储是强调对归档数据的保存和安全管控；云备份是当原始的归档数据面临损坏、崩溃等不可逆转的恢复时，对备份的归档数据保存临时提供的简单云存储；云归档需要利用云计算技术执行具体的采集、管理、保存、利用等业务流程操作，确保归档数据的长期存储，它在实施归档保存时采用了云存储方法和云备份安全保管机制，以此达到归档数据长期安全保管的目的。简言之，云存储、云备份和云归档都涉及对数据的保存，但关注点不同，云存储强调对归档数据资源的存储和保存管理，云备份注重对归档数据的安全保护，云归档要求在实现数据归档的过程中，利用云存储与云备份来保证归档数据的长期可存取③。

(3)云归档的优势

①成本较低。由于云归档采用的归档载体“云”比较独特，摒弃了传统的磁带、磁盘等离线归档方式，使得对大量归档资源的管理成本得以降低。以“云”的方式进行归档，管理者只需按约定向服务商支付流量费、漫游费等网

---

① 黄新荣，庞文琪，王晓杰. 云归档——云环境下新的归档方式[J]. 档案与建设，2014(4)：4-7.

② 王萍，黄新平，陈为东，等. 政府网站原生数字政务信息云归档模型及策略研究[J]. 情报理论与实践，2016，39(4)：60-65.

③ 云归档：是否适应你的应用环境[EB/OL]. [2021-05-09]. http：//www.dostor.com/article/2012-07-19/3779778.shtml.

络服务费用，无需再格外购买价格较为昂贵的网络存储等基础设备费，同时也就省去了对相应基础设施的维修费、更新费等[①]。

②存储容量大。云归档所依赖的云存储是一种和硬盘存储数据不同的存储形式，它以分布式网络文件系统为基础，可以为数据的归档提供几乎无限的存储空间。在传统的归档方式下，伴随着归档资源数量的迅猛增长，管理者需要不断购买磁盘阵列、磁带库等产品，以满足归档业务管理所需要的不断增加的存储需求。在云归档的方式下，云存储服务商可以根据归档业务管理的实际存储需求动态地分配存储空间，实现存储容量的动态灵活扩充[②]。

③功能完备。基于云归档动态易扩展的技术特性，通过调用云归档服务端的应用程序，对其存储集群中相应数据库进行数据的插入、删除、修改等操作，实现对海量归档资源的实时动态的归档保存，并以高效便捷的浏览器/服务器模式为用户提供待归档资源的归档管理服务，以及归档资源的云端访问利用服务[③]。

④安全性高。云归档具备对归档数据的云备份、云迁移等功能，一旦归档保存的数据面临安全问题，云服务商就可以通过异步云的数据备份和数据迁移机制即时恢复归档的数据。与此同时，云归档能够根据存储数据的实时动态更新情况，利用云存储数据加密、云端数据隔离访问、完整性验证及可用性保护等方法，定期对归档数据进行云端的“异地”在线备份和迁移处理，从而确保云环境下归档数据资源的长期安全保存[④]。

1.4 研究内容与创新点

1.4.1 主要研究内容

本研究以电子政务环境下各级政府网站上发布的具有永久保存和利用价值的网页为研究对象，运用云计算等技术方法，实现对政府网站网页的在线

① 秦颖．云存储环境下网络信息的归档保存研究[J]. 兰台世界，2016(9)：35-37.

② 云归档：是否适应你的应用环境[EB/OL]. [2021-05-09]. http：//www.dostor.com/article/2012-07-19/3779778.shtml.

③ 黄新荣，庞文琪，王晓杰. 云归档——云环境下新的归档方式[J]. 档案与建设，2014(4)：4-7.

④ 冯朝胜，秦志光，袁丁．云数据安全存储技术[J]. 计算机学报，2015，38(1)：150-160.

归档、集成管理和有效利用。重点分析政府网站网页归档的动因与命题提出；构建政府网站网页“档案云”模型；设计涉及网页采集、分类管理、编目著录、鉴定整理、云存储、安全保护等流程的政府网站网页“云归档”解决方案；提出归档政府网站网页“云端”利用服务的实现方法；实现政府网站网页云归档管理平台的原型系统；阐述政府网站网页云归档管理的实现机制。

(1)政府网站网页归档的动因分析与命题提出。伴随着当前政府信息公开工作的不断深入发展，越来越多的政务信息通过政府门户网站发布，政府网站网页资源数量呈爆炸式增长。政府网站网页作为互联网时代政府行政过程的真实记录，具有重要的追溯凭证、决策参考与科学研究价值。然而，由于网络资源的易消失性、动态不稳定性，大量以“孤本”形式存在的政府网页会因网站的整合迁移、改版更新等操作面临“丢失”“无法链接”“无法显示”的风险。因此，非常有必要开展政府网站网页归档工作。本研究通过调查当前政府网站网页长期可获取的现状，分析了政府网站网页归档的必要性与可行性，在此基础上，提出政府网站网页归档的命题。

(2)政府网站网页“档案云”模型的构建。云计算作为一种新兴的 IT 服务模式，能够高效率、低成本地实现政府网站网页的在线归档、集成管理和有效利用。本研究从档案管理的视角出发，将“云计算”引入政府网站网页归档管理中，借鉴和利用“云计算”的思想理念与方法技术，以 OAIS 模型、Web 归档生命周期模型、文件生命周期、文件连续体等理论为支撑，参考和借鉴云计算环境下数字资源长期保存、电子档案管理等相关领域的实践研究成果，从逻辑框架和功能框架两个维度创新性地构建政府网站网页“档案云”模型。

(3)政府网站网页“云归档”的流程及实现方案。政府网站网页“云归档”即利用云环境中各种 IT 技术和资源对政府网站网页进行归档保存的过程。按照流程，包含采集、分类、著录、鉴定、存储等主要阶段，不同阶段目标的实现需要不同的技术方法支撑。针对其中的网页采集、数据管理、长期保存与安全保护等关键问题，本研究综合利用基于云计算的分布式存储、并行计算、海量数据处理、虚拟化技术，以及网络爬虫、元数据管理、云存储、区块链等技术和方法，提出了政府网站网页“云归档”的技术实现方案。

(4)政府网站网页归档资源“云端”利用服务及其实现方法。在明确当前网络存档资源利用服务的主要方式的基础上，结合政府网站网页归档的特点，设计政府网站网页存档资源用户需求分析调查问卷，针对用户对政府网站网页归档资源利用服务功能的需求，以"以人为本"的服务目标为导向，结合泛在服务(TaaS)的"云服务"理念，综合应用多媒体信息检索、智能检索、网页重现、Web数据挖掘、数据可视化等先进的信息技术手段来实现政府网站网页归档资源"云端"利用服务。

(5)政府网站网页云归档管理平台的原型系统设计与实现。基于政府网站网页"档案云"模型、"云归档"流程及归档资源"云端"利用服务实现方法的研究内容，根据云计算服务体系结构，参照国内相关的行业规范、信息安全标准及国际通用的OAIS参考模型，突破原有的网络资源归档管理平台建设模式，从方案应当具备可模仿、可复制的需求出发，提出政府网站网页云归档管理平台的逻辑体系与架构方案。在此基础上，设计并实现政府网站网页云归档管理平台的原型系统，并以应急管理部门政府网站网页采集、保存与利用为例，对系统的各功能模块进行实际应用。

(6)政府网站网页云归档管理的实现机制。政府网站网页云归档管理并不是单纯的理论问题，也并非单一的技术和方法问题，而是一项面向海量政府网站网页采集、保存与开发利用的系统的实践工程项目，其中涉及资源获取、标准制定、技术开发、知识产权、推广应用等诸多的问题。本研究结合国内实际情况，分别从实践主体、实施策略、保障机制等方面提出政府网站网页云归档管理实践项目的实现机制。

1.4.2 研究创新点

(1)构建了政府网站网页"档案云"模型。本研究在分析政府网站网页资源的类型、分布、结构及其开发利用价值，以及面向归档管理的业务流程、功能定位、服务需求及其内在机理的基础上，参考OAIS模型、Web归档生命周期模型、文件生命周期、文件连续体等理论，并以系统论、云计算思想、信息价值链模型等为支撑，创新性地构建了政府网站网页"档案云"模型。该模型在结构上突破了传统结构模型构建中系统要素静态堆积的问题，通过各构成要素之间的协同运作形成了一个动态演化的系统；在功能上实现了云计算的资源、服务与政府网站网页归档过程的有机结合，可以根据归档业务活动的不同应用场景，提供网页采集、数据管理、资源保存与访问利用等服务。

(2)实现了细粒度的政府网站网页归档资源信息组织。本研究从当前网络信息资源整合或聚合等相关研究所采用的以文本为组织单元的传统研究思路中跳出，探索从更微观的层次，以主题或概念为资源组织单元，通过对政府网站网页归档资源进行细粒度结构化标引处理，提出本体驱动的政府网站网页归档元数据方案，利用语义描述能力更强的本体语言表示元数据，对归档资源内容进行统一规范化语义描述，形成可以供计算机进行加工处理的结构化语义描述体系，为政府网站网页归档的分类、著录、鉴定等管理操作提供丰富的语义描述信息，从而有效实现政府网站网页归档资源的细粒度组织与管理。

(3)提出了政府网站网页云归档管理的实现方法。本研究在国内外已有相关研究的基础上，以云环境下的网页采集、元数据管理、动态存储、数据安全保护、信息检索、网页重现、Web 数据挖掘、数据可视化等技术为支撑，探索政府网站网页“云归档”的解决方案，以及政府网站网页归档资源“云端”利用服务的实现方法，主要包括政府网站网页的定题采集、分类管理、编目著录、鉴定整理、云存储、区块链数据保护，以及政府网站网页归档资源的浏览查询、网页重现、数据挖掘与可视化分析等方法，这些方法的提出为政府网站网页长期可存取问题的解决提供了一种新的、有效的体系化方案。

1.5 研究方法和技术路线

1.5.1 研究方法

(1)文献与案例调研法。利用国内外主要的文献数据库检索系统和学术搜索引擎收集目前已有的有关网页归档、云归档的各种文献资料，系统地对政府网站网页归档的相关理论进行归纳与总结，全面掌握网页归档理论、方法与技术的研究进展及未来发展趋势。同时调查国内外的相关网页归档、云归档实践项目，对典型实践项目实现的网页归档系统、云归档系统的方法原理、技术方案等进行深入的分析，为本研究提供参考。

(2)问卷调查与访谈法。政府网站网页归档资源利用服务牵涉到用户需求与认知，为了明确用户的信息需求特征、需求动机和需求内容，本研究综合使用问卷调查法与访谈法。首先，通过深度访谈，深入了解政府部门、企事业单位、社会公众等不同用户群体对政府网站网页归档资源的需求，并据此拟定调查问卷，采用小规模样本试测检验问卷质量，在确保问卷有效的基础上，实施大规模样本问卷调查获取用户的需求数据。然后，对问卷调查收集的数据进行统计分析，依此识别用户的信息需求要素，为明确政府网站网页归档资源的各项利用服务功能提供依据。

(3)专家咨询法。以当面访谈、电子邮件以及网络聊天等方式向相关研究领域的专家进行咨询，以了解目前已有的网页归档系统及其实现机制，云归档的实际应用情况，将云计算引入政府网站网页长期保存中的必要性与可行性，以及对实现的政府网站网页云归档管理平台原型系统的效果评价等。

(4)系统建模法。以政府网站网页归档流程为导向，运用多主体系统建模方法来确定该流程中各环节之间的关系，以及各环节实现所需要的技术、方法、标准、模式，解决政府网站网页归档模型的构建问题。

(5)实证研究法。综合运用云环境下各种先进的技术方法来解决政府网站网页的“云归档”以及归档资源的“云端”利用服务问题，并通过实验仿真测试所提出方法的可行性、合理性和有效性。在此基础上，选择合适的技术方案和开发工具，设计并实现政府网站网页云归档管理平台原型系统，结合具体的实践应用案例，对研究提出的理论模型、实现方法进行修正与完善。

1.5.2 技术路线

本研究拟按照“理论→模型→方法→实证→策略”的研究思路逐步展开(如图1.3所示)。首先，系统归纳、对比和梳理国内外 Web Archive 的相关理论、方法和技术，对政府网站网页归档保存的基础理论进行研究。在分析政府网站网页归档动因的基础上，明确政府网站网页归档的需求分析、流程与体系结构，基于相关理论与实践依据，构建政府网站网页“档案云”模型。然后，提出涉及网页采集、分类管理、编目著录、鉴定整理、云存储、安全保护等流程的政府网站网页“云归档”解决方案，以及归档政府网站网页“云端”利用服务的实现方法，并设计与实现政府网站网页云归档管理平台的原型系统；最后，基于以上的研究内容，提出政府网站网页云归档管理实践项目开展的实施策略与保障机制。

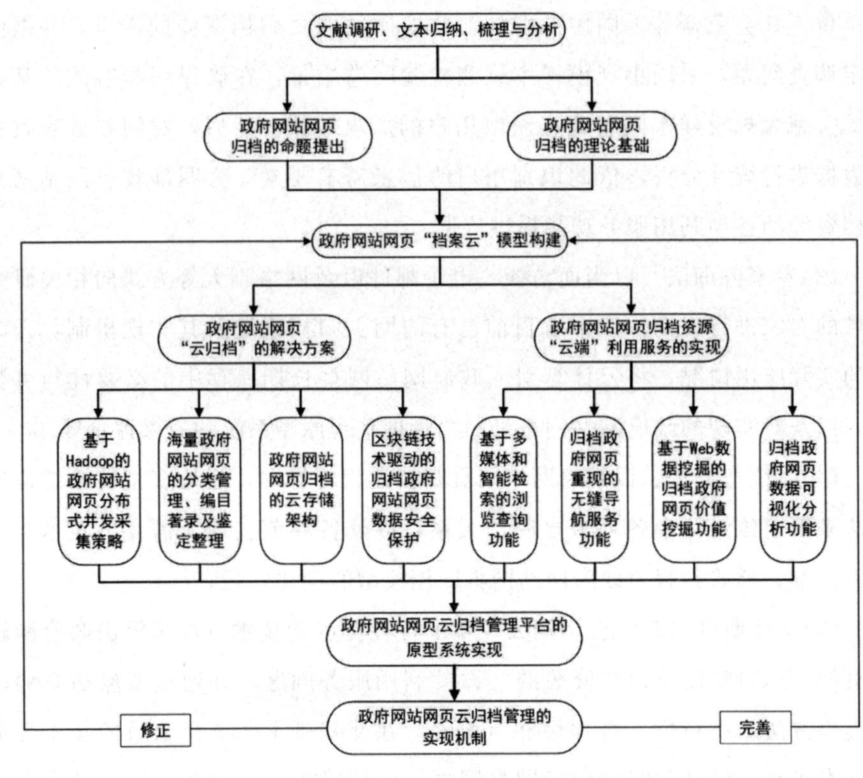
文献调研、文本归纳、梳理与分析
政府网站网页归档的命题提出
政府网站网页归档的理论基础
政府网站网页“档案云”模型构建
政府网站网页“云归档”的解决方案
政府网站网页归档资源“云端”利用服务的实现
基于Hadoop的政府网站网页分布式并发采集策略
海量政府网站网页的分类管理、编目著录及鉴定整理
政府网站网页归档的云存储架构
区块链技术驱动的归档政府网站网页数据安全保护
基于多媒体和智能检索的浏览查询功能
归档政府网页重现的无缝导航服务功能
基于Web数据挖掘的归档政府网页价值挖掘功能
归档政府网页数据可视化分析功能
政府网站网页云归档管理平台的原型系统实现
政府网站网页云归档管理的实现机制
修正
完善

图 1.3　研究技术路线

第2章　政府网站网页归档的动因分析与命题提出

近年来，伴随着我国政府信息公开及“互联网＋政务服务”工作的不断深入开展，越来越多的政务信息通过政府门户网站发布。政府网站网页作为互联网时代政府行政过程的真实记录，具有重要的追溯凭证、决策参考与科学研究价值。然而，由于网络资源的易消失性、动态不稳定性，大量的政府网页会因网站的整合迁移、改版更新等操作面临“丢失”“无法链接”“无法显示”的风险。本章首先以全国86个应急管理部门政府网站为调查样本，对当前我国政府网站网页长期可获取的现状进行调查与统计分析。然后，分别从政府网站网页归档所具有的技术、法律、社会、学术等层面上的现实意义，以及相关的政策指导、标准制定、实践经验等方面分析政府网站网页归档的必要性与可行性。最后，从系统视角出发，在界定政府网站网页归档内涵的基础上，根据政府网站网页所具有的特殊属性，明确政府网站网页归档的特征，并以解决政府网站网页长期可存取问题为目的，在用户信息服务需求驱动下，分析政府网站网页归档的业务功能需求，科学设计政府网站网页归档的流程与体系结构。

2.1　政府网站网页长期可获取的现状调查

随着“互联网＋”技术在政府管理与服务工作中的不断深入拓展，我国的政务服务平台建设日益广泛，在“互联网＋政务”深度融合战略的强效推动下，我国各级政府加快了相应门户网站平台的部署，政府网站的数量呈指数性增长，政府门户网站日益成为政府发布政务信息的主要途径及公众在线办事服务的“网上窗口”。截至 2020 年 12 月，具备完善的信息公开、公众交流、办事服务等功能的政府网站共有 1.4 万多个，各行政级别政府网站为满足其信息公开以及办事服务等功能需求，在其网页上开通相关信息公开、政务动态、网上办事等栏目数量达 29.8 万个，其中信息公开类栏目数量最多，网上办事次之①。然而，政务信息的持续发布、公众服务的交流需求、网络的动态变化导致政府网站网页的频繁更新，以及网站运行维护所面临的计算机病毒、网络攻击等安全方面的众多问题，使大量具有保存利用价值的政府网站网页面临着被淹没或删除、链接失效或无法显示等风险。本研究以全国范围内的应急管理部门的政府网站为例，对相应政府网站网页的更新数量、更新频率，以及网页访问中存在的无法显示、网页失效链接等数据进行调查统计，对我国当前政府网站网页长期可获取的现状进行分析。

2.1.1 调查样本选择

我国政府网站数量繁多，其行政目标和具体职能各有差异，在调研各级各类政府网站的类型、内容、结构等特点的基础上，考虑应急管理部门作为负责指导各地区应对突发事件工作，以及安全生产与防灾救灾的重要职能部门，承担防范化解社会安全风险及应对处置各类灾害事故的重要职责，其门户网站发布的网页信息涵盖与应急管理相关的政策法规、政府文件、应急资讯、专家队伍、应急预案、典型案例、应急知识等内容，这些网页信息涉及国家与社会安全、公众的切身利益，普遍具有长期保存利用的价值。因此，本研究以应急管理部门为例，对全国范围内各级应急管理部门政府网站长期可获取现状进行调查。

---

① 中国互联网信息中心. 中国互联网络发展状况统计报告[R]. [2021-03-05]. https://www.cnnic.net.cn/NMediaFile/old_attach/P020210203334633480104.pdf.

表2.1　应急管理部门政府网站长期可获取现状调查样本

国家级别	省级行政区级别	市级行政区级别
国家应急管理部网站	北京市应急管理局	—
	天津市应急管理局	—
	上海市应急管理局	—
	重庆市应急管理局	—
	河北省应急管理厅	石家庄应急管理局 唐山市应急管理局
	黑龙江省应急管理厅	哈尔滨市应急管理局 七台河市应急管理局
	吉林省应急管理厅	长春市应急管理局 吉林市应急管理局
	辽宁省应急管理厅	沈阳市应急管理局 大连市应急管理局
	山东省应急管理厅	济南市应急管理局 济宁市应急管理局
	河南省应急管理厅	郑州市应急管理局 驻马店市应急管理局
	安徽省应急管理厅	合肥市应急管理局 淮北市应急管理局
	江苏省应急管理厅	南京市应急管理局 连云港市应急管理局
	浙江省应急管理厅	杭州市应急管理局 宁波市应急管理局
	福建省应急管理厅	福州市应急管理局 莆田市应急管理局
	广西壮族自治区应急管理厅	南宁市应急管理局 桂林市应急管理局
	广东省应急管理厅	广州市应急管理厅 汕头市应急管理厅
	云南省应急管理厅	昆明市应急管理局 大理白族自治州应急管理局

续表

国家级别	省级行政区级别	市级行政区级别
国家应急管理部网站	江西省应急管理厅	南昌市应急管理局 九江市应急管理局
	湖南省应急管理厅	长沙市应急管理局 娄底市应急管理局
	贵州省应急管理厅	贵阳市应急管理局 毕节市应急管理局
	四川省应急管理厅	成都市应急管理局 绵阳市应急管理局
	湖北省应急管理厅	武汉市应急管理局 宜昌市应急管理局
	山西省应急管理厅	太原市应急管理局 晋城市应急管理局
	陕西省应急管理厅	西安市应急管理局 铜川市应急管理局
	甘肃省应急管理厅	兰州市应急管理局 酒泉市应急管理局
	宁夏回族自治区应急管理厅	银川市应急管理局 石嘴山市应急管理局
	青海省应急管理厅	西宁市应急管理局 海西蒙古族藏族自治州应急管理局
	内蒙古自治区应急管理厅	呼和浩特市应急管理局 包头市应急管理局
	新疆维吾尔自治区应急管理厅	乌鲁木齐市应急管理局 吐鲁番市应急管理局
	西藏自治区应急管理厅	拉萨市应急管理局 林芝市应急管理局
	海南省应急管理厅	海口市应急管理局 三亚市应急管理局

调查样本包括国家应急管理部网站，全国31个省、自治区和直辖市（不包含港澳台）及其下属地级市、地区、自治州、盟的应急管理厅（局）的网站，依据行政级别和行政区域划分为三种类别：国家级别应急管理部门网站，即国家应急管理部网站；省、自治区、直辖市级别应急管理厅（局）网站；地级市、自治州、盟、地区级别应急管理局网站。为体现样本的代表性和全面性，调查样本的选取情况如下：类别一为中华人民共和国应急管理部网站，共1个网站；类别二为各个省级行政区的应急管理厅（局）网站，共包含31个网站；类别三为样本来源中除直辖市外的各个省级行政区的省会（首府）以及其下属任一地级市（自治州、盟、地区）的应急管理局网站，共包含54个网站。具体的政府网站网页长期可获取现状调查样本的选取情况如上表2.1所示。

2.1.2　调查数据统计

政府网站栏目较多，其中《信息公开》栏目作为政府网站面向社会公众实现政务公开的重要窗口，是政府信息公开的第一渠道，也是各政府网站都应该具备的功能模块。因此，本研究以应急管理部门政府网站信息公开（政务公开）栏目为统计口径，对上述三类应急管理部门政府网站的网页更新和链接失效情况进行统计，统计时间范围为2017—2021年，时间跨度为5年。另外，由于涉及的网站和网页数量众多，为了提高调查数据的统计效率和精度，在利用Web收割器①、Xenu②等网页有效性检测工具进行机器识别的基础上，通过人工判断和分析来获取相关的统计数据。

（1）应急管理部门政府网站网页更新情况统计

随着国务院发布《关于积极推进“互联网+”行动的指导意见》和相关工作的推进实施，我国电子政务正逐步实现与互联网的融合发展，“互联网+政务”已成为当前电子政务的重要发展方向③。从调查数据上来看，各级应急管理部门信息公开工作稳步推进，截至2021年10月31日，调查的86个应急管理部门政府网站的信息公开栏目共有262458个网页链接条目，以下将分别以

① Web scraper［EB/OL］.［2021-07-28］. https：//www.webscraper.io/cloud-scraper?utm_source=extension&utm_medium=popup&utm_campaign=go-premium.

② Xenu［EB/OL］.［2021-07-28］. http：//home.snafu.de/tilman/xenulink.html.

③ 关于积极推进“互联网+”行动的指导意见［EB/OL］.［2021-07-27］. http：//news.xinhuanet.com/ziliao/2015-12/16/c_128536545_3.htm.

年和月为单位对不同类别应急管理部门政府网站网页更新增加情况进行数据统计。

①应急管理部门政府网站网页年度平均增长量。考虑到各级政府网站建立与公开信息的时间有所差异，兼顾数据选择的科学性与一致性，选取2017年1月1日至2021年10月31日为分析区间，统计该时段内各类应急管理部门政府网站信息公开栏目发布的网页数量，其中2017—2021年各类应急管理部门政府网站网页年度增长平均数量统计结果如图2.1所示。从图中可以看出，2017—2021年各级应急管理部门网站发布的政府文件平均数量整体平稳，每年均有一定数量的文件通过政府网站发布公开，推动其网站网页中政府文件数量持续增长，类别一国家级应急管理部门政府网站文件年度平均增长量虽存在一定波动，但发布的政府文件总量整体呈上升趋势，且年均值总体高于其他两类网站。与国家级政府网站相比，类别二和类别三政府网站每年发布文件的平均数量较少，且维持在平稳的状态，综合比较可以看出，省、市、自治区级别应急管理部门政府网站政府文件的年增长均值要远高于市(州)级别的政府文件年增长均值。

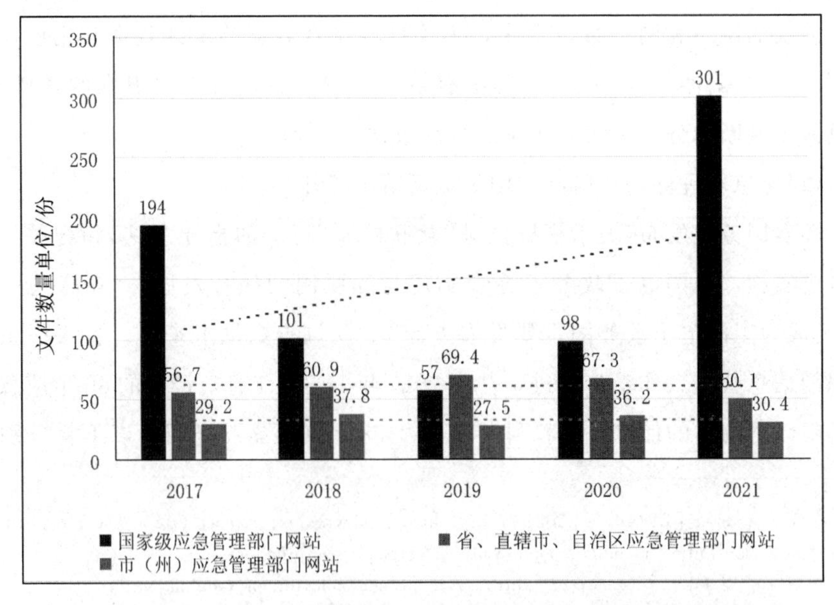

图2.1　2017—2021年应急管理部门政府网站网页年度增长平均数量统计

②应急管理部门政府网站网页月度更新情况。以 2020 年的各级应急管理部门政府网站信息公开栏目的网页更新情况为例，分别调查每月更新网页的应急管理部门政府网站数量以及各类应急管理部门政府网站网页每月更新数量，具体统计结果分别如图 2.2 和图 2.3 所示。从统计结果可以看出，类别一能够做到每月都更新信息公开网页，类别三能够达到每月更新政府信息的占比约 33%，类别二则能够达到 43%左右。从全年 12 个月的各类应急管理部门政府网站网页月更新数据统计结果来看，与上述的 2017－2021 年间各级应急管理部门政府网站网页的年度平均增长结果类似，类别一总体上网页月度更新数量高于类别二与类别三，而类别三网页月度更新数量最少，但 3 类应急管理部门政府网站每月均有信息公开栏目的网页更新，各类应急管理部门政府网站信息公开栏目的网页总量持续增加。

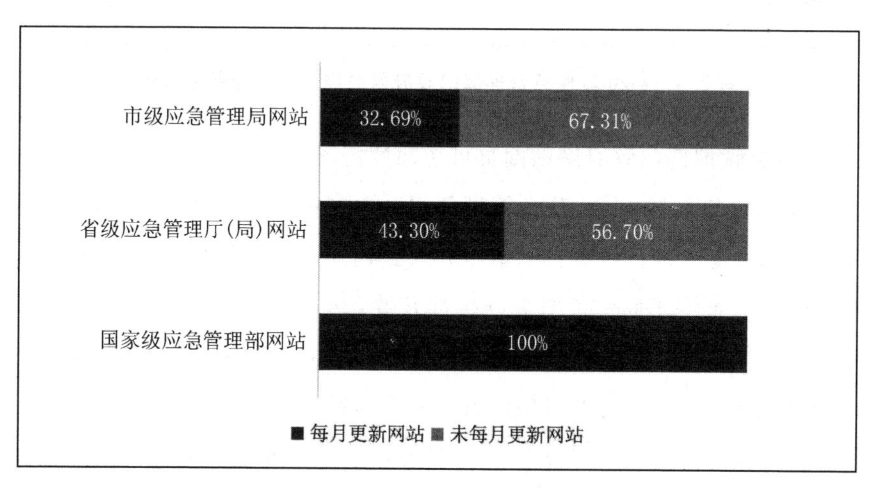

图 2.2　2020 年信息公开网页每月更新的应急管理部门政府网站数据统计

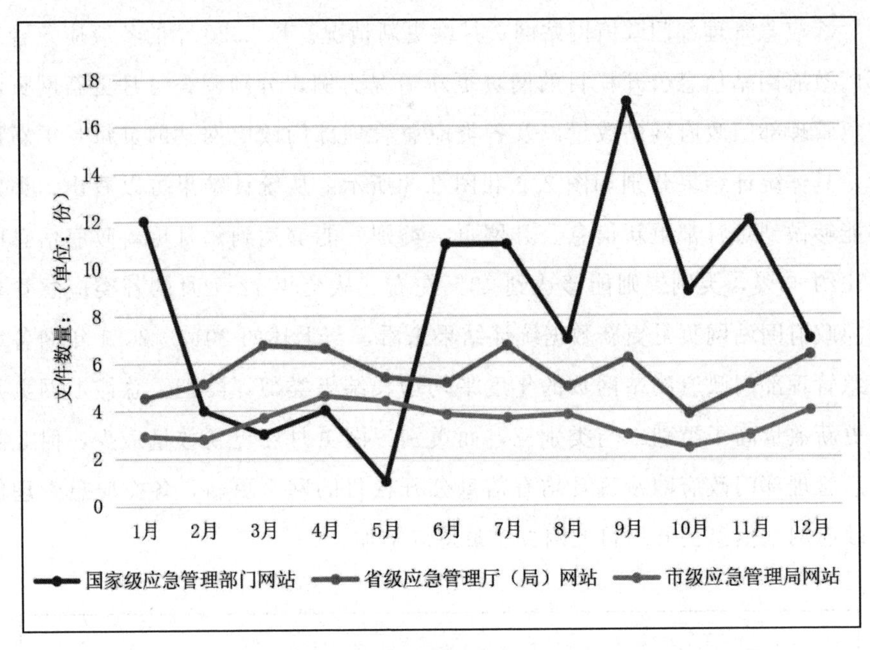

图 2.3　2020 年应急管理部门政府网站网页月更新数据统计

(2)应急管理部门政府网站网页可访问性情况统计

通过对调查样本中各类应急管理部门政府网站 2017—2021 年信息公开专栏发布的网页逐一进行机器自动访问和人工判断识别，发现上述调查的 86 个政府网站并不能保证每一条网页链接都有效，有一些网站在访问时存在无效链接，表现为 404 Not Found、service unavailable、原网址格式不匹配、内容在不断整理修复中、只有题目却没有内容等问题。

①应急管理部门政府网站网页链接失效数量。调查结果显示三种类别的应急管理部门政府网站都存在网页链接失效问题，各类应急管理部门政府网站网页链接失效比例统计结果如图 2.4 所示。其中国家级应急管理部门网站的网页链接失效比例为 0.8%，省级应急管理厅(局)网站的网页链接失效比例为 2.38%，而市级应急管理局网站的网页链接失效比例高达 4%。三类政府网站网页链接失效问题不一，失效比例也不尽相同，对其中获取的网页链接失效问题进行统计，发现政府网站网页链接失效绝大多数是表现为网页 404(即无法找到网页)的问题，也存在着网页访问未响应或出现格式错误等问题，如图 2.5 所示。

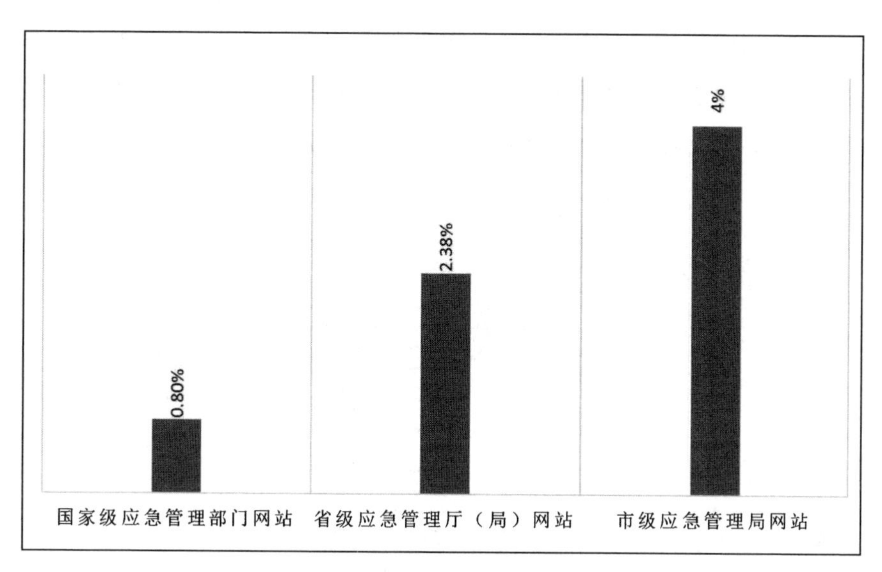

图 2.4　各级应急管理部门政府网站网页链接失效比例统计

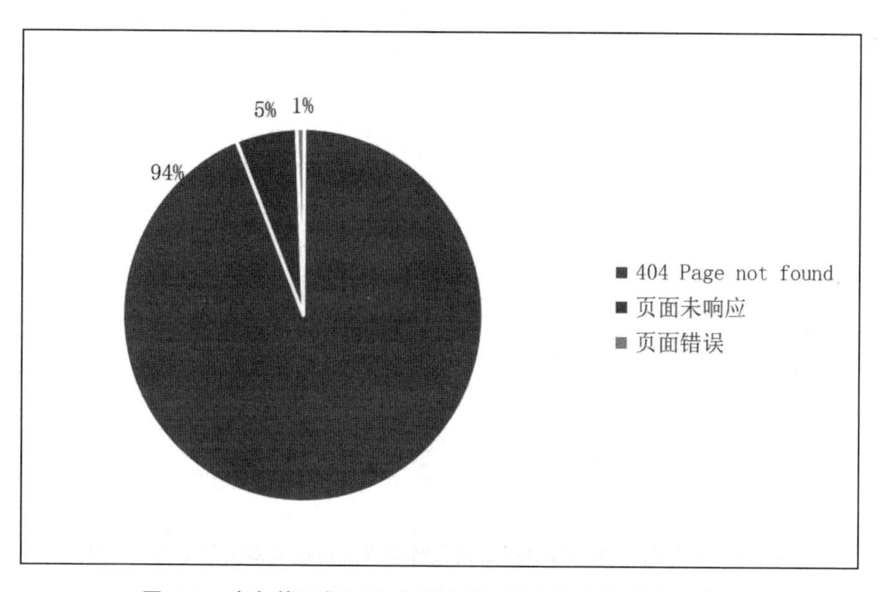

图 2.5　应急管理部门政府网站网页链接失效表现形式统计

从具体的统计数据来看，在省级和地市级别的一些应急管理部门政府网站中还存在较为严重的链接失效情况，网页链接失效占比较高的网站统计情况如图 2.6 所示，其中连云港市应急管理局、沈阳市应急管理局、甘肃省应急管理厅、宁夏回族自治区应急管理厅、济宁市应急管理局、山西省应急管理厅 6 个政府网站的网页链接失效比例超过了 10%。此外，在调查访问期间，调查中的个别政府网站可能因网站更新维护等原因，整个网站的网页内容均不可被访问，如大理白族自治州应急管理局网站发布的所有网页链接均不能被正常访问。

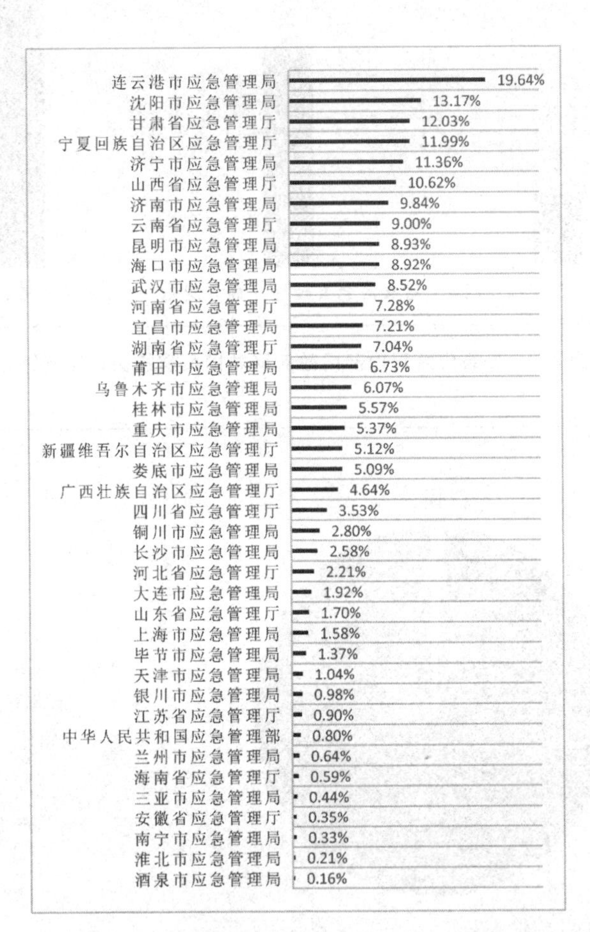

图 2.6　应急管理部门政府网站网页链接失效占比较高的网站数据统计

②应急管理部门政府网站网页年度链接失效数量。网页信息是有寿命的，形成时间越早，面临消失的风险也就越大，美国国家数字信息基础设施与保

存计划(NDIIPP)在2004年报告中指出网络信息的平均寿命仅有44天[1]，在对应急管理部门政府网站链接失效数据统计的过程中发现发布时间越早的政府网页其面临失效的概率会越大。为了更好地分析网页发布时间与其面临失效风险的关系，在上述的2017－2021年调查时间跨度范围的基础上，又对2016年的86个应急管理部门政府网站信息公开专栏发布的网页链接失效进行统计，获得应急管理部门政府网站网页年度链接失效数量统计结果(如图2.7所示)。从图中可以看出，网页链接失效数量整体上呈现逐年下降的趋势，一方面，说明政府网站网页发布的时间越久，其面临失效的概率越大，面临不可获取的风险越大。另一方面，也表明近些年来，随着国家对政府网站发展建设的不断重视，政府网站网页链接失效的比例越来越小。

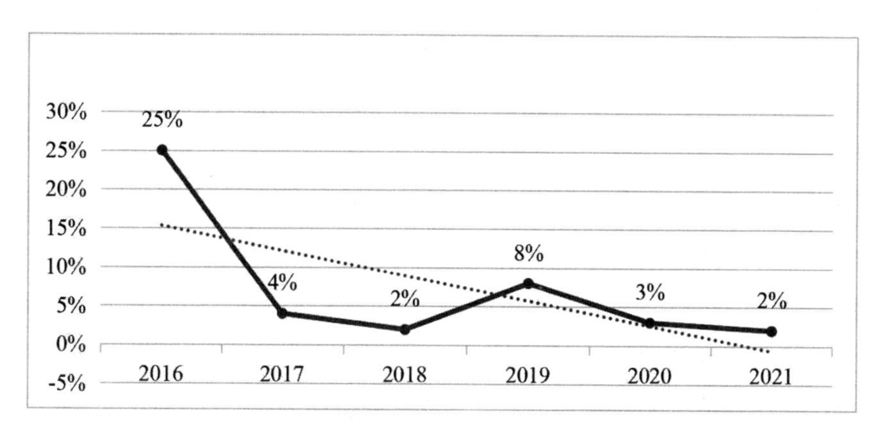

图2.7　2016－2021年应急管理部门政府网站网页年度链接失效数据统计

2.1.3　统计结果分析

通过对全国86个应急管理部门政府网站网页长期可获取的现状调查发现，政府网站网页更新频繁，每月都有一半的比例更新。调查的各政府网站并不能保证每一条网页链接都有效，有些网站在访问时存在无效链接、链接失效，如404 Not Found、原网址格式不匹配、内容在不断整理修复中等问题。

(1)政府网站网页更新频繁。通过以上统计数据可以看出，各级应急管理

① 杨道玲.Web资源采集与保存研究[D].武汉：武汉大学，2005.

部门政府网站信息公开栏目的网页整体上都呈现稳定增长的态势，其中国家级应急管理部网站更新最为频繁，各省、自治区和直辖市的应急管理厅(局)网站更新也较为频繁，尽管地市级别的应急管理局网站网页更新数据量相对较少，但是也呈现逐年递增的趋势，表明随着我国政府信息公开及“互联网+政务服务”工作的不断深入开展，政府网站网页数据将不断增加，政府网站网页内容更新频繁也日益成为常态。

(2)政府网站网页链接失效问题较为普遍。调查的各级应急管理部门政府网站都存在网页链接失效的问题，主要表现为 404 Not Found、service unavailable、原网址格式不匹配、内容在不断整理修复中、只有题目却没有内容等问题。国家应急管理部门网站网页链接失效比例较低，一些省市应急管理部门网站的网页链接失效比例较高，个别网站因更新、改版、维护等操作存在不可访问的现象。从时间跨度的统计结果来看，网页发布的时间越久远，其面临不可访问的风险就越大。以上这些都说明我国政府网站网页在长期可获取方面面临诸多风险和实际问题。

综上，由于政府网站网页所具有的更新频繁、动态不稳定性、易消失性等特点，致使大量以“孤本”形式存在的政府网页会因网站的安全管理、整合迁移、改版更新、升级维护等操作面临“丢失”“无法链接”“无法显示”的风险。因此，如何有效实现具有重要凭证和归档保存价值的政府网站网页长期可存取已成为当前政府面临的新挑战和学界探索的新课题。

2.2 政府网站网页归档的必要性与可行性分析

面对政府网站网页长期可获取存在的风险与实际问题，实现具有重要参考凭证、历史追溯、决策参考等多重利用价值的政府网站网页长期保存，在技术、法律、社会、学术等层面上具有重要的现实意义。为推动政府网站网页归档工作的顺利开展，我国相关政府部门已经颁布了《政府网站发展指引》《政府网站网页归档指南》等政策和标准，这些政策文件和标准规范为当前政府网站网页归档工作的开展提供了依据和宏观指导，是实现政府网站网页归档工作规范化和科学化的重要保障。此外，为了保存互联网上的“人类记忆”，从 20 世纪 90 年代开始，便有许多国家的政府部门，以及图书馆和档案馆等文化记忆机构陆续开展了包括政府网站等在内的各类网络信息资源长期保存的实践探索，并涌现出了一批有代表性的实践项目，积累了丰富的实践经验，这为国内政府网站网页归档工作的开展提供了重要的参考与借鉴。

2.2.1　政府网站网页归档的必要性分析

如前文所述，政府网站网页作为由国家行政机关在政府门户网站上公开发布的与经济、社会管理、公共服务相关的网络原生数字资源，具有权威性、原创性、时效性、共享性、易逝性等特点，承载着政府实时工作动态与政民互动情况，其作为社会公众、企事业单位、科研机构和政府部门决策的重要依据涉及政府文件、政务公报、工作报告、规划计划、绩效信息、网络民意等，具有重要的保存利用价值。因此，对政府网站网页进行归档保存，在技术、法律、社会、学术等层面都将会产生非常重要的现实意义。

(1)政府网站网页的保存利用价值

政府网站作为政务公开与政民互动的主要载体和渠道，其承载的政府文件、政策法规、规划计划、统计数据、网络民意等信息是对政府行政过程的真实记录，具有数据挖掘、政策分析、民意汇总、执政参考等多重保存利用价值，日益成为大数据时代社会公众、企事业单位、政府部门决策的重要依据[①]。

①数据挖掘。政府网站发布的行业数据、年度数据、地区数据等经济社会发展统计数据是政府科学决策的重要依据。以国家统计局网站为例，截至 2020 年底，共发布包括 GDP、CPI、社会消费品零售总额、粮食产量等在内的各项统计指标量 7.8 万个，数据总量达 1209 万条[②]，对这些离散的统计数据进行科学评价与预测分析，可以发掘隐藏在海量数据中对决策起指导作用的有用信息。譬如，美国政府公开数据网站 Data.gov 整合了官方发布的农业、气候、能源、教育、医疗、科研等 14 个不同领域的多维度、高质量数据集，并采用数据关联分析、数据可视化等技术对这些海量的数据集进行深度

① 黄新平，黄萃，张韫麒，等．面向决策的政府网站信息资源领域知识融合服务模型研究[J]．图书情报工作，2018，62(23)：6-13.

② 2020 年国家统计局政府信息公开工作报告[EB/OL]．[2021-06-07]．http：//www.stats.gov.cn/xxgk/gknb/tjj_gknb/202101/t20210129_1812885.html.

的价值挖掘，开发了一系列面向决策支持的应用程序，实现了数据驱动决策的效益最大化[①]。

②政策分析。随着我国政府信息公开工作的迅速开展，越来越多的政务信息通过政府门户网站发布。以北京市为例，2020 年北京市各级政府门户网站公开信息 27.04 万条，涵盖政府文件、政务公报、政策法规、规划计划等[②]。通过对这些孤立的政策文本内容和属性特征进行量化分析，可以对政策制定、变迁、扩散的脉络进行追溯，并对政策之间普遍存在的复杂关联关系进行解析。这样不仅可以从微观层面明晰政策意图、把握政策影响效果，而且可以从宏观层面了解政策演进规律、探析政策扩散路径、预判政策发展趋势，从而有助于政府在决策过程中，能够以政策问题为导向，科学制定与决策议题相关的政策[③]。

③民意汇总。网络征集民意是政府在决策过程中采用的一种有效收集公众意见和建议的方式。当前越来越多的政府部门在制定政策法规时，尤其当政策关系到公众切身利益时，都会选择通过官方门户网站及时通报信息，并通过网站的在线留言、工作意见箱等方式公开征集公众的意愿和诉求。例如，2020 年两会期间中央人民政府网站发起的"'我向总理说句话'网民建言征集活动"，网友提交的建言总数超过 20 万条，其中涉及房价、医疗、教育、就业等公众普遍关心的问题[④]。通过对这些海量碎片化的社情民意进行深度整合分析，有助于提升政府决策的民主性。

④执政参考。政务公文、政策法规等是政府部门在履行其管理职能的过程中把握政策方向、依法执政的重要参考。以政务公文为例，其形成多是由于上级颁布了一个初始文件后，各级政府为贯彻落实该文件分别颁布相应的衍生文件。如中央政府网站发布的 2020 年中央一号文件《中共中央、国务院

① Krishnamurthy R, Awazu Y. Liberating data for public value: the case of data. gov[J]. International Journal of Information Management, 2016, 36(4): 668-672.

② 2020 年北京市政府信息公开工作年度报告[EB/OL]. [2021-06-07]. http://www. beijing. gov. cn/gongkai/zfxxgk/gknb/202103/t20210316_2308409. html.

③ 黄萃. 政策文献量化研究[M]. 北京：科学出版社，2016.

④ 我向总理说句话[EB/OL]. [2021-06-08]. https://liuyan. www. gov. cn/2020wxzlsjh/index. htm.

关于抓好“三农”领域重点工作确保如期实现全面小康的意见》，文件颁布后，各地执行该文件精神，相继出台地方文件，如北京市政府网站发布的《关于抓好“三农”领域重点任务确保如期高质量实现全面小康的行动方案》、江苏省政府网站发布的《关于抓好“三农”领域重点工作确保如期实现高水平全面小康的意见》等。然而由于国内外形势的变化，各种文件的创建、修改，甚至否定都是存在的。针对这一情况，可以对政府网站发布的某一主题的政务公文进行全面汇总与演变分析，将文件形成过程以及文件内容的保留、修改、删除等变化情况提供给决策者参考，从而推进政府依法科学决策。

(2)政府网站网页归档的现实意义

上述的政府网站网页保存利用价值使得政府网站网页归档在技术层面、法律层面、社会层面和学术层面等具有重要的现实意义。

①技术层面。政府网站网页归档的对象通常是完整的网站页面，代表政府网站在某一时段的真实运行情况，相应的政府网站网页通过归档后保证了归档网页内容的真实性、完整性、安全性、可用性。因此，本质上可以看作是现行政府网站的存档“副本”，作为政府网站的“副本”，它可以在网站遇到不可控的技术风险等问题致使其不能够访问时，帮助网站恢复其原始的版本，而且也可以帮着用户解决访问政府网站时所遇到的404 Not Found、service unavailable等网页无法访问的技术问题，从而确保政府网站网页内容的连续性与长期可访问性[①]。

②法律层面。当前，随着网络的不断普及应用，网页存档资源已经成为重要的法律凭证[②]。政府网站网页作为国家政府机构在履行行政职责或处理事务的过程中，使用的政府网站制作或接收的具有保存价值的重要记录，这些记录符合文件的真实性、可靠性、可用性、完整性基本特点，具有凭证、参考等主要的档案价值属性[③]。归档的政府网站网页，如政府采购、土地征用、

① Schafer V , Winters J . The values of Web Archives[EB/OL]. [2021-05-25]. https://linkspringer.53yu.com/article/10.1007/s42803-021-00037-0.

② 刘兰. Web Archive的内涵、意义与责任、发展进程及未来趋势[J]. 图书馆建设，2014(3)：28-34+38.

③ 黄新平. 基于集体智慧的政府社交媒体文件档案化管理研究[J]. 北京档案，2016(11)：12-15.

合同协议、资产登记等在维护集体和公民权益等方面具有凭证价值的页面，可以在经过证实、辨伪、鉴定后，将其作为法律凭证在行政案件、民事案件中采用。与普通的网络信息资源相比，政府网站网页信息更具有权威性、可信度更高、形式更加规范，更适合作为法律凭证。因此，对政府网站网页进行归档，可以将网页档案的凭证价值得到充分的发挥，从而为互联网环境下相关司法问题的解决提供新的思路和方案。

③社会层面。政府网站是当前政民互动的主要场所，社会公众作为网络参政议政的主体[①]，参与了政府网站信息的创建、发布、传播与利用活动，尤其是在政府网站的互动交流类页面中产生了大量原生性信息，这些信息汇集了政策意见征集、网络舆论、网络民意等内容，记录了社会公众网络参政议政的痕迹，凝结着社会群体的思想智慧，作为互联网时代社会的重要"公众记忆库"，具有重要的历史回顾、参考凭证、学术研究等价值，对此类政府网站网页进行归档保存，将具有非常重要的社会意义和价值。

④学术层面。政府网站承载了大量对机关工作、国家建设和科学研究具有利用价值的页面，如政府公开信息、政策文件、法律法规、工作报告、政府公报、规划计划、统计报表等，这些网页资源涉及社会、经济、政治、科学、文化及制度等领域的各个方面，具有重要的学术利用价值，可为学术研究提供重要的素材和数据来源。譬如，可以对大量归档的政府网站网页资源，围绕政策文献量化[②]、政府统计数据挖掘[③]，以及海量归档政府网站网页资源的知识组织与知识服务[④]等方面开展学术研究。

2.2.2 政府网站网页归档的可行性分析

对国内而言，开展政府网站网页的归档工作是有基础的，一方面为了推动政府网站网页归档工作的开展，我国相关政府部门已经制定、出台了相应

---

① 范雪峰．地方政府网络参政平台建设研究——以西安政府网站的政治参与功能为例[J]．新西部，2017(18)：20-21.

② 黄萃．政策文献量化研究[M]．北京：科学出版社，2016.

③ Krishnamurthy R，Awazu Y．Liberating data for public value：the case of data.gov[J]. International Journal of Information Management，2016，36(4)：668-672.

④ 黄新平，王洁．面向Web Archive的政府网站网页专题知识库构建研究[J]．图书馆学研究，2021(15)：64-70.

的政策法规与标准规范；另一方面，从20世纪90年代开始，便有许多国家的政府部门，以及图书馆和档案馆等文化记忆机构开展了包括政府网站等在内的各类网络信息资源长期保存的实践探索，积累了丰富的实践经验，这为国内政府网站网页归档工作的开展提供了重要的参考与借鉴。

(1)政策指导与标准制定

近年来，国家高度重视政府网站网页归档实践的开展，陆续出台了相关的政策法规、指导办法与标准规范等，具体如表2.2所示。这些政策文件和标准规范为当前政府网站网页归档工作的开展提供了依据和宏观指导，是实现政府网站网页归档工作规范化和科学化的重要保障。

表2.2　政府网站网页归档的相关政策与标准

层次	名称	类型	颁布机构	颁布时间
国家层面	《全国档案事业发展“十三五”规划纲要》	政策	国家档案局	2016年4月
	《国家电子文件管理“十三五”规划》	政策	国务院办公厅	2016年11月
	《政府网站发展指引》	政策	国务院办公厅	2017年5月
	《政府网站网页归档指南》(DA/T 80—2019)	标准	国家档案局	2019年12月
	《OFD在政府网站网页归档中的应用指南》(GB/T 39677—2020)	标准	国家标准化管理委员会等	2020年7月
地方层面	《宁波市政府网站网页归档管理暂行办法》	政策	宁波市人民政府办公厅	2018年10月
	《政府网站网页归档与管理规范》	标准	宁波市档案局	2019年12月
	《政府网站网页电子文件封装规范》《政府网站网页电子文件元数据规范》《政府网站网页电子文件归档和电子档案管理规范》《政府网站网页电子文件管理系统建设规范》	标准	宁波市档案局、宁波市市场监管局(知识产权局)等多个机构	——

其中，国家层面，2016年，国家档案局颁布的《全国档案事业发展“十三五”规划纲要》，以及国务院办公厅颁布的《国家电子文件管理“十三五”规划》中较早提出了政府网站网页归档的要求；2017年5月，国务院办公厅颁布的

《政府网站发展指引》[①]中明确将网页归档纳入政府网站开设和整合的要求："网页归档是对政府网站历史网页进行整理、存储和利用的过程。政府网站遇整合迁移、改版等情况，要对有价值的原网页进行归档处理。归档后的页面要能正常访问，并在显著位置清晰注明'已归档'和归档时间"；2017 年 12 月，全国档案局长馆长会议工作报告[②]中指出："启动国家政府网站网页存档工作，同时为实现我国各级政府网站，以及各国有企业、中央企业等网站网页的永久保存，将会加快推进《网站网页归档指南》等相关行业标准的制定工作"；2019 年 12 月，国家档案局发布《政府网站网页归档指南》(DA/T 80－2019)，用来指导国家机关及其档案部门规范开展网页归档工作，促进实现政府网站网页的有序归档和长期保存，该指南对政府网站网页归档的归档原则、归档范围、责任主体、保管期限、收集时间、收集内容、归档格式、整理和移交接收方式做出了明确规定[③]；2020 年 7 月，国家标准《OFD 在政府网站网页归档中的应用指南》(GB/T 39677－2020)正式实施，该标准对政府网站网页元素、OFD 文件转化范围及规则进行了明确规定，为相关部门开展政府网站网页归档提供了科学指南，成为政府网站网页归档中又一个重要的标准规范[④]。

另外，地方层面，根据国家档案局颁布的《全国档案事业发展"十三五"规划纲要》中"研究制定重要网页资源的采集和社交媒体文件的归档管理办法"的相关要求，国家档案局指定北京市档案局、宁波市档案局、自然资源部信息中心、国家电网江苏省电力有限公司作为网站网页归档的试点单位，率先开展了政府网站网页归档的实践探索[⑤]。随后，宁波市面向政府网站开展网页归档试点工作，制定了一系列政策标准。2018 年 10 月，宁波市人民政府办公厅

---

① 中华人民共和国国务院. 国务院办公厅关于印发政府网站发展指引的通知[EB/OL]. [2021-07-28]. http：//www.gov.cn/zhengce/content/2017-06/08/content_5200760.htm.

② 李明华. 在全国档案局长馆长会议上的工作报告[EB/OL]. [2021-07-28]. http：//daj.fuzhou.gov.cn/zz/daxw/yjdt/201801/t20180124_2003625.htm.

③ 中华人民共和国国家档案馆. 政府网站网页归档指南 DA/T80—2019 [EB/OL]. [2021-07-28]. https：//www.saac.gov.cn/daj/hybz/201912/5e653e193bd747659d78783c8c4c8818/files/a778567bbacd47119ecb115cfe84e9a8.pdf.

④ 谢玉雪，郑晓丹. 我国政府网页归档的问题与策略[J]. 山西档案，2021(2)：79-88.

⑤ 中华人民共和国国家档案局. 网站网页资源归档试点工作启动[EB/OL]. [2021-07-12]. https：//www.saac.gov.cn/daj/daxxh/201807/b7ee27b2500a4a3cbda3c8cb5a787bda.shtml.

印发实施《宁波市政府网站网页归档管理暂行办法》，该办法首次对政府网站网页归档管理的职责分工、收集归档、保管利用、监督管理做出明确规范，为推进政府网站网页的安全保管和有效利用提供了保障[①]；2019 年 12 月，宁波市档案局出台了首个地方标准《政府网站网页归档与管理规范》，进一步规范政府网站网页归档的试点工作，为政府网站网页归档提供了宁波标准和样本[②]；同时宁波市档案局与宁波市市场监管局（知识产权局）等多个机构组织合作，联合制定《政府网站网页电子文件封装规范》《政府网站网页电子文件元数据规范》《政府网站网页电子文件归档和电子档案管理规范》《政府网站网页电子文件管理系统建设规范》等一系列政府网站网页归档的标准规范[③]。

（2）网页存档的实践经验参考与借鉴

网页存档缘起于互联网的普及与应用，早在 20 世纪 90 年代，万维网在全球范围的兴起，便有相关的机构和组织开展了关于网页存档的实践探索，后来随着网络技术的不断发展与演变，相应的网页存档所保存的网页资源内容、依赖的载体与技术环境也都不断发生改变。根据互联网技术发展演变的 3 个阶段，将网页存档的实践探索也划分为相应的 3 个阶段，分别是 Web1.0、Web2.0、Web3.0 时代的网页存档，具体如下图 2.8 所示。不同阶段的网页存档在技术、政策、组织与合作机制等方面所积累的实践经验可以为国内政府网站网页归档工作的开展提供重要的参考与借鉴。

---

① 宁波档案．宁波市出台《办法》规范政府网站网页归档管理 拓展电子文件管理新领域[EB/OL].[2021-07-28]. https：//www.nbdaj.gov.cn/yw/bddt/201810/t20181030_5843.shtml.

② 宁波档案．2019 年全市档案工作总结[EB/OL]. [2021-07-28]. https：//www.nbdaj.gov.cn/zw/jhzj/202004/t20200415_29506.shtml.

③ 宁波市市场监管局(知识产权局)．标准化助力我市档案工作数字化转型 [EB/OL]. [2021-07-30]. http：//scjgj.ningbo.gov.cn/art/2021/4/15/art_1229135352_58934922.html.

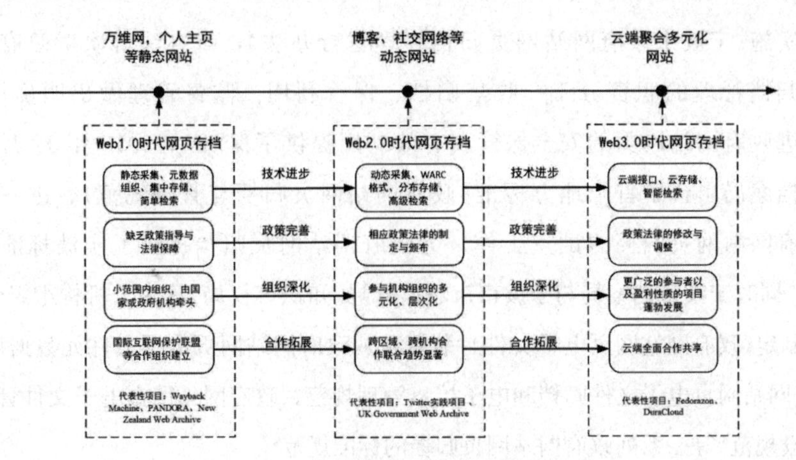

图 2.8　网页存档的发展历程

①Web1.0 时代的网页存档实践。Web1.0 时代的网站依附于搜索引擎，页面以 HTML 语言构建的静态网页为主，网页的全部内容都包含在网页文件中，一个网页即为一份单独的文件，同时网页是只读的，用户只能通过页面搜索、浏览网络信息，除了提供反馈检索结果，网站几乎与用户没有任何交互行为[①]。因此，Web1.0 时代的网页存档项目采集与保存的网站页面，主要是万维网、个人网站等静态网站。Web1.0 时代网页存档代表性项目包括 Internet Archive 的 Wayback Machine 项目、澳大利亚国家图书馆的 PANDORA 项目、新西兰国家图书馆的 New Zealand Web Archive 项目等。

Web1.0 时代的网页存档在技术层面上采用自动网络爬虫，如 Heritrix、HTTrack、Wayback 等工具采集目标网站网页及其内容，利用元数据著录归档内容，将归档网页资源集中储存在由磁带、光盘等介质建立的数据库中，并提供了功能相对比较简单的归档网站网页的检索服务；在政策法规层面，Web1.0 时代网页存档采集、管理、存储、利用整个过程并未有政策法规强制要求完成，网页存档项目开展更多是出于利益驱动或保存价值需要，虽然没有相应的政策法规和标准来规范网页存档过程，但是网页存档项目主体有较好的隐私保护以及知识产权意识，在进行存档工作时默认拒绝采集私人网页，

① 宁波市市场监管局(知识产权局). 标准化助力我市档案工作数字化转型［EB/OL］.［2021-07-30］. http：//scjgj.ningbo.gov.cn/art/2021/4/15/art_1229135352_58934922.html.

同时允许通过申请方式删除或更改存档内容[①]；在组织层面上，该时期网页存档的实践探索得到了政府部门的一定重视与支持，多是由国家图书馆、档案馆或者重要的文化遗产保存机构独立进行小范围的网页归档试点，再逐步扩大归档范围、增加存档资源类型；在合作层面上，合作共享是 Web1.0 时代网页存档项目的主题，各个网页存档项目间通过分工与协作的形式，开展项目的实践探索。其中 2003 年 7 月，由 12 家图书馆、档案馆、文化遗产保存机构等单位成立的国际互联网保护联盟（International Internet Preservation Consortium，IIPC）是网页存档领域最具影响力的合作组织，IIPC 作为国际性组织旨在为全球范围内网络信息存档项目提供帮助，并组织协调参与 IIPC 成员之间的网络存档工作，旨在推进全球范围内互联网内容的长期保存[②]。在 IIPC 国际合作组织的推动下，产生了著名的国际合作项目 Internet Archive。该项目于 2005 年开发实现了 Archive-It. org 应用程序[③]，后来全球很多网页存档机构便利用 Archive-It. org 应用程序及 Internet Archive 项目提供的技术方案和标准规范开展网页存档工作。

总之，Web1. 0 时代网页存档是对互联网内容长期化保存的开始，在这个阶段网页存档已经获得欧美各国的广泛重视，相关国家开始从国家层面进行战略规划，开始网页资源长期保存活动的规模化应用部署[④]。从实践经验来看，Web1. 0 时代网页存档项目率先使用自动化网络爬虫的方式采集静态网页中的网络信息资源，并制定了相当规范的网络信息著录以及存储方案，基本形成了相对完整的网络资源采集、管理、存储、利用流程。政府网站以静态网页为主，因此 Web1. 0 时代网页存档所采用的针对静态网页资源研发的 Heritrix、HTTrack、Wayback 等网络爬虫工具，以及相应的网页归档的著录标准和存储方案对当前国内政府网站网页归档工具具有重要的参考与借鉴

---

① Masanes J. Web archiving：issues and methods[M]. Berlin：Springer Berlin Heidelberg，2006.

② International internet preservation consortium[EB/OL]. [2021-9-27]. https：// netpreserve. org/.

③ Internet Archive Archive-It. org [EB/OL]. [2021-09-27]. https：//archive. readme. io/docs# archive-itorg.

④ 李华，吴振新，郭家义，等 . Web Archive 发展历程与发展趋势研究[J]. 现代图书情报技术，2009(1)：3-4.

作用。

②Web2.0时代的网页存档实践。Web2.0是对Web1.0的更新，在新一代互联网中，网站突破了对搜索引擎的依赖，开始分布在各类网络平台上，这时的网页是“可读写的”，用户可以自己创建内容并上传至网站页面上，网页不再是静止的，网页内容不再一成不变，而是动态变化的，网站与用户的交互是该时期网络的最大特征[①]。与Web1.0时代不同，Web2.0时代的网页存档项目存档的对象主要是博客、社交网络等非结构化的网络资源。Web2.0时代网页存档的代表性项目有美国的Twitter实践项目、英国的UK Government Web Archive项目等。

Web2.0时代的网页存档在技术层面上除了继续利用网络爬虫收集静态网页外，还进一步改良传统网络爬虫，以及开发实现动态采集的网络爬虫工具，如Web Curator、Web Recorder等[②]，旨在解决动态网页采集与保存面临的信息变动、网络结构等难题，并通过ARC、WARC等多种格式规范整理归档内容，以分布式数据库形式存储归档的网络信息，最终为用户提供智能化、个性化的浏览检索与归档资源推送等多种访问利用服务；在政策法规层面，国家与政府高度重视网络信息存档实践，在网络信息长期保存、网络信息版权、信息知识产权以及信息隐私权方面修改完善并制定了一系列政策法规来鼓励、引导和支持网络信息存档工作，例如英国2013年颁布的《非印本呈缴条例》，要求在尊重版权所有者的基础上，将英国非印刷出版物包括网页、博客、电子阅读物等进行存档[③]，相关法律政策的颁布为网页存档提供了保障和宏观指导，这对Web2.0时代网页存档实践工作的顺利开展起到了重要的作用；在组织层面上，Web2.0时代网页存档延续了Web1.0时代的组织机制，但是在Web2.0时代，网页存档项目的参与主体更加多元化，除了各级图书馆、档案馆、文化遗产保存机构之外，政府、企业，甚至个人都可以参与网络存档的实践项目；在合作层面上，Web2.0时代网页存档项目的跨部门、跨机构、跨

① 孙茜．Web2.0的含义、特征与应用研究[J]．现代情报，2006(2)：69-70+74.

② Beresford P，Pope J. Web archiving at the British library：trials with the Web curator tool[J]. Ariadne，2007(52)：8.

③ 柳英．英国法定呈缴制度的起源与发展[J]．国家图书馆学刊，2015，24(6)：5.

区域合作现象更为显著，该时期的网页存档项目通常由多个参与机构联合发起，从而得到多个机构在技术、资金、政策、标准等方面的支持，这些机构通过分工协作，共同完成项目的各项工作①。

综上所述，Web2.0时代的网页存档以Web1.0时代的网页存档实践为基础，面对更加复杂多样的动态网页，开发了更加先进的网络采集爬虫工具解决网页存档过程中面临的采集对象动态多源异构的难题，将前沿的分布式数据库技术灵活地应用于网页归档存储领域。此外，Web2.0时代网页存档实践得到了更多的政策法律的支撑，完善的法规体系促使网页存档实践能够依法合规地高效率、高质量完成采集、整理、存储以及利用工作。Web2.0时代网页存档项目合作意愿更加强烈，实现了技术、经验、资源等多元主体的协作共享，而且Web2.0时代网页存档更加重视归档网页资源内容的开发利用，旨在通过更智能的服务方式来满足用户对归档网页资源的访问利用需求。随着我国政府网站网页归档工作的不断开展，包括政务社交媒体在内的网络资源也将成为网络归档的保存对象，此外，实现归档资源的开发利用也是未来政府网站网页归档工作面临的重要问题。Web2.0时代网页存档实践对动态网页存档所采用的网络采集技术与存储方案，以及对归档网页资源的利用服务方式可为国内政府网站网页归档相应问题的解决提供可参考的思路与方案。

③Web3.0时代的网页存档实践。与Web1.0的信息单向发布、Web2.0的信息双向互动交流不同，Web3.0时代实现了互联网的多向交互方式，它以语义网、人工智能为基础，在大数据、云计算、数据保密、机器学习等技术的驱动下实现网络资源的“云端”存储、访问与共享，为用户提供精准化和个性化的信息服务②。Web3.0时代比较有代表性的云归档项目有Fedorazon、DuraCloud等。Web3.0时代网站网页聚集于“云”上，因此Web3.0时代网页存档主要是针对各种云端网络资源的归档保存进行实践探索。在技术层面上，Web3.0时代网页存档实践利用应用程序编程接口(Application Programming

① 张卫东，黄新平．面向Web Archive的社交媒体信息采集——基于ARCOMEM项目的案例分析[J]. 情报资料工作，2017(1)：94-99.

② 汪传雷，朱绍平，万一荻，等．基于Web3.0的物流信息平台社区模型构建研究[J]. 情报理论与实践，2016，39(7)：127-135.

Interface，API)与“数据云”直接进行数据访问与采集，并将采集获取的网络资源运用数据加密、云安全保护等相关技术存储在云服务器上，进而实现对海量网页资源的实时动态归档保存[①]；在政策法规层面，Web 3.0 对于网络信息资源归档已经有相对完善明确的政策法规与标准规范，这些法规与标准同样适用于 Web3.0 时代云环境下的网络资源采集与保存[②]；在组织层面上，云计算技术不断发展使得网页存档工作分散组织成为可能，参与机构利用“云”交换数据，将云存储技术应用到了网络资源的长期保存中，基于云计算构建可以动态扩展的协同存储框架，实现对网络资源的多云协同存储，以及网页存档流程的无缝衔接[③]，从而降低工作难度，提高工作效率，吸引更多的机构参与网页存档工作；在合作层面上，利用云计算技术，Web3.0 时代的网页存档实践项目也可以像数字资源云归档项目一样，实现虚拟环境中的业务整合、功能整合、内容整合、服务整合[④]，将更多的业务和复杂的计算等交由云服务器完成，实现效益的最大化。

总而言之，相比于成熟的 Web1.0 和 Web2.0 时代的网页存档，Web3.0 时代的网页存档还处于探索阶段，当前的云计算技术为网页存档带来了新的契机，参考和借鉴数字资源长期保存领域所采用的相对成熟的云归档方案，可以为当前我国政府网站网页归档实践提供新的思路与方案。

2.3 政府网站网页归档的命题提出

本节从系统视角出发，提出政府网站网页归档的命题，在界定政府网站网页归档内涵的基础上，根据政府网站网页所具有的区别于一般网络资源的

---

① 黄新荣，庞文琪，王晓杰．云归档——云环境下新的归档方式[J]．档案与建设，2014(4)：4-7.

② Wei Guo，Yun Fang，Weimei Pan，et al. Archives as a trusted third party in maintaining and preserving digital records in the cloud environment[EB/OL]．[2021-09-21]．https：// www. emerald. com/insight/content/doi/10.1108/RMJ-07-2015-0028/full/html.

③ Kawato M，Li L，Hasegawa K，et al. A digital archive of borobudur based on 3d point clouds [J]. The International Archives of Photogrammetry，Remote Sensing and Spatial Information Sciences，2021(43)：577-582.

④ DuraCloud Guide [EB/OL]．[2021-09-29]．https：// wiki. lyrasis. org/display/DURACLOUD DOC/DuraCloud＋Guide.

特殊属性，明确政府网站网页归档的特征，并以解决政府网站网页长期可存取问题为目的，在用户信息服务需求的驱动下，分析政府网站网页归档的业务功能需求，科学设计政府网站网页归档的流程与体系结构，以归档业务流程为纽带，应用网络资源归档保存采用的工具、技术和方法将政府网站网页归档过程涉及的网页采集、数据管理、资源保存、访问利用等环节有条不紊地串联，形成一个不断持续演化改进的政府网站网页资源保存与信息服务体系，最终实现具有历史追溯、数据挖掘、决策参考等多重保存利用价值的政府网站网页的长期可存取。

2.3.1　政府网站网页归档的内涵和特征

如前文所述，政府网站网页具有公共性、权威性、机关隶属性、层次性、地域性、专题性、多样性等特殊属性，使其有别于其他网络资源，因此政府网站网页归档的内涵与特征也与一般的网络资源归档有所不同。

(1)政府网站网页归档的内涵

随着当前政府信息公开工作的不断深入开展，越来越多的政务信息资源通过政府门户网站发布，政府网站网页资源数量呈爆炸式增长。然而由于政府机构的层次性，且行政机关的隶属不同、分工不同，造成政府网站网页具有层次性、机关隶属性、分散性等特点①。在这些海量孤立、以分散状态存在的政府网站网页中蕴含着丰富的、有价值的信息资源，但其消失的速度也很惊人，政府网站网页面临的消逝风险给政府的信息公开以及公众获取公开信息造成了障碍，影响政府的权威，以及公开信息资源的有效利用。因此，迫切需要借助一定的方式和手段对多来源、多类型的政府网站网页进行长期可存取管理。政府网站网页归档就是将海量的、多源分布的、有价值的政府网站网页进行采集与保存，并通过数据管理，将归档的网页信息蜕变、升华，使之有序、关联和可用，为社会公众、企事业单位、科研机构、政府部门等提供信息服务，从而达到实现政府网站网页资源的长期保存、有序管理和访问利用的目的。

根据前文国内外众多学者对“网页存档(Web Archive)”概念的界定，结合

① 黄新平. 政府网站信息资源多维语义知识融合研究[D]. 长春：吉林大学，2017.

政府网站网页的特点与类型，参考 Internet Archive 团队提出的 Web Archive 生命周期模型[①](Web Archiving Life Cycle Model，简称 WALCM)，可以将政府网站网页归档的内涵界定为，对不同类型的政府网站网页资源进行整个生命周期的管理，包括对网页资源的评价、选择、采集、分类、存储、元数据著录、管理和利用等一系列活动，其中归档的对象主要是反映机关网站整体面貌的网站首页及栏目首页；反映机关主要职能活动的页面(如机构演变、机构设置、人事任免、工作动态、新闻发布等)；对机关工作、国家建设和科学研究具有利用价值的页面(如政府信息公开、政策文件、法律法规、工作报告、政府公报、规划计划、统计报表等)；在维护集体和公民权益等方面具有凭证价值的页面(如政府采购、土地征用、合同协议、资产登记等)；对机关工作具有查考价值的页面(如会议纪要、批复、批示等)；机关职能活动中涉及的办事服务类页面(如个人办事、法人办事、便民服务等)；反映政民互动的解读回应与互动交流类页面(如政策解读、数据解读、在线访谈、意见征集等)等具有重要保存价值的政府网站网页。

(2)政府网站网页归档的特征

政府网站网页所具有的特殊属性，决定政府网站网页归档具备公共性、权威性、动态性、主题性、系统性等特征。

①公共性。政府网站网页本身属于公共信息资源的一种，是政府部门为了保障公众的信息获取权利，向公众提供的信息资源。因此，政府网站网页归档具有公共性，不仅体现为归档对象的公共属性，更体现为归档目的的公共性，即通过对政府网站网页的归档管理，为社会公众、企事业单位、科研机构、政府部门等提供归档资源的公共服务，即任何机构、组织和个人都有权利获取和使用归档的政府网站网页资源[②]。

②权威性。政府网站由国家权威机构国务院和国务院各部门以及各省、自治区、直辖市人民政府和下属各机关在互联网中建立并维护，网页内容也

① Donovan L，Hukill G，Peterson A. The web archiving life cycle model[DB/OL]. [2021-06-17]. http：//archiveit. org/static/files/archiveit _ life _ cycle _ model. pdf.

② 黄新平，王萍，李宗富．政府网站原生数字政务信息资源馆藏建设研究[J]. 图书馆工作与研究，2017(6)：87-92.

由上述机关发布并负责，信息内容真实、客观、可信度高，人们更愿意接受由政府网站发布的信息资源，因此政府网站网页具有极高的权威性。在对政府网站网页进行归档时，要求其归档要做好网页内容的“四性”维护，以保障政府网站网页原有的权威性，一方面要对政府网站网页的真实性与完整性进行鉴定处理，保证政府网站网页归档内容的原始性，另一方面还要保证网页内容的安全保存，从而确保政府网站网页归档前后的权威性不变[①]。

③动态性。网络环境下，政府网站网页信息具有明显的动态性和变化性，这就导致政府网站网页归档在进行网页的采集、组织与存储及访问利用时都处于一个动态变化的环境中。因此，与传统面向静态信息的资源归档不同，政府网站网页归档是一个动态演化过程，需要针对政府网站网页动态变化的特性不断调整和更新，逐渐形成一个动态完善的政府网站网页归档与服务过程，以达到及时为公众提供精准化、智能化、个性化信息服务的目的。

④主题性。政府网站是政府部门机关根据自身职责权限与功能要求设计并建立的，政府网站网页的内容体现着该政府机关的职能目标以及业务范围，政府机关的层次性，且行政机关的隶属不同、分工不同，造成政府网站网页具有多源性、碎片化、冗余性等特点[②]。因此，在进行归档时需要将多源分布的海量政府网页数据按照不同的主题进行采集和保存，实现不同主题的序化管理。此外，为用户提供相应的归档资源信息服务时需要按照不同的主题和分类，为用户提供多主题、多元化的信息呈现方式，以满足不同目标群体用户的信息需求。

⑤系统性。政府网站网页归档的系统性特征主要体现在归档业务的系统性、归档内容的系统性、服务对象的系统性与服务内容的系统性。政府网站网页采集、管理、存储、利用等业务构成一个完整的系统流程，各个阶段是连续推进的相互关联的不同环节。此外，政府网站网页归档不仅需要考虑归档的目标范围，还需考虑归档内容的系统连续性，包括主题的连续与时间的

① Huang Xinping. Research on the cloud archiving process and its technical framework of government website pages[C]//International Conference on Communication, Computing and Electronics Systems. Singapore: Springer Singapore, 2020: 369-380.

② 黄新平．政府网站信息资源多维语义知识融合研究[D]．长春：吉林大学，2017.

连续等。而且政府网站网页归档的受众不仅仅限于某个人或某个组织，而是为社会公众、企事业单位、科研机构、政府部门等众多服务对象提供系统化的信息服务①。

2.3.2 政府网站网页归档的需求分析

政府网站网页归档需求分析是实现归档管理的前提和出发点，只有准确把握归档管理的各项需求与流程，才能确定科学的政府网站网页归档体系结构。实现政府网站网页归档的目的在于高效率地采集和保存网页、集成管理网页、共享和使用网络存档资源。对于本研究而言，即通过对散存在各级政府网站的网页资源进行归档管理来形成满足当前和未来用户的访问利用需求的归档资源，使网页信息有序化、原始化呈现，为社会公众、企事业单位、科研机构、政府部门等不同目标群体提供所需的归档资源信息服务，促进政府网站网页资源的价值创新与增值。相应的政府网站网页归档的需求分析主要包括归档管理功能需求分析和用户信息需求分析。

(1)政府网站网页归档管理功能需求分析

本研究的目标是针对政府网站网页信息的易逝性、分散性、碎片化、价值稀疏等问题，从众多政府网站网页中选择有重要保存价值的网页，通过一定的技术方法对采集的网页资源加以序化组织和长期保存，形成有逻辑的、体系化的政府网站网页资源保存体系，为用户提供多元的网络存档资源访问利用服务。除了保存网页的原始内容和结构外，归档管理使网页的价值及效用等都得到了提升。在信息管理层面，从信息形成、转换、管理、共享和应用的运动规律来看，政府网站网页归档管理的功能在大数据时代发生显著的变化。其中，以信息管理和信息服务为导向，从归档保存的海量政府网站网页资源“大数据”中提取用户所需的关键信息和精准知识是政府网站网页归档管理要实现的主要功能。因此，针对该功能需求，需要综合运用档案学、信息管理学、计算机科学、系统科学等的理论和方法，提出并设计政府网站网页归档管理的功能体系框架，在此基础上，利用新兴的大数据、云计算等信

① 黄新平，王洁．面向 Web Archive 的政府网站网页专题知识库构建研究[J]．图书馆学研究，2021(15)：64-70．

息技术和手段，对海量的政府网站网页资源进行高效采集、分类整理、序化组织和存储管理，构建一个有序高效的政府网站网页资源保存体系，实现海量归档资源的价值增值服务。

(2)用户信息需求分析

政府网站网页归档的最终目的就是为社会公众、企事业单位、研究机构和政府部门等提供归档资源的访问利用等信息服务。面对海量的政府网站网页归档资源，用户所需的关键信息很有可能淹没在碎片化信息的海洋里，从而很难找到真正所需的信息，因此用户对获取网页归档信息的精准性、相关性和完整性等有了更高的要求。在社会公众日常的政府网站网页信息获取利用中，随着人们生活节奏的加快和工作效率的提升，公众对政府网站网页信息的需求呈现出高效化的特征，具体表现为：公众对满足个人日常生活、学习、工作、管理所需的信息精准性有较高需求，期望通过政府门户网站检索获得的政府网页信息与其所需要的信息能够高度相关；公众期望获取所需政府网站网页信息的检索方式和途径能够更高效和便捷，从而减少查询的时间和精力；公众期望检索获取的政府网站网页信息要完整，而且能够以直观、简洁的形式呈现，并能够提供各种增值的信息利用服务。尽管当前政府网站发布网页信息时已经按不同的主题、体裁和专栏等对网页资源进行了简单的整合，并提供了专门的网页信息检索与查询服务，但很多政府网站信息检索服务功能由于采用的检索机制较为简单，导致检索结果的精确度和相关度还不够高，检索出的结果条目众多，公众仍需花费一定的时间与精力，从检索的大量网页资源中寻找所需的信息。可以看出，大数据环境下政府网站网页资源组织与管理方式的变化，进一步激发了用户对政府网站网页信息高效化的利用需求[①]。因此只有提供精准、便捷的政府网站网页归档资源信息服务方式，才能有效满足目标用户的信息需求。

根据信息管理领域常用的最小努力原则、穆尔斯定律、罗宾汉效应等经典理论，在网络环境下，用户的信息需求具有一定的规律性。同样，面向政府网站网页归档资源访问利用的用户也具有相应的信息需求规律，具体如下。

① 黄新平．政府网站信息资源多维语义知识融合研究[D]．长春：吉林大学，2017.

①最小努力原则。这一理论是由美国哈佛大学的齐普夫教授于1949年提出的[①]。该理论认为，在日常的生活、学习和工作中，人们往往希望通过最小的努力和付出来解决问题。按照最小努力原则，用户在访问利用政府网站网页归档信息时都希望通过最简便、快捷的方式来达到目的。因此，在进行政府网站网页归档资源访问利用服务功能的设计时，还应对政府网站网页归档资源的信息组织方式进行优化，建立海量政府网站网页归档资源之间的逻辑关联关系，实现归档网页信息的高效、精准检索，从而方便用户查询和获取所需的网络存档信息。

②穆尔斯定律。美国著名情报学家穆尔斯曾指出，当用户利用一个信息检索系统来检索获取所需的信息时，如果检索获取所需的信息越困难，那么使用的次数就会越少[②]。穆尔斯定律说明人们在接受信息服务时也是希望花费最少的精力和时间。因此，面对社会公众、企事业单位、科研机构、政府部门等不同目标群体期望高效、快捷、精准地获取政府网站网页归档资源的信息需求，在进行政府网站网页归档资源访问利用服务功能的设计时，应考虑为目标用户提供一个智能高效的"一站式"信息检索和服务系统，使公众可以快速高效获取所需的网页归档资源。同时还应能够提供各种增值信息服务以满足不同目标用户的信息服务需求，譬如，面向科研机构人员，可以提供专题性的网页归档信息服务，通过建立相应的网页归档专题数据库，为其提供某一专题下完整的政府网站网页归档资源，以便为相关学术问题的研究提供重要的素材。

③罗宾汉效应。罗宾汉效应是经济领域的一个术语，强调通过收入再分配来缩小人们的贫富差距。后来罗宾汉效应也被其他领域引用，在信息管理领域，罗宾汉效应即是指在信息资源足够充分的时候，用户的信息需求数量会趋向于一个平均值[③]。因此，在进行政府网站网页归档资源访问利用服务功能的设计时，还应考虑政府网站网页归档资源的多维组织与分类服务问题，

---

① G. K. Zipf. Human behavior and the principle of least effort: an introduction to human ecology [M]. Cambridge: Addison-Wesley Press, 1949.

② 任志纯，李恩科，李东．穆尔斯定律及其扩展[J]. 情报杂志，2002，21(11)：39-40.

③ 颜海．网络环境下用户信息需求变革与规律探讨[J]. 情报杂志，2002，21(1)：44-46.

在保证目标用户的普遍性信息需求得到满足的同时，能够使政府网站网页归档资源按照主题、来源机构、体裁等不同分类方式进行组织管理，在资源有序化和服务化过程中，多粒度、多维度地呈现政府网站网页归档资源，进而不仅能满足所有用户的一般性信息服务需求，还能为不同目标用户的特殊需求提供个性化的信息服务。

2.3.3　政府网站网页归档的流程与体系结构

了解和分析政府网站网页归档的流程，对于把握政府网站网页归档管理的体系结构具有很强的指导性作用。本研究以政府网站网页资源本身所具有的特性为出发点，结合政府网站网页归档的内涵与特征，以及相应的归档管理功能需求分析和用户信息需求分析，提出政府网站网页归档的流程，并以此设计政府网站网页归档的体系结构。

(1)政府网站网页归档的流程

如前文所述，政府网站网页归档的目标在于对有价值的政府网站网页资源进行采集、存储并长期保存，确保其在需要时能够以真实、可靠、完整、可读的档案形式提供利用，满足当代及未来人们访问和使用的需求。从归档管理的功能需求与用户信息需求的角度来看，政府网站网页归档流程包括 4 个重要的核心过程：网页资源采集、网页信息管理与组织、网页资源保存、网页归档资源的利用服务，具体如图 2.9 所示。

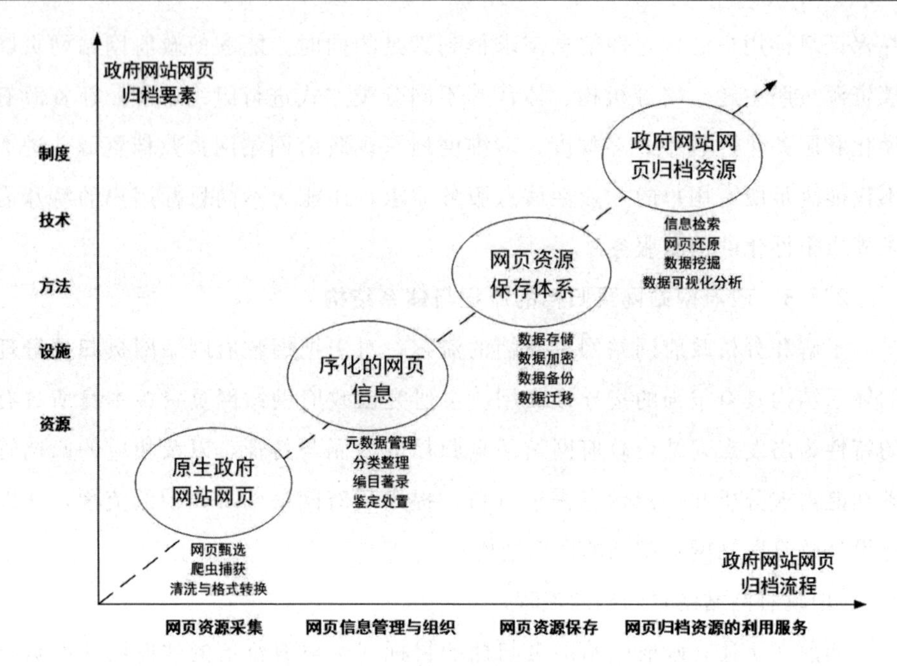

图 2.9　政府网站网页归档流程

首先，网页资源采集。对目标网站的网页资源进行甄选，确定需要采集的政府网站网页，利用网络爬虫等技术对其捕获，对获取的网页进行清洗与格式转换等处理。其次，网页信息管理与组织。对采集的政府网站网页进行元数据管理，包括分类整理、编目著录、鉴定处置等操作，使无序信息有序化，实现待归档网页资源的深度序化组织。然后，网页资源保存。采用存储与数据安全保护等相关技术对经过序化组织的政府网站网页进行数据加密、数据备份、数据迁移等操作，实现海量政府网站网页高效存取的同时确保归档网页资源的完整性、安全性、真实性、可用性。最后，网页归档资源的利用服务。政府网站网页归档的最终目的在于实现归档资源的开发利用，以发挥资源的保存利用价值。为了提高归档资源的利用效率，需综合应用信息检索与数据处理分析等技术手段，为用户提供丰富的政府网站网页归档资源的访问利用服务功能，满足用户多元化的信息服务需求。

(2)政府网站网页归档的体系结构

基于上述的政府网站网页归档的需求分析与流程设计，本研究提出政府网站网页归档的体系结构，该体系结构是一个三层组织结构，主要包括基础资源层、管理组织层和利用服务层，如图 2.10 所示。其中基础资源层对采集的政府网站网页进行数据清洗与格式转换处理，为整个归档管理提供基础资源保障；管理组织层对待归档的数据资源进行序化组织，形成系统化、有序化的资源保存体系；利用服务层根据用户的信息需求对管理组织层生成的资源保存体系进行价值增值与开发利用，将用户所需的归档网页信息通过专

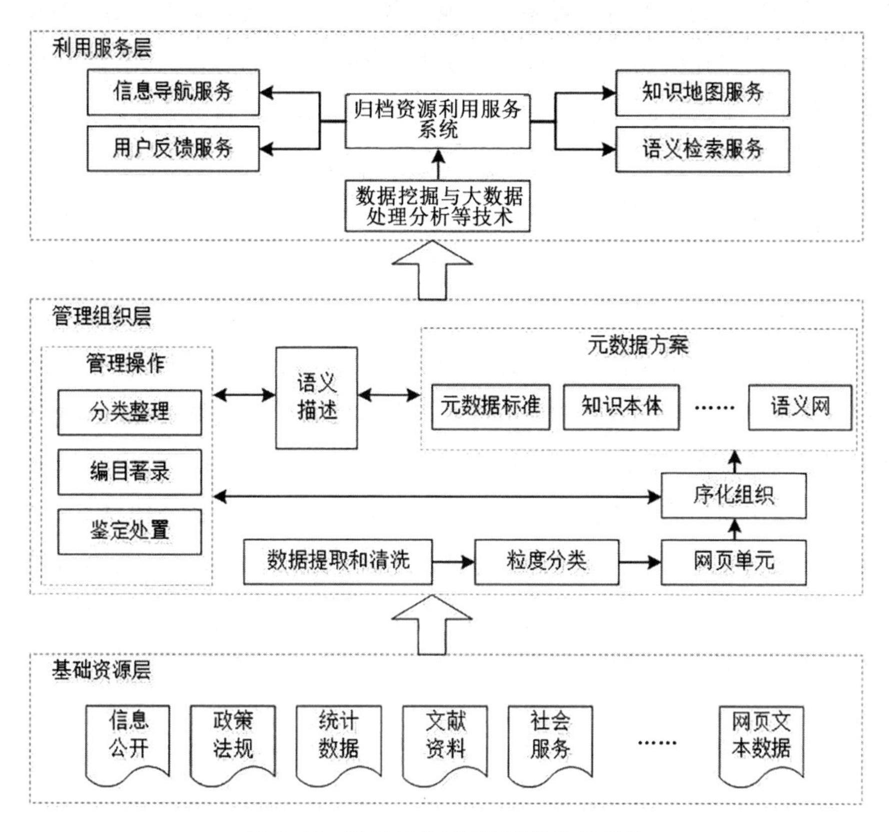

图 2.10　政府网站网页归档的体系结构

门的信息检索与服务系统以多元化的服务方式提供给用户。

①基础资源层。该层是整个政府网站网页归档体系结构的基础，其主要任务是确定目标政府网站，对目标政府网站上的网页进行甄选，从目标政府网站的通知公告、政策法规、计划规划、统计数据、建议提案、政府信息公开等栏目中选择有保存价值的网页进行采集，对采集获取的网页数据进行数据清洗与统一的格式转换处理后，将其保存到网页采集数据库中，相应的网

页数据类型涵盖文本、多媒体、数据库等，这些网页数据作为政府网站网页归档管理的底层数据，为管理组织层的元数据序化组织提供数据来源。

②管理组织层。该层利用语义网、知识本体等方法来实现对海量政府网站网页资源的细粒度语义描述，在此基础上，采用统一的政府网站网页归档元数据方案对基础资源层采集获取的海量网页资源进行序化组织与管理，将统一描述的网页资源经过分类整理、编目著录、鉴定处置等操作后，按照统一的网页数据保存格式进行存储，并通过相应的网页归档数据安全管理机制，形成系统化、集成化的政府网站网页资源保存体系，为利用服务层提供可长期获取的、深度序化组织的政府网站网页归档资源。

③利用服务层。该层是实现政府网站网页归档资源利用服务的接口层，不仅能够为用户提供基础资源层中政府网站网页采集数据库中的原始网页数据检索，还可以面向不同目标群体用户的信息需求，运用 Web 数据挖掘、数据可视化分析等技术对管理组织层中的海量政府网站网页归档资源进行处理，通过语义检索、信息导航、知识地图等服务方式为用户提供政府网站网页归档资源的利用服务。同时还可以通过用户反馈服务机制获取用户对政府网站网页归档资源利用服务系统所提供服务方式和服务内容的评价情况，从而根据用户反馈情况来进一步完善和更新基础资源层和管理组织层的资源采集与管理、组织、保存等过程，实现归档资源的不断更迭与创新，最终为用户提供动态的、精准的信息服务。

第3章 政府网站网页“档案云”模型构建

按照前文的政府网站网页归档的需求与业务流程分析，还需要基于多学科的先进思想、理论、方法和技术，以统领和贯穿政府网站网页归档的体系结构规划与设计，形成政府网站网页归档管理的理论框架和方法体系。云计算作为一种新兴的IT服务模式，发展日趋成熟，应用日益广泛，它所具备的集约化、虚拟化、绿色化的技术优势，以及即插即用、动态调配、智能交互的服务方式，能够高效率、低成本地实现政府网站网页的在线归档、集成管理和有效利用。将“云计算”融入政府网站网页归档的体系结构以及业务功能之中，可以带来管理方法、归档流程以及服务模式上的全新变革。本章从档案管理的视角出发，借鉴和利用“云计算”的思想理念与方法技术，以OAIS模型、Web归档生命周期模型、文件生命周期、文件连续体等理论为支撑，参考和借鉴云环境下数字资源长期保存、电子档案管理等相关领域的实践研究成果，从逻辑框架和功能框架两个维度来构建政府网站网页“档案云”模型。其中依据对框架构建的目标定位及要素关系等内容的分析，将政府网站网页“档案云”在逻辑维度划分为体制云、设施云、资源云、技术云、业务云、服务云等6朵关联“云”，并将其在功能维度划分为云计算、基础资源、业务活动、服务应用等4个核心部分，不同部分的结构要素之间以政府网站网页归档的业务流程为导向，实现相互联系与内部协同。

3.1 模型构建的依据

政府网站网页“档案云”模型的构建目的是为实现政府网站网页的长期保

存和持续可利用提供系统的理论框架与方法体系支撑，其本质是将云计算技术引入政府网站网页归档流程之中，利用“云计算”思想优化网页存档流程、方法与模式，应用先进的信息技术重构与整合归档管理过程中采集、组织、保存、利用等环节，从而形成一个系统的政府网站网页云归档管理的理论框架与方法体系。因此在构建政府网站网页“档案云”模型时，应以“云计算”思想为核心主线，以归档管理工作的中心理论——文件生命周期理论和文件连续体理论为指导理论，兼顾Web归档生命周期模型，参考OAIS模型的功能划分设计政府网站网页“档案云”模型的各项功能。此外，政府网站网页属于电子文件和数字资源的范畴，国内外关于云环境下电子文件归档管理及数字资源长期保存的实践探索，可以为政府网站网页“档案云”模型的构建提供重要的实践依据。

3.1.1 理论依据

政府网站网页云归档既遵守一般网络信息资源归档管理的模式与流程，又要考虑云环境下政府网站网页作为特定网络信息资源归档管理工作的特殊性。因此，政府网站网页“档案云”模型的构建在理论上既要参考OAIS模型、Web归档生命周期模型，又要依据档案管理的经典理论，在此基础上灵活运用“云计算”思想。政府网站网页“档案云”模型构建的理论依据如下。

(1)OAIS模型

开放式档案信息系统(Open Archival Information System，以下简称OAIS)是实现电子文件等数字资源长期可存取的标准参考模型和基本概念框架[①]。世界范围内的Web资源归档项目广泛遵循OAIS参考模型，利用该模型设计符合实际需要的网络资源长期保存工作流程，建设高效完善的网络资源归档系统[②]。OAIS模型适应数字化信息的高度分散性，允许在运用OAIS参考模型时结合实际情况对归档系统设计进行各种形式的组织安排，并且兼容相应政策、法律、协议和应用程序[③]。OAIS模型为数字资源归档管理工作

① OAIS reference model [DB/OL]. [2021-06-23]. https: // public. ccsds. org/pubs/650x0m2. pdf.

② 黄新平，王萍．国内外近年Web Archive技术研究与应用进展[J]. 图书馆学研究，2016(18)：30-35+19.

③ 钱毅．基于OAIS的数字档案资源长期保存认证策略研究[J]. 档案学研究，2018(4)：72-77.

提供了信息资源长期保存目标，描述了使用和比较不同保存技术策略的框架，旨在确定一个档案信息系统应该具备的特征，但并未赋予系统框架实现的具体技术和方法[①]。作为一个开放的概念模型，OAIS 提供了参考性的功能结构，包含信息采集、数据管理、资源存储、系统管理、保存规划、访问利用等模块，不同功能模块之间以信息包的形式对资源内容信息和保存描述信息等信息对象进行传递，从而实现归档资源的长久保存与利用[②]。政府网站网页归档可以参考 OAIS 模型的标准业务与功能逻辑进行业务流程设计和功能模块划分，并依此设计政府网站网页归档系统的基本结构，如图 3.1 所示。

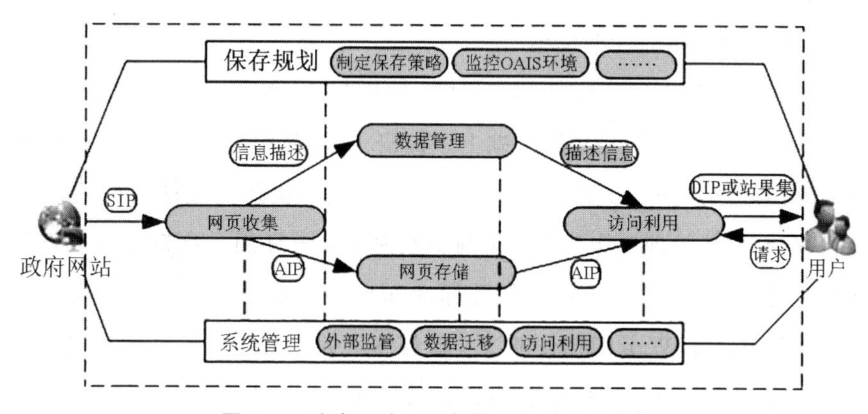

图 3.1 政府网站网页归档系统的基本结构

在政府网站网页归档系统中，各个功能模块发挥着不可替代的作用。首先，网页收集模块从政府网站上获取由采集工具捕获网页而形成的提交信息包(SIP)，并对 SIP 进行内容鉴定和质量确认，生成符合网页归档的数据格式和文档标准的档案信息包(AIP)，以便对采集的信息进行存储。同时从 SIP 中抽取出描述信息并存入数据管理模块中用于支持查找的元数据数据库，该数据库应该存储了所有的描述信息，利用描述信息标识与记录档案信息内容以及用于管理档案的管理数据，完成数据管理的维护、更新与传递工作。然后，网页存储模块从网页收集模块中接收 AIP，将其以真实、完整、安全、可信

① 章燕华，刘霞．OAIS 参考模型：数字资源长期保存的概念框架[J]．浙江档案，2007(3)：38-42.

② 程妍妍．基于 OAIS 的云数字档案馆功能结构模型研究[J]．档案学研究，2019(4)：124-130.

的档案形式进行存储，并通过管理档案存储层次结构、更新归档内容载体、档案日常维护与检查以及灾难恢复方案的形成实现长期保存。最后，访问利用模块接收并理解用户的信息请求，从数据管理模块中获取描述信息，同时从网页存储模块中获取归档政府网页的 AIP，并将获取的信息对象以分发信息包(DIP)或结果集的形式提供给用户，实现用户对归档政府网页资源的访问与利用。在整个过程中，保存规划模块实时监控 OAIS 环境，根据环境的变化，实现保存策略的动态更新。而系统管理模块作为 OAIS 内部与外部环境交互的载体，为整个政府网站网页归档业务流程的各项操作提供外部监管、数据迁移和更新、访问利用等服务支持。

(2)Web 归档生命周期模型

针对网页资源和社交媒体等网络信息资源长期保存的管理活动，Archive-It 项目在总结网络归档实践经验的基础上，提出了 Web 归档生命周期模型(Web Archiving Life Cycle Model，WALCM)[①]。该模型提供了完整的网络归档指南，将 Web 归档管理工作分为政策与实践内外两个环圈，政策环是从管理者视角出发考虑有关 Web 归档的相关标准和政策，并做出归档管理的宏观决策；实践环描述了 Web 归档业务涉及的具体任务，主要包括评估与选择、归档范围界定、数据捕获、存储和组织、质量保证与分析等 5 个微观操作层面的具体操作步骤[②]。Web 归档生命周期模型对 Web 信息从捕获到长期保存的归档过程进行全生命周期管理，涵盖了 Web 资源从生成到最后分析利用的管理全过程，即网络资源的形成、获取、保存、组织和利用处置等环节，它对 Web 归档实践工作具有重要的理论指导意义。政府网站网页作为网络资源的一种，其归档管理的内容可以参考 Web 归档生命周期模型来设计，形成政府网站网页归档生命周期模型，如图 3.2 所示。

---

① The Web archiving life cycle model [EB/OL]. [2021-07-17]. http://ait.blog.archive.org/learn-more/publications/.

② 吴硕娜，黄新荣．Web 归档生命周期模型的发展研究[J]. 数字图书馆论坛，2018(10)：41-45.

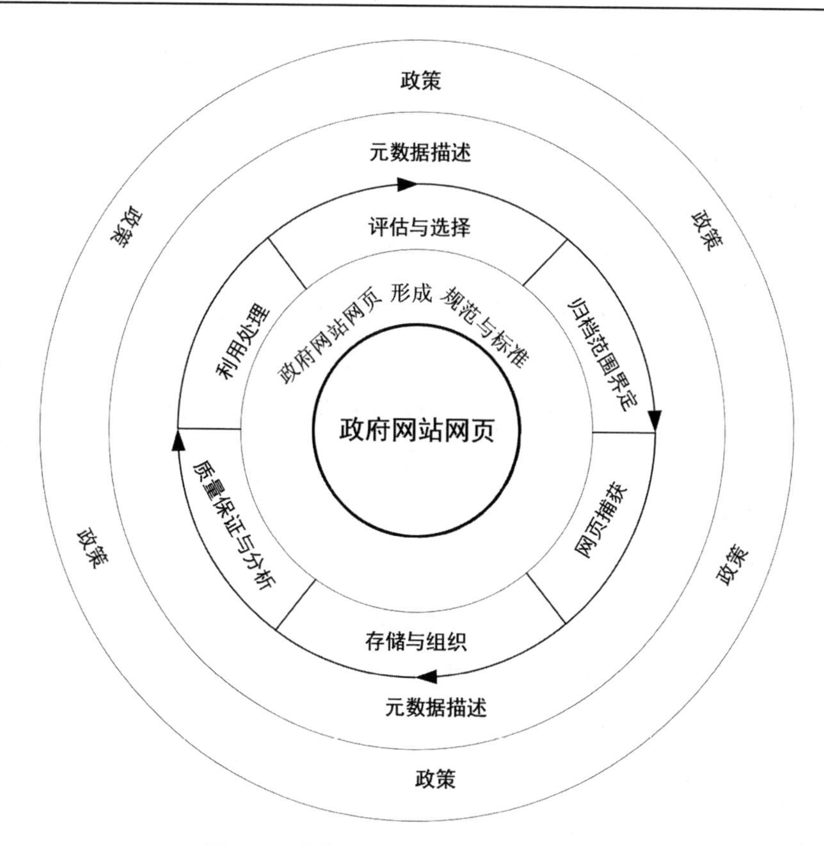

图3.2　政府网站网页归档生命周期模型

从图中可以看出，政府网站网页作为整个归档管理工作的对象，位于模型框架中的核心位置，它在生成时受政府网站网页形成规范与标准约束，两者之间以虚线进行分隔。政府网站网页形成或更新后，经过评估与选择、归档范围确定、网页捕获、存储与组织、质量保证与分析、利用处理等归档程序。伴随着政府网站网页归档过程，形成政府网站网页归档资源的描述性元数据，元数据的管理涵盖了整个归档管理流程的各个环节。归档管理政策位于该模型的最外层，它是面向政府网站网页归档流程中的采集、管理、保存、利用等各个环节所制定的一系列指导原则、标准规范与宏观指导性政策等，它为政府网站网页归档工作的实施提供了依据和宏观指导，是实现政府网站网页归档工作规范化和科学化的重要保障。

(3)文件生命周期理论

文件生命周期理论是档案领域的重要基本理论，也是指导文件管理实践的重要指南。该理论作为对文件发展过程及运动规律的科学揭示，认为文件从其形成、分发、处理、保管到利用，经历了一个完整的生命过程，文件在整个运动过程中由于价值形态的先后变化，可将其生命周期划分为不同的阶段，应针对不同阶段文件的特点，采用合适的保存与管理方式[①②③]。从档案学角度讲，政府网站网页是政府部门在履行行政职能和处理行政事务过程中，利用其门户网站创作或接收的具有特定内容、结构和背景信息的原始记录，它符合文件的真实性、可靠性、可用性、完整性等基本特征，是政府电子文件的重要组成部分[④]。因此，文件生命周期理论同样适用于政府网站网页的归档管理。根据文件生命周期理论，可以将政府网站网页文件的创建、发布、获取、存档、利用等视为一个完整的生命过程，按照其运动规律，可对政府网站网页文件的生成、运转、保存和利用过程进行全程管控，确保政府网站网页文件真实可靠、完整归档、长期可读和有效利用。

(4)文件连续体理论

文件连续体理论是继文件生命周期理论之后提出有关文件运动的又一重要理论，相较于一维化的文件生命周期理论，文件连续体理论提出一个空间模型，并用坐标轴和维度来描述不同时空情景下文件到档案的转变过程，文件连续体空间模型分别由四轴、四维定义，四轴分别为主体轴、业务轴、保管轴、证据轴，四维分别为创建维、捕获维、组织维、聚合维，四维基于四个坐标轴建立起了四维空间[⑤]。在文件连续体空间模型中，保管轴是核心，保管轴在四维上的变化是原始性记录表现形式的变化，即从材料到文件，再到

---

① 黄霄羽．文件生命周期理论在电子文件时代的修正与发展[J]．档案学研究，2003(1)：6-9.

② 何嘉荪，叶鹰．文件连续体理论与文件生命周期理论——文件运动理论研究之一[J]．档案学通讯，2003(5)：60-64.

③ 程妍妍．电子文件管理理论的最新研究成果之一——国际电子文件生命周期模型[J]．档案学研究，2008(4)：45-49.

④ 王熹．网站文件归档问题的若干思考[J]．中国档案，2017(10)：68-69.

⑤ Sue McKemmish，Frank Upward，Barbara Reed. Records continuum model[C]// Marcia J. Bates，Mary Niles Maack. Encyclopedia of Library and Information Sciences，Third Edition. Boca Raton，FL：CRC Press，2009：4447-4459.

档案、档案全宗的演变，记录表现形式的演变也会引起其他轴的变化[①]。文件连续体理论描绘了宏观、抽象的具有时空结构的概念模型，它已超出公文形式电子文件管理实践的范围，描述了多元参与主体的互动和社会关系，其中包括个人行为、组织行为和社会活动等[②]。政府网站网页归档管理同样遵循文件连续体理论所描述的文件运动形态，政府网站网页既是政府活动的痕迹凭证，同时也是重要的组织记忆和社会记忆。政府网站网页归档管理应该从宏观的角度出发，整合和优化政府网站网页归档业务流程，合理调配采集、组织、管理、利用等环节的技术、设备、资源等要素，重视政府网站网页归档工作各个环节与社会公众、团体组织的交流互动，充分发挥政府网站网页多元化的利用价值。

(5)“云计算”思想

云计算是在网格计算、分布式计算、并行计算的基础上发展形成的一种计算模式，实现了通过网络对可配置计算资源共享池(包括网络、服务器、存储、应用程序和服务资源)进行随时、随地、随需的访问利用[③]。云计算核心思想以数据资源即服务(DaaS)、软件即服务(SaaS)、基础设施即服务(IaaS)、平台即服务(PaaS)为主要服务模式，加上管理即服务(MaaS)、渠道即服务(CaaS)等新生的服务理念，利用先进的网络技术整合大量计算、存储等IT资源，通过对IT资源的集成共享与便捷利用，使终端用户摆脱烦琐的资源管理和系统建设，只需专注于业务[④⑤]。基于云计算的思想，政府网站网页归档的逻辑体系可以分为三个层次：首先，整合政府网站网页归档所需的基础设施、平台及软硬件资源，使归档工作专注于网页采集、数据管理、资源存储、访问利用等业务操作和管理，而非归档系统的构建和维护，实现政府网站网页

---

① 连志英. 一种新范式：文件连续体理论的发展及应用[J]. 档案学研究，2018(1)：14-21.

② 张祝杰，李娜，张帆. 管窥文件连续体理论与电子文件[J]. 档案学通讯，2005(4)：28-31.

③ The NIST definition of cloud computing. [EB/OL]. [2021-07-17]. https：//www.nist.gov/publications/nist-definition-cloud-computing.

④ 牛力，韩小汀. 云计算环境下的档案信息资源整合与服务模式研究[J]. 档案学研究，2013(5)：26-29.

⑤ 刘向，王伟军，李延晖. 云计算环境下信息资源集成与服务系统的体系架构[J]. 情报科学，2014，32(6)：128-133.

归档系统的云端部署与自由访问，称之为云技术；其次，参照电子文件归档的相关标准规范，对政府网站网页归档的业务流程进行拆分和封装，使业务流程具备可复制、可重组和可迁移的特性，从而实现政府网站网页归档流程的业务协同与云端处理，称之为云流程；最后，对政府网站网页归档的体系结构进行解构、标准化，在云技术与云流程支持下，重塑政府网站网页归档的资源组织、流程部署和管理方式，使其可以实现按需弹性调度和分配，称之为云运营[①]。

3.1.2 实践依据

在云环境下的数字资源长期保存实践领域，国外最具代表性的是 Jan Askhoj 团队负责开发的数字资源云归档系统，该团队参照 OAIS 模型，将系统划分为软件、平台、保存、交互四个层级，并将 OAIS 的信息概念映射到云归档系统的不同层级中，以此实现系统功能与归档内容在层级之间的共享和利用，云归档系统分层模型如图 3.3 所示[②]。

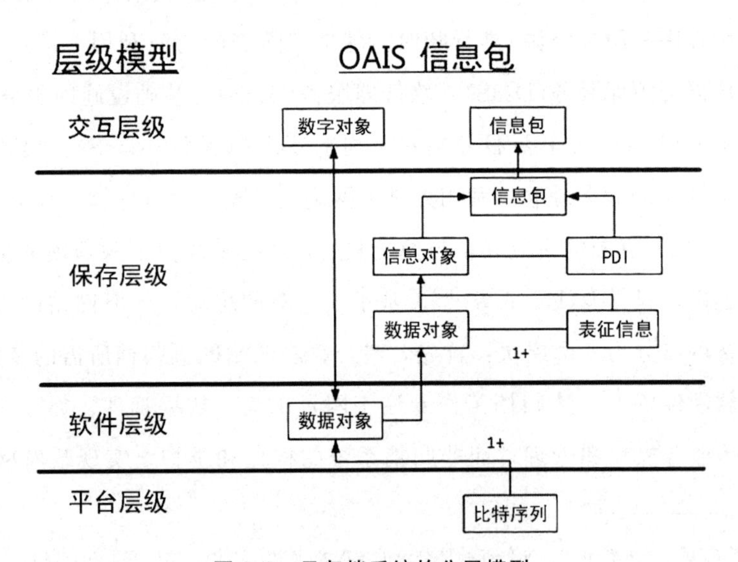

图 3.3　云归档系统的分层模型

① 黄新平．基于云计算的政府网站网页在线归档管理平台构建研究[J]．北京档案，2019(12)：16-20.

② Askhoj J，Sugimoto S，Nagamori M．Preserving records in the cloud[J]．Records Management Journal，2011，21(3)：175-187.

后续的数字资源云归档系统的体系架构设计或多或少都受到该体系架构的影响。随后，Nagin K 团队对上述数字资源云归档系统做了进一步的改进与细化，设计并实现了一个能够支持数字资源长期存取的云归档系统 PDS（Preservation DataStores in the Cloud），该系统的体系结构如图 3.4 所示①。

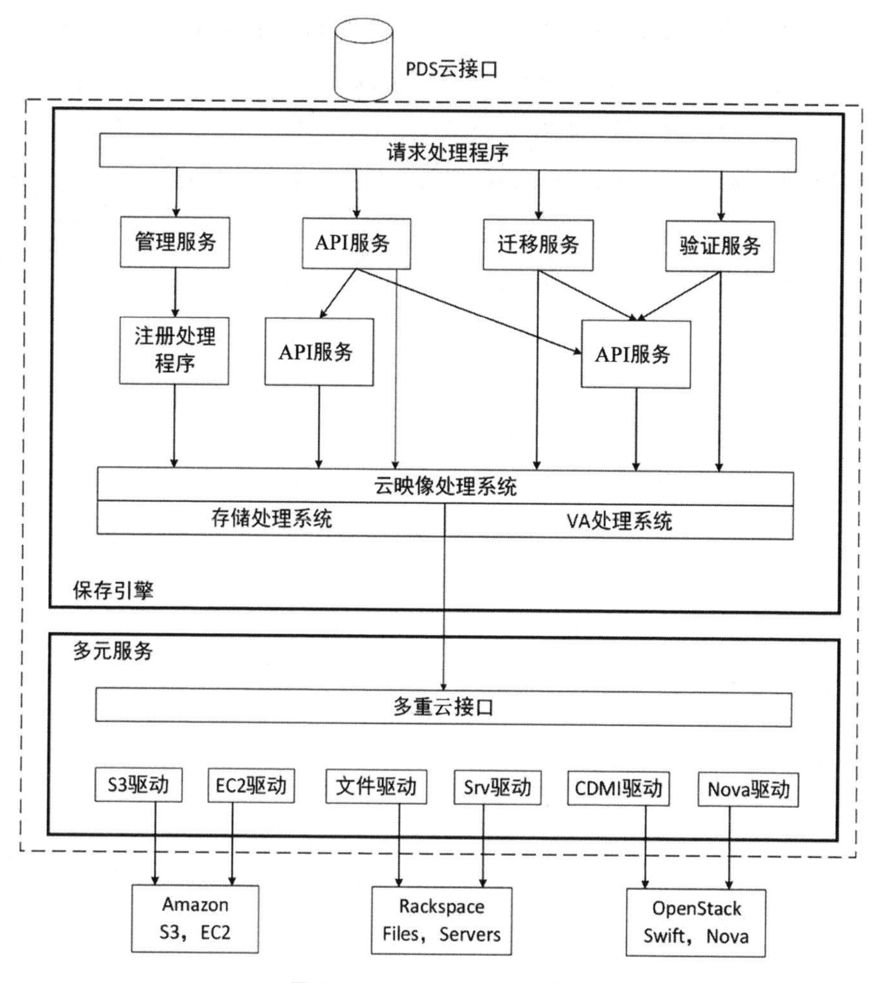

图 3.4　PDS 系统的体系结构

从图中可以看出，该系统在逻辑结构上划分为数字资源保存和多重云服

① Nagin K，Rabinovici-Cohen S，Marberg J，et al. PDS cloud: long term digital preservation in the cloud[C]// 2013 IEEE International Conference on Cloud Engineering (IC2E). New York: Institute of Electrical and Electronics Engineers, 2013.

务两个关键部分，该系统利用云映像处理程序，通过保存引擎，按照请求处理程序接受的各种管理服务请求，将数字资源通过多重云接口，分布式存储在不同的云服务器中，并且可以通过在整合“云存储”数据对象的计算云中部署相应的虚拟设备向用户提供存储资源的利用服务。以上二者都采用了典型的 OAIS 模型分层系统架构方式，通过将 OAIS 模型的层次结构映射到云环境中的系统体系结构中来设计相应的数字资源云归档系统。受以上两个系统的影响，为了解决数字资源长期安全保存的问题，Hrvoje Stancic 等人在设计的数字资源云归档系统中，聚焦云归档长期保存中数字资源内容的可移植性、安全性和可持续性利用等问题，引入电子签名机制，实现了一个数字资源云归档安全保存系统，该系统的体系结构如图 3.5 所示[①]。

① Stancic H，Rajh A，Brzica H. Archival cloud services: portability，continuity，and sustainability aspects of long-term preservation of electronically signed[J]. The Canadian Journal of Information and Library Science，2015，39(2)：210-227.

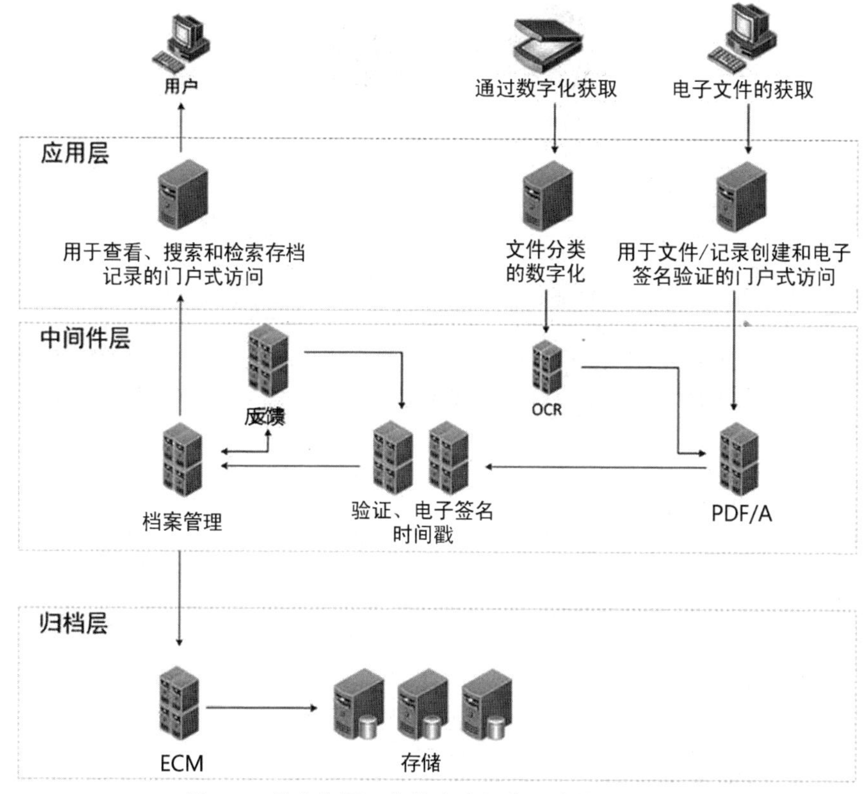

图 3.5　数字资源云归档安全保存系统的体系结构

该系统的体系结构同样采用 OAIS 模型分层思路，在原来的云归档系统的基础上，引入数字资源的安全管理模块，以实现云环境下数字资源的长期安全保存和访问利用。

相比国外数字资源长期保存领域较为成熟的云归档管理系统的实践应用，国内的数字资源云归档系统的实践探索还处于系统体系架构的理论设计层面。譬如，牛力等以档案管理和档案信息服务为主线，基于云环境下的 IaaS、SaaS、PaaS 等云计算服务模式，提出了用于解决档案信息资源整合与服务的云平台体系架构①，如图 3.6 所示。

① 牛力，韩小汀．云计算环境下的档案信息资源整合与服务模式研究[J]．档案学研究，2013(5)：26-29.

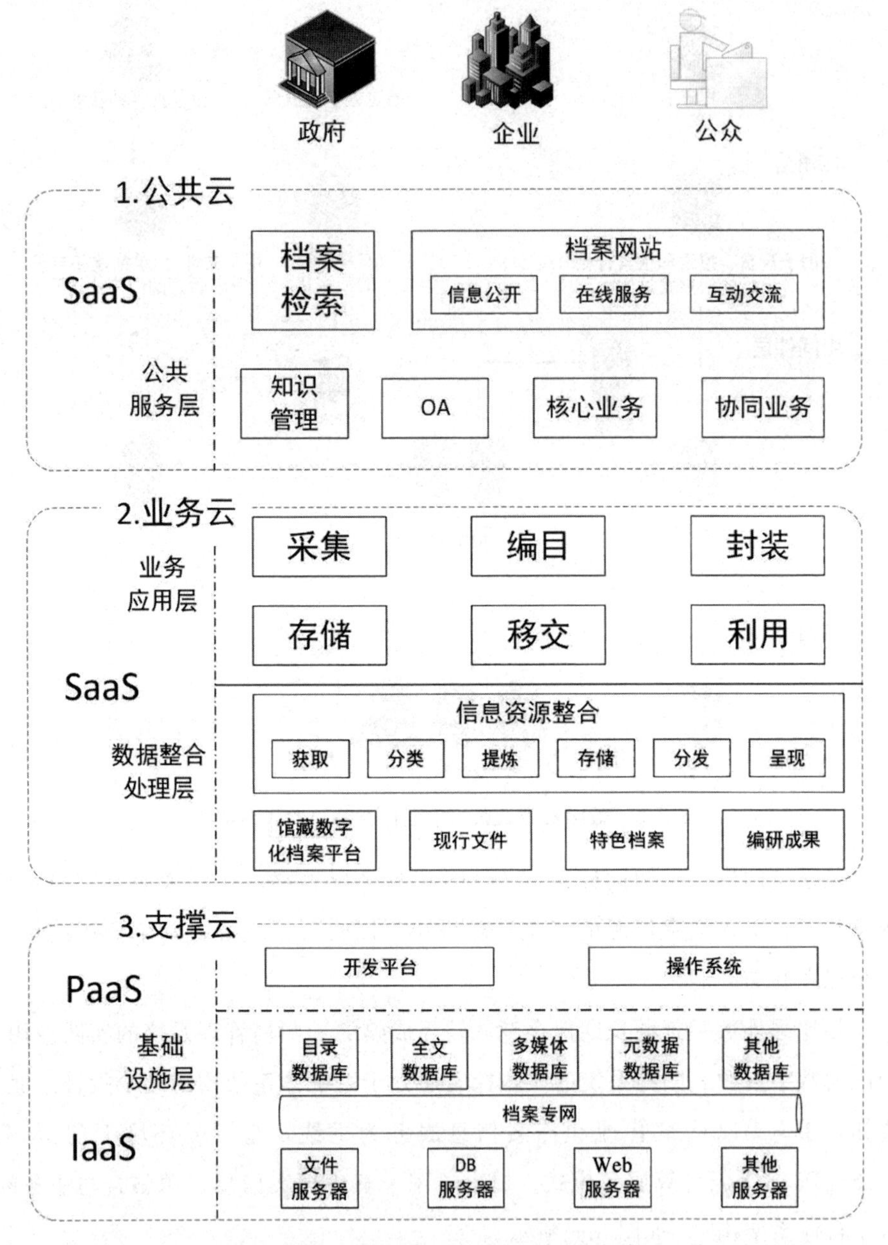

图 3.6　档案信息资源整合与服务的云平台体系架构

该平台的设计目的是利用云计算技术实现档案资源的整合，创新档案服务方式。根据档案资源的整合流程与服务需求，将平台的体系结构划分为公共云、业务云、支撑云 3 个层次：①公共云面向政府、企业、公众等各类用户，利用档案门户网站进行信息公开、在线服务和互动交流，为用户提供档案检索与知识管理等各项服务；②业务云分为业务应用层与数据整合处理层，该层不仅负责数据采集、编目著录、封装移交、存储保存、访问利用等主要档案管理业务，以及对档案数据进行分类、存储、分发、呈现等处理，同时通过对档案各个部门数据的融合与业务的集成，实现档案管理业务的整合和档案数据资源的共享；③支撑云作为整个平台的底层基础设施，为档案信息资源整合与服务“云平台”提供软硬件方面以及数据管理的支撑。

此外，廖思琴提出了基于云存储的政府 Web 资源长期保存的存档系统的结构模型，参照 OAIS 的分层思想，该结构模型分为访问层、应用接口层、基础管理层、存储层 4 层，具体如图 3.7 所示①。该模型强调云存储环境下政府 Web 资源长期保存管理系统所应该具备的存档功能管理、存档服务管理，以及系统的性能管理、安全管理和日常维护管理等管理功能。

① 廖思琴．基于云存储的政府 Web 资源长期保存存档策略研究[D]．绵阳：西南科技大学，2012.

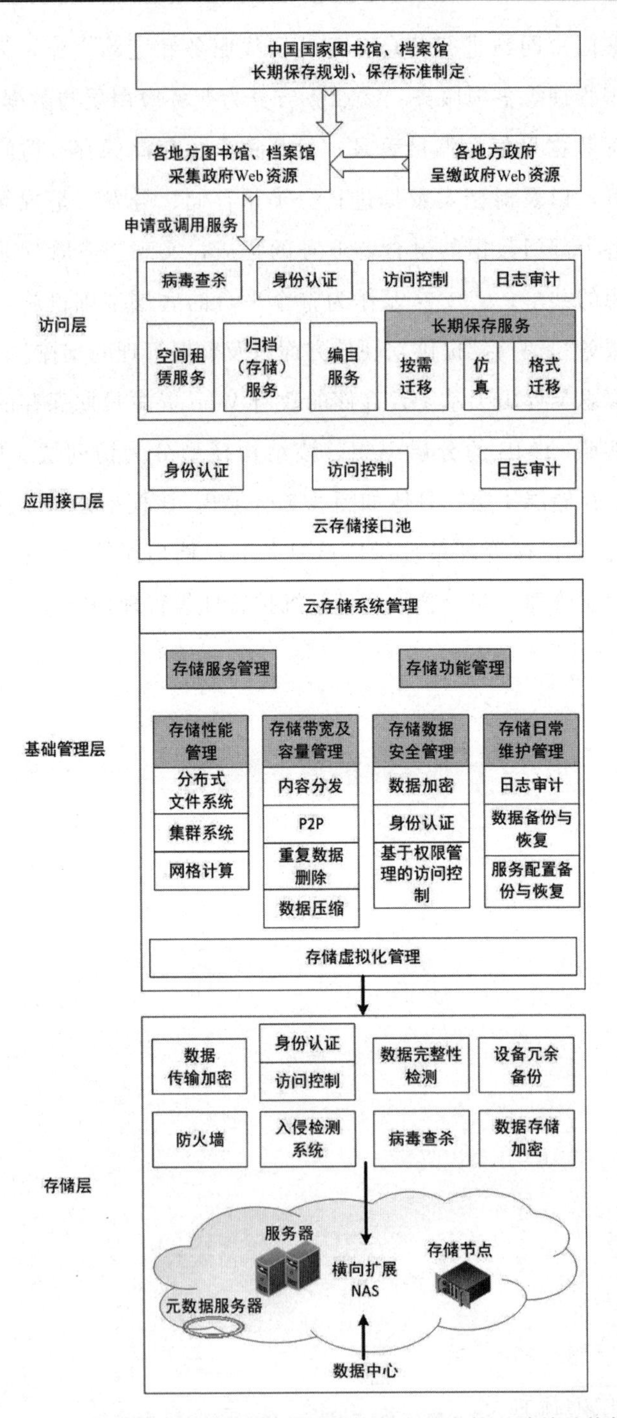

图 3.7　基于云存储的政府 Web 资源长期保存的存档系统的结构模型

从现有的国内外数字资源长期保存领域的云归档管理系统的体系架构或者模型设计方案来看，首先，以上云归档系统架构的一个共性就是充分发挥云计算在海量存储、安全、成本、共享等多方面的优势，依赖 IaaS、SaaS、PaaS 等云计算服务模式，参考 OAIS 模型，将云计算技术融入数字资源采集、管理、保存、利用的各个环节，实现数字资源的云归档管理。其次，云计算可以整合重构系统的功能模块，优化系统的业务运转流程，通过动态调度云环境中的技术、设备、资源等，实现数字资源归档管理的业务流程重塑。最后，为了使存储的数字资源能够被用户方便共享和访问利用，利用云环境下的资源共享服务机制，实现存储数字资源与服务内容的有效整合。

3.2　政府网站网页“档案云”模型的逻辑框架

在明确上述政府网站网页“档案云”模型构建依据的基础上，本研究尝试基于多学科的视角探索一条解决海量政府网站网页归档管理的新途径，这条途径就是运用档案学、信息管理学、计算机科学、社会学、系统科学等多学科的相关理论、方法和技术实现政府网站网页云归档管理。尽管政府网站网页归档流程和体系结构是清晰的，但真正实现海量政府网站网页归档管理却并非简单的事情，它涉及诸多要素的相互作用，这些要素之间如何在前文所述的政府网站网页归档流程和体系框架中各司其职，为实现归档管理的目标产生合力，是需要关注的关键问题。本节旨在通过对政府网站网页云归档管理过程中的关键要素及要素之间的关系进行分析，并在此基础上提出政府网站网页“档案云”模型的逻辑框架，从概念与逻辑层面回答政府网站网页云归档管理“做什么”的问题。

3.2.1　逻辑框架的构成要素分析

云计算作为一种新型的 IT 服务资源和服务模式，应用日益广泛，它所采用的集约化、虚拟化、分布式计算等新兴技术，以及即插即用、动态架构、智能运作的服务方式，能高效、低成本地实现政府网站网页的在线归档和集成管理。政府网站网页“档案云”即是云计算环境下实现政府网站网页在线归档与开发利用的流程化、系统化云服务框架体系，它以云计算为重要支撑，遵循相应的体制机制与标准规范，对政府网站网页归档所需的各类云设施、云资源、云技术等进行合理分配与调度使用，充分发挥“云计算”的各项优势，实现云环境中政府网站网页归档业务流程的网络化和自动化，最终为政府机关、企事业单位、科研机构及社会公众等目标用户提供政府网站网页归档资源的“云端”全方位利用服务[①]。其中政府网站网页“档案云”模型逻辑框架的构成要素主要包括业务云、技术云、体制云、设施云、资源云、服务云6朵相互协同作用的关联云，如图3.8所示。

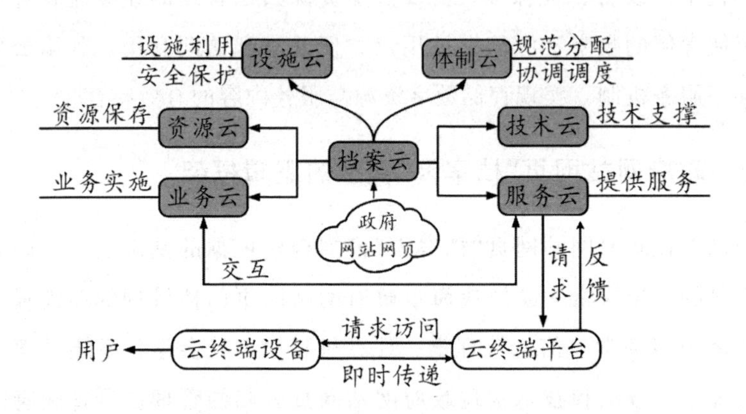

图3.8 政府网站网页“档案云”模型逻辑框架的构成要素

具体而言：①业务云是政府网站网页“档案云”的核心，其他的技术云、设施云、资源云和服务云以政府网站网页归档业务流程为导向，在体制云的调度与统筹管理下，协同完成云环境下政府网站网页归档涉及的网页采集、数据管理、资源保存、访问利用等各项业务流程；②技术云是实现政府网站网页云归档所需的各类技术总称，包括虚拟化处理技术、动态分布式存储、云备份、云迁移、数据安全保护、海量数据挖掘与分析等技术，它在整个政府网站网页“档案云”运行中起重要的支撑作用；③体制云在整个政府网站网页“档案云”运行中发挥统筹指导作用，由于政府网站网页的类型多样，致使其归档保存的数据标准、格式等不尽相同，而且在对不同行政隶属、不同地区的政府网站网页进行集成管理时，面临跨部门、跨机构、跨区域的问题，

① 王萍，黄新平，陈为东，等．政府网站原生数字政务信息云归档模型及策略研究[J]．情报理论与实践，2016，39(4)：60-65．

因此需要从体制机制和标准规范层面上对政府网站网页归档进行统一的标准化与规范化管理，确保政府网站网页“档案云”的正常运转；④设施云即满足政府网站网页“档案云”运行所需的一切软硬件设施的总称，包括云服务器、物理存储设备、网络服务器、网络通信和安全设备、数据库、系统软件等，它作为体制云协同调度的核心对象，为其他的业务云、资源云、技术云、服务云等提供基础保障；⑤资源云即是在业务云的不同业务流程中需要处理的数据资源总称，包括政府网站网页采集数据资源、保存数据资源和利用数据资源，它在体制云的协同调度下，经过技术云的处理，生成服务云中的各类资源访问利用服务；⑥服务云即是与终端用户交互的“云端”接口，它在体制云的规范指导下，将业务云、技术云、设施云和资源云与终端用户进行屏蔽，为用户提供透明化的业务处理或资源访问利用服务请求和反馈，其任务是将终端用户的各种服务请求提交给业务云处理，并将处理好的服务请求即时反馈给终端用户。

3.2.2　逻辑框架的构成要素关系

在剖析完政府网站网页“档案云”模型逻辑框架的构成要素之后，还必须进一步解析业务云、技术云、体制云、设施云、资源云、服务云这些要素与其包含的子要素之间的关系。其中政府网站网页“档案云”逻辑框架的构成要素关系如图 3.9 所示。

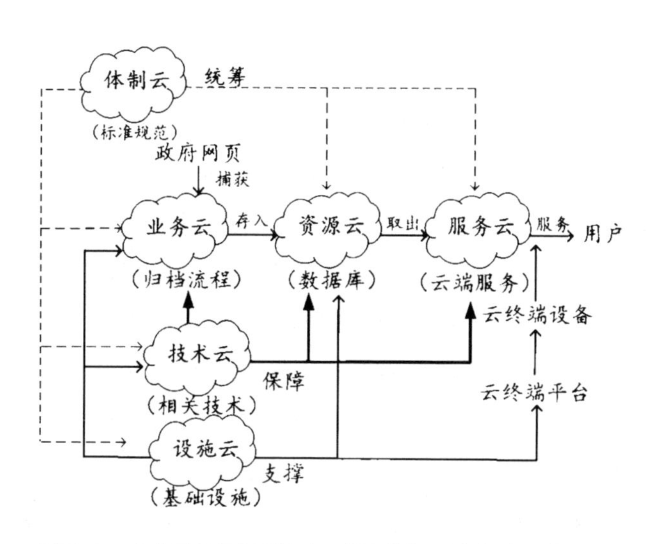

图 3.9　政府网站网页“档案云”逻辑框架的构成要素关系

上图中清晰地描述和界定了在整个政府网站网页“档案云”运行过程中各种构成要素之间的关系，体制云、设施云与技术云作为整个“档案云”运行的重要基础和支撑，为业务云、资源云与服务云提供所需的标准规范、基础设施与技术方案，而政府网站网页从采集到保存再到利用的流转过程，使业务云、资源云与服务云三者之间建立了联系，具体而言：①为保障政府网站网页归档工作的顺利进行，满足资源云中不同类型政府网站网页资源的数据管理，以及服务云中的终端用户的各项业务和资源利用服务需求，需要设施云实现计算、存储、服务等IT资源的“公共设施化”，为业务云中政府网站网页的收集、管理、保存、利用等业务处理提供所需的基础设施；②业务云中的政府网站网页归档流程包含采集、分类、著录、鉴定、存储及访问利用等主要环节，不同环节的目标实现，还需要资源云和技术云提供相应的数据资源与技术方案的支撑；③业务云中对政府网站网页归档流程的不同环节进行操作时，需要将不同环节的网页信息保存到相应的采集、管理、保存、利用数据库中，实现资源云中不同数据资源的分类保存；④针对不同的终端目标用户，服务云需要依赖技术云提供相应的服务功能，实现业务云的各项操作流程，以及资源云中归档资源的访问利用服务，满足各类终端用户的服务需求；⑤体制云则通过提供具体的标准和规范等，统筹设施云、业务云、技术云、资源云、服务云，确保云环境下政府网站网页归档管理工作的标准化、规范化开展。

3.2.3 政府网站网页“档案云”模型的逻辑框架构建

在深入理解政府网站网页“档案云”逻辑框架的要素及要素关系的基础上，可以从概念与逻辑层面构建政府网站网页“档案云”模型的逻辑框架。考虑到本研究的政府网站网页归档与数字资源长期保存具有很强的相关性和相似性，加上当前在网络存档领域还缺少成熟的框架模型可以参考，因此，本研究在构建政府网站网页“档案云”模型的逻辑框架时将参考数字资源长期保存领域的相关经典框架模型。分层框架模型是数字资源长期保存领域最经典的模型，以该模型为基础，又衍生了许多各具特色的数字资源长期保存框架模型。本研究在分析政府网站网页“档案云”逻辑框架的要素和要素关系时，就充分借鉴了分层框架模型所体现的关键要素和要素关系的思想。但是与数字资源长期保存不同，政府网站网页归档管理也有其独特之处，在综合考虑政府网站网页归档管理的一般性和特殊性的基础上，根据数字资源长期保存领域分层框架模型构建的基本思路，将政府网站网页“档案云”中的6朵“云”与政府网站网页归档的实施流程有效融合，构建了政府网站网页“档案云”模型的逻辑框架，如图3.10所示。

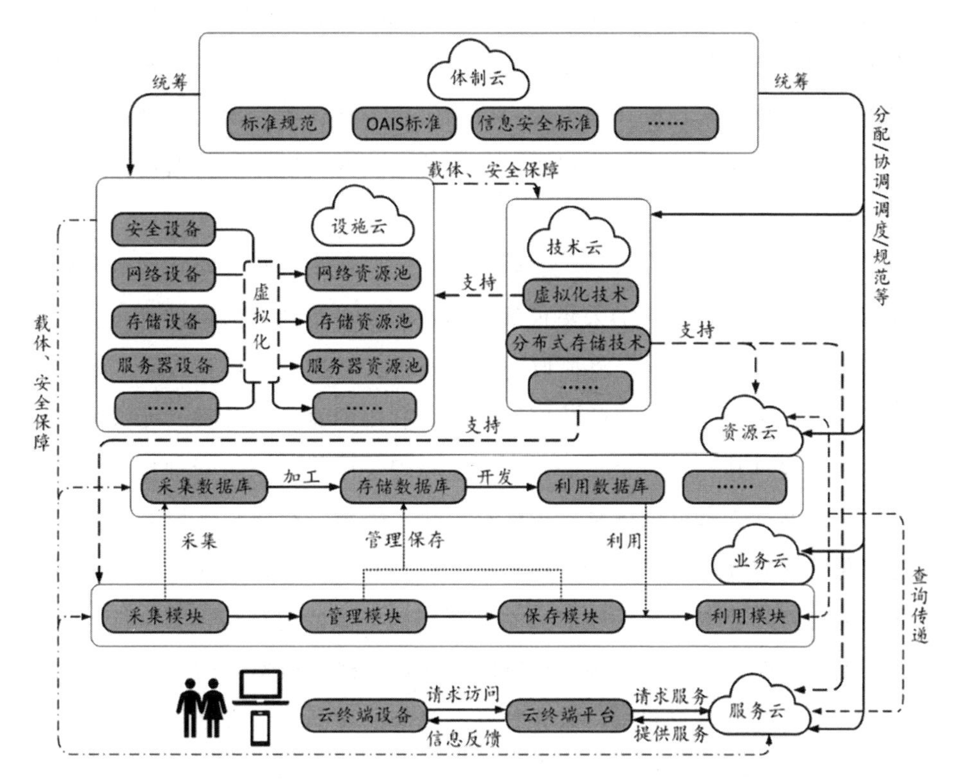

图3.10　政府网站网页“档案云”模型的逻辑框架

如图3.10所示，政府网站网页“档案云”模型的逻辑框架主要包括：①设施云中虚拟资源池的配置；②技术云支撑的云归档技术方案选择；③业务云中的云归档流程实施；④资源云中不同数据资源的分类保存；⑤服务云中终端用户的“云端”交互反馈；⑥体制云的统筹管理，以下分别予以详细阐述。

(1)设施云中虚拟资源池的配置。云计算环境下基础设施资源的主要特征就是虚拟化处理，即将设施云中的服务器、存储、网络等物理设备连接起来，利用虚拟化处理和分布式计算等技术，将其进行逻辑分割，形成相应的虚拟资源池，进而通过物理资源的虚拟化和集约化共享，完成设施云中基础设施资源的配置，为政府网站网页云归档管理的实现提供所需的计算、存储等IT服务。

(2)技术云支撑的云归档技术方案选择。云归档即利用云计算技术等方法对政府网站网页实现归档保存的过程。按照流程，包含采集、分类、著录、鉴定、存储、利用等主要阶段，不同阶段目标的实现，需要不同技术的支撑，涉及的主要方法及技术包括：基于云计算的分布式存储、并行计算、海量数据处理、虚拟化技术，以及网络爬虫、网页重要性评价、网页自动分类、元数据管理、区块链、数据安全保护、信息检索、网页还原、数据挖掘与数据处理分析等方法和技术。

(3)业务云中的云归档流程实施。如图3.10所示，政府网站网页云归档的流程主要有4个模块：①采集模块。确定需要采集的政府网站网页，利用网络爬虫等工具对其捕获，将抓取的网页经格式转换处理后存入采集数据库中。②管理模块。针对采集的政府网站网页利用网页自动分类、元数据管理等技术和方法对其进行分类、著录、鉴定整理等序化组织与管理操作，形成深度序化的网页资源组织体系。③保存模块。采用云存储与区块链等技术对经过序化组织的政府网站网页进行长期保存与安全保护，实现海量政府网站网页资源的高效存取，确保政府网站网页归档资源的完整性、安全性、真实性、长期可用性。④利用模块。政府网站网页归档的根本目的在于实现归档资源最大限度的开发与利用，以充分发挥政府网站网页的长期保存价值。为了提高政府网站网页归档资源的利用率，还需综合应用信息检索、网络数据挖掘等技术手段，为用户提供丰富的政府网站网页归档资源“云端”利用服务功能，满足不同目标用户的归档资源访问利用需求。

(4)资源云中不同数据资源的分类保存。资源云里拥有采集数据库、存储数据库与利用数据库等不同类型的数据库，如图3.10所示，对应政府网站网页云归档管理不同阶段的需要：①采集网页后，需要将采集捕获的政府网站网页经统一的格式转换处理后批量导入采集数据库；②采集数据库保存的网页数据多是杂乱无序的，将其中的网页数据经过分类、编目、鉴定等管理操作后，保存到存储数据库，实现网页资源的长期保存；③根据用户的信息需求，对存储数据库里的网页资源进行开发利用，并建立相应的网页利用数据库，实现政府网站网页归档资源的多元化利用。

(5)服务云中终端用户的“云端”交互反馈。用户可以利用各种终端设备通过“云端”获取服务云提供的各种政府网站网页归档资源的访问利用服务。其中服务云将终端用户请求访问的复杂计算交由技术云处理，这样用户使用的终端设备只需要具备与用户的简单交互功能即可获得服务云所提供的相应服务功能，而且能够获得很好的服务响应，从而提高用户“云端”获取政府网站网页归档资源访问利用服务的友好体验程度。

(6)体制云的统筹管理。为了确保政府网站网页云归档管理工作的顺利进行，体制云参照国内相关的行业标准和规范对设施云、技术云、业务云、资源云与服务云进行统筹管理，表现为：①统筹分配设施云，利用云环境下提供的计算、存储等 IT 资源，集成建设满足不同类型政府网站网页资源的数据管理，以及终端用户的各项业务和资源利用服务需求的基础设施；②统筹协调技术云，为实现政府网站网页归档管理涉及的网页采集、数据管理、资源保存、访问利用等业务流程提供所需的技术支撑，确保政府网站网页归档资源的安全、完整、可信及长期可用；③统筹指导业务云，利用云环境中的各种技术、资源和设施，按照云归档流程，实现政府网站网页的云上在线采集、云下数据管理、云中资源保存、云端访问利用等各项业务功能；④统筹规划资源云，对政府网站网页归档的数据分类存取进行指导，实现云归档过程中不同阶段各类政府网站网页数据资源的分类保存；⑤统筹调度服务云，面对不同目标群体的用户需求，为各类用户提供政府网站网页归档资源的“云端”多元化访问利用服务功能，实现政府网站网页归档资源的分类服务。

3.3　政府网站网页“档案云”模型的功能框架

政府网站网页“档案云”模型的逻辑框架为其长期可存取提供了理论依据，但要实现政府网站网页云归档管理还需要解决一些实际问题。上述逻辑框架为政府网站网页“档案云”提供了基本的运行机制与逻辑，明确了政府网站网页云归档管理“做什么”的问题。在政府网站网页“档案云”模型逻辑框架中各构成要素及其间关系逻辑清晰、脉络可追寻的基础上，为确保政府网站网页

“档案云”模型面对真实环境能够实际操作，满足政府网站网页资源长期保存以及可获取、可利用的归档管理要求，需要将政府网站网页“档案云”模型的逻辑框架融入政府网站网页归档管理流程中，探讨政府网站网页“档案云”模型的具体功能及其实现方法的问题。本节旨在通过对政府网站网页“档案云”模型的关键功能要素进行解析，对其关键功能要素进行层级划分以及系统关联，并在此基础上构建政府网站网页“档案云”模型的功能框架，进而从结构与功能层面回答政府网站网页云归档管理“怎么做”的问题。

3.3.1 功能框架的层级划分

实现政府网站网页的长期安全保存，以及为公众提供归档资源的多重利用服务作为政府网站网页“档案云”运行的关键目标，是构建政府网站网页“档案云”模型的功能框架要充分考虑的重要功能要素。在云计算环境下，政府网站网页“档案云”的运行及相应功能要素的实现还需要依赖数据资源即服务(DaaS)、软件即服务(SaaS)、基础设施即服务(IaaS)、平台即服务(PaaS)、管理即服务(MaaS)、渠道即服务(CaaS)等云服务机制。

具体而言：数据资源即服务(Data as a Service，DaaS)。在政府网站网页“档案云”运行中，数据资源即政府网站网页归档管理中涉及的网页采集数据资源、网页存储数据资源及网页存档数据资源等，这些资源是整个“档案云”运行的基础，云环境中的数据资源即服务为这些数据资源的采集、管理、存取与利用等提供了相应的服务模式与方法，包括数据库的检索服务、数据资源整合、数据质量管理、数据共享等方法，实现政府网站网页归档资源与服务的融合[①]。软件即服务(Software as a Service，SaaS)。软件即服务是云计算的核心服务机制，软件即服务通过整合政府网站网页归档所需的基础设施、平台及软硬件资源，使归档工作专注于网页采集、数据管理、资源存储、访问利用等业务操作和管理，而非归档系统的构建和维护[②]。基础设施即服务(Infrastructure as a Service，IaaS)。基础设施即服务即利用虚拟化技术将硬

---

① 范海虹．构建能源物资数据资源共享云平台——基于数据即服务(DaaS)技术[J]．工业技术创新，2021，08(1)：1-6+58.

② 经渊，郑建明．基于SaaS的社会数字文化一体化门户服务模型研究[J]．情报科学，2016，34(9)：31-35.

件(服务器、存储器及网络)和相关软件(操作系统、文件系统)形成相应的虚拟资源池，为政府网站网页“档案云”的运行及各业务功能的实现提供所需的计算、存储等IT资源[①]。平台即服务(Platform as a Service ，PaaS)。平台即服务作为应用程序的一个共享中台，可实现多种应用程序的集成管理与运行，它提供的应用程序接口API和中间组件技术能够支持在现有应用程序的基础上搭建新的应用程序[②]，同时可以借助元数据管理、保存策略管理、数据安全管理、系统管理等业务逻辑对应用程序进行有效控制，并可以通过中台的业务逻辑，利用数据访问组件为中台的应用程序提供数据库服务，实现归档管理中政府网站网页采集、管理、存储、利用等业务环节的数据存取。管理即服务(Monitoring as a Service，MaaS)。管理即服务为政府网站网页“档案云”的运行提供各项业务服务，包括网页信息采集、网页分类，待归档网页的编目著录、鉴定整理，归档网页的数据存储和安全管理，以及政府网站网页归档资源的访问利用服务。同时，该服务机制还能够提供可扩展的服务接口，并根据需要提供相应的应用程序服务接口，实现业务功能的动态灵活配置，从而更好地方便用户使用[③]。

基于上述的政府网站网页“档案云”运行及其业务功能实现所需要依靠的“云计算”服务机制，从系统视角出发，按照政府网站网页“档案云”模型的逻辑框架，将其功能框架划分为云计算服务、云业务处理、云端系统应用3个层级，具体如图3.11所示。

(1)云计算服务层。云计算服务层对应政府网站网页“档案云”逻辑结构中的设施云、技术云与体制云，它为政府网站网页“档案云”运行及其业务功能的实现提供重要的基础设施与技术支撑。基于云计算的DaaS、SaaS、IaaS、PaaS等服务机制，该层利用虚拟化技术和分布式资源调度程序将政府网站网页“档案云”运行所需的软硬件资源和物理基础设施进行逻辑切割，形成可以动态管理、统一调度的“资源池”，包括计算资源池、存储资源池、服务资源

① 王世慧，杜伟．云计算环境下图书馆IT服务向IaaS迁移探析[J]．图书馆理论与实践，2012(8)：10-13.

② 欧亮，朱永庆，何晓明，等．云计算技术在泛在网络中的应用前景分析[J]．电信科学，2010，26(6)：61-66.

③ 李亚男．政府网站文件云存储管理研究[D]．长春：吉林大学，2017.

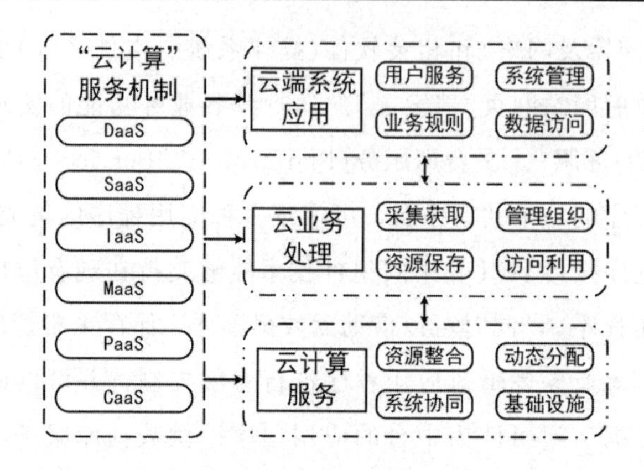

图 3.11　政府网站网页"档案云"模型功能框架的层级划分

池等，为政府网站网页归档管理中的网页采集、数据管理、资源保存、访问利用等业务功能的实现提供所需的计算、存储、服务等 IT 资源，通过资源整合与动态分配，实现政府网站网页"档案云"运行中业务功能的系统协同，使整个"档案云"的运行只需关注归档管理的各项业务流程与操作，而非整个归档管理系统的构建与维护①。

(2)云业务处理层。云业务处理层对应政府网站网页"档案云"逻辑结构中的业务云、资源云与体制云，它是政府网站网页"档案云"运行所依赖的核心功能层，其各功能要素的实现是政府网站网页归档管理要解决的关键问题，包括网页信息采集捕获、数据管理组织、资源存储保存、归档资源开发利用等。该层在云计算服务层提供的各种 IT 资源的基础上，重构整合政府网站网页归档业务流程以及相关应用程序、管理方式，包括业务管理、流程优化、系统管控等内容。具体而言，该层参照 Web 归档生命周期及 OAIS 参考模型的相关标准和规范，对政府网站网页归档管理的业务流程进行拆分和封装，使政府网站网页归档管理不再是传统的简单线性业务流程，而是能够实现业务流程的模块化和标准化处理，具体表现为政府网站网页资源的分布式集群采集、集成化数据管理、实时的动态存储、多元化终端服务等业务功能的实现。

① 黄新平．基于云计算的政府网站网页在线归档管理平台构建研究[J]．北京档案，2019(12)：16-20.

(3)云端系统应用层。云端系统应用层对应政府网站网页“档案云”逻辑结构中的服务云、资源云与体制云，它是政府网站网页“档案云”运行的最终目的。在实现云计算服务层的资源整合，以及云业务处理层的归档管理业务流程的重塑与优化的基础上，该层采用基于信息共享、服务交互模式的云计算中间件及其提供的API接口，通过数据共享、信息转换、动态架构、智能运作等方式实现政府网站网页归档相关应用程序的整合，借助元数据管理、策略管理、安全管理、归档管理等业务逻辑对新增应用程序进行有效管理，并集中完成应用程序的系统管理、资源分配、业务规则、数据访问、数据库操作等处理，通过“云端”的终端设备为用户提供政府网站网页的采集、管理、保存等业务功能服务，以及政府网站网页归档资源的访问利用服务。

3.3.2 功能框架的系统关联

对政府网站网页“档案云”模型功能框架的以上三种层级划分只是基于对其对应的逻辑框架主要构成要素的归纳，意不在于割裂三个层级。事实上，三个层级之间相互交织和关联，每一个层级总是与其他层级之间相辅相成，这些层级之间的关联使得政府网站网页“档案云”形成了一个动态演化的系统。按照上述模型功能框架层级划分的整体思路，提出系统关联结构框架，该框架包括云计算、基础资源、业务活动、服务应用等4个核心部分，不同部分的结构要素之间以政府网站网页归档的业务流程为导向，通过归档业务流和应用服务流来实现相互联系与内部协同，如图3.12所示。

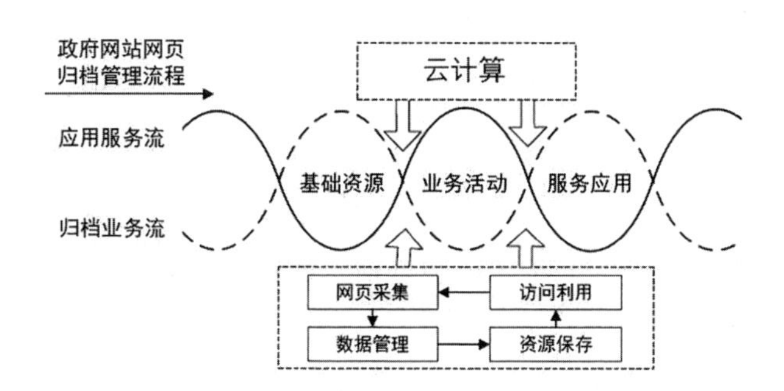

图3.12 政府网站网页“档案云”模型功能框架的系统关联

(1)云计算。云计算即是整合政府网站网页“档案云”逻辑结构中的设施云、技术云与体制云，对应功能层级中的云计算服务层，为整个政府网站网页"档案云"的运行提供所需的信息技术、软件程序、硬件设施、标准规范等。具体而言，云计算是根据政府网站网页归档管理过程的不同IT资源需求，运用虚拟化、分布式存储、海量数据处理、数据备份、数据迁移和数据共享等云计算方法和技术，遵照相关标准和规范，对海量、多源分布的政府网站网页进行采集与加工、管理与组织、保存与存储、访问与利用等归档管理处理，将分散的、零碎的政府网站网页资源进行有序化、系统化集成管理，最终形成面向不同目标用户的政府网站网页归档资源保存体系，为实现相应的服务应用提供重要的保障。

(2)基础资源。基础资源对应政府网站网页"档案云"逻辑结构中的资源云，以及功能层级中的云计算服务与云业务处理层。所谓的基础资源，就是在归档管理活动中所依赖的各类政府网站网页资源，包括政府部门通过其门户网站发布的一些在日常政务管理过程中生成的原始文件或历史记录，如政府文件、政策法规、政务公报、规划计划、统计数据、绩效信息等，以及社会公众以政府门户网站为载体参与"网络问政"所形成的网络民意、提案建议、政策反馈意见等。这些资源作为支撑归档管理的基础要素，也是提供归档资源访问利用服务的数据来源。

(3)业务活动。业务活动对应政府网站网页"档案云"逻辑结构中的业务云，以及功能层级中的云业务处理层。业务活动在整个框架中处于核心位置，是连接各个部分的中间纽带。它沿着"网页采集→数据管理→资源保存→访问利用"的归档业务流，遵循档案管理的理念，强调归档管理是服务的基础，应用云计算的方法对程序化、模式化的归档过程进行系统管理，完成基础资源中各种政府网站网页资源的采集与保存，通过将静态的政府网站网页资源与动态的归档过程结合起来，形成与归档业务流相互依存的应用服务流，使政府网站网页资源在流动中不断创新和增值，并最终以具体的服务应用方式呈现其保存利用价值。

(4)服务应用。服务应用对应政府网站网页"档案云"逻辑结构中的服务云，以及功能层级中的云端系统应用层。服务应用即是面向政府网站网页归档资源服务利用功能的实现与应用，它作为联系归档业务流与应用服务流之间的桥梁，能够针对政府网站网页归档资源的不同应用场景，运用信息检索、网页还原、数据挖掘、数据处理分析等信息技术与手段对海量政府网站网页归档资源进行数据挖掘与处理分析，形成用户所需的关键信息与精准知识，通过构建一个智能高效的信息检索服务系统，满足用户个性化、精准化、智能化的信息需求，并将检索获取的归档网页以资源分类导航、知识图谱等可视化形式提供给用户。同时还可以通过获取用户对归档资源访问利用服务功能应用的反馈情况，来不断优化归档管理中的网页采集与数据管理方法，实现基础资源中各类政府网站网页资源的保存利用价值最大化。

3.3.3 政府网站网页“档案云”模型的功能框架构建

目前，学术界关于网络资源归档管理模型的构建主要有两种思路：一种是基于OAIS模型的结构设计①②，这种模式的层级维度相对比较清晰，主要是按照网络资源归档流转及生命周期等过程模型来设计的。该思路可以较好地表达归档管理过程中不同阶段的信息需求及网络信息流动特征，但由于归档管理过程的复杂性，导致其构成要素之间常常存在一定的交叉或不明确的问题。另一种是基于系统理论的结构设计③④，这种思路主要参考信息管理和信息系统的体系结构进行全要素模型构建。该思路从系统论视角对归档管理活动中的网络信息管理要素进行描述，可以较为系统地反映归档过程中各个环节的业务需求及相应的信息服务流程，但对于各阶段构成要素的界定不够详细。

本研究所涉及的政府网站网页云归档管理问题，具有一定的特殊性，难以直接通过上述的某一思路对其模型结构进行设计，为了增强模型构建的科

① Hwang H C, Park J S, Lee B R, et al. A Web archiving method for preserving content integrity by using blockchain[EB/OL]. [2021-07-27]. https://linkspringer.53yu.com/chapter/10.1007/978-981-15-9343-7_47#citeas.

② Walsh T. Preservation and access of born-digital architectural design records in an OAIS-type archive[EB/OL]. [2021-08-05]. https://spectrum.library.concordia.ca/id/eprint/985426/.

③ Gomes D, Costa M, Cruz D, et al. Creating a billion-scale searchable Web archive[C]// 3rd Temporal Web Analytics Workshop. International World Wide Web Conferences Steering Committee, 2013.

④ 吴振新，张智雄，谢靖，等. 基于IIPC开源软件拓展构建国际重要科研机构Web存档系统[J]. 现代图书情报技术，2015(4)：1-9.

学性与系统性，可以对以上两种思路进行对比分析与综合把握。本研究的选题属于网络资源归档研究范畴，在厘清二者差异性问题的基础上，现有网络归档领域的相关模型等研究成果可以为本选题的模型结构设计提供参考与借鉴。同时，相关研究所参照的系统理论、信息价值链模型等理论也为政府网站网页“档案云”模型的功能框架构建提供了重要的理论支撑。

基于以上分析，本研究以系统理论、信息价值链模型等为理论依据，并结合政府网站网页“档案云”功能框架的层级划分与系统关联分析，构建政府网站网页“档案云”模型的功能框架，如图 3.13 所示。该框架能够系统地反映出上述云计算、基础资源、业务活动、服务应用 4 个部分及其结构要素之间动态的协同作用机理，避免了传统结构模型构建存在的系统要素静态堆积的问题。

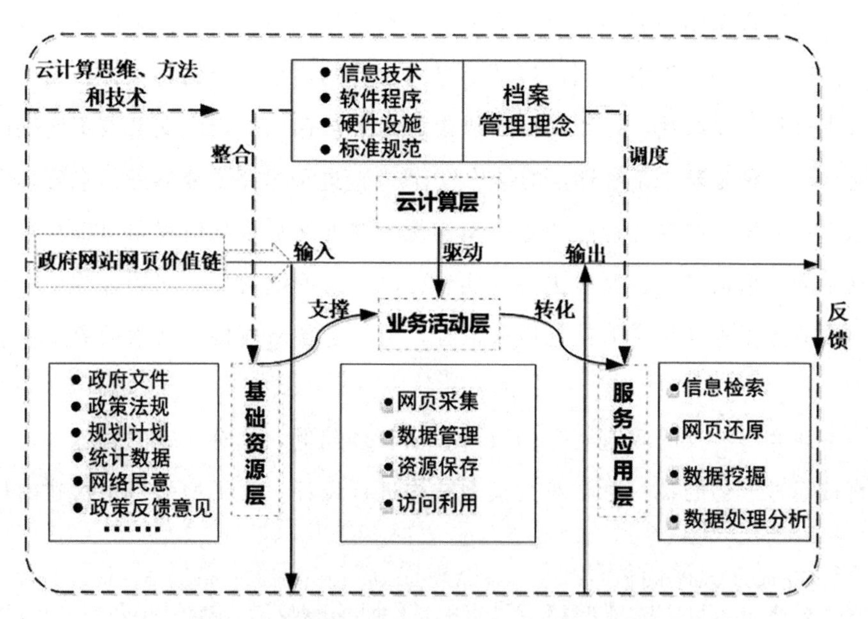

图 3.13　政府网站网页“档案云”模型的功能框架

政府网站网页“档案云”模型的功能框架中各构成要素之间的协同运作机理形成了一个动态演化的系统。该系统以政府网站承载的海量网页资源为基础，应用云计算思维、方法和技术，按照系统论的要求，沿着政府网站网页价值链管理的主线，实现从基础资源层的“输入”到云计算层的“驱动”，再到业务活动层的“转化”，最后到服务应用层的“输出”与“反馈”。其中，基础资源层是系统运行的起点，它所涉及的各类资源要素是一种互为关联、相互依存的关系，这些资源要素的全面汇集与有序归档组织为系统运行提供支撑；云计算层在整个系统运行中起到总体控制作用，是确保系统运行各环节协同联动的关键，它不仅能够直接驱动业务活动层的运作，还可以影响基础资源层各类资源要素的整合，以及服务应用层不同服务功能的调度；业务活动层作为系统运行的核心环节，是实现政府网站网页价值链管理的关键，整个系统只有通过业务活动层的运作才能实现基础资源层各类政府网站网页数据的提炼与激活，进而转化为服务应用层可利用的政府网站网页归档资源组织体系，并直接决定服务应用层访问利用功能的结果输出；服务应用层是整个系统运行的最终目的和归宿，作为系统各结构要素之间相互作用的结果，它为终端用户提供所需的信息服务功能，并通过对具体功能应用效果的反馈来及时更新和调整系统各个环节的运行情况。

如上所述，政府网站网页“档案云”运行中归档管理功能的实现相当于建立一个访问系统，该系统的优良程度取决于云归档过程中实际问题的解决情况[①]。根据文献调研，提炼出网络资源归档应解决以下主要问题：网络资源的采集[②]；无序网络资源的分类管理、编目著录与鉴定整理[③]；网络资源的存储与保存[④]；网络资源的安全保护[⑤]；归档网络资源的开发利用与价值增值[⑥]等。这些问题同样也是政府网站网页云归档管理过程中要着力解决的，因此，政府网站网页“档案云”模型的功能框架在具体的实际应用中还需要解决如下问题。

---

① 王萍，黄新平，陈为东，等．政府网站原生数字政务信息云归档模型及策略研究[J]．情报理论与实践，2016，39(4)：60-65.

② 刘兰，吴振新．Web Archive信息采集流程及关键问题研究[J]．情报理论与实践，2009，32(8)：113-117.

③ Ross Harvey，Dave Thompson. Automating the appraisal of digital materials [J]. Library Hi Tech，2010，28(2)：313-322.

④ Yan Han. Cloud storage for digital preservation：optimal uses of Amazon S3 and Glacier [J]. Library Hi Tech，2015，33(2)：261-271.

⑤ 黄新荣，庞文琪，王晓杰．云归档——云环境下新的归档方式[J]．档案与建设，2014(4)：4-7.

⑥ 马宁宁，曲云鹏．中外网络资源采集信息服务方式研究与建议[J]．图书情报工作，2014，58(10)：85-89，116.

(1)政府网站网页云归档的采集策略。网页采集作为政府网站网页云归档管理的起点，在整个政府网站网页云归档过程中具有重要意义。对政府网站网页采集而言，主要涉及采集对象的选择、采集方式的确定、采集内容的获取等技术问题。Hadoop 作为一个发展较为成熟的云计算技术，因其具有非结构数据高速运算、大规模分布式并行处理、简单易用等突出优势，在网络信息检索领域的应用日益广泛。因此，可以云环境下 Hadoop 分布式计算框架为支撑，在其集群环境中，采用基于 HDFS 和 MapReduce 技术的分布式及并行计算的功能，利用网络爬虫工具，按主题对选定的目标政府网站中的网页信息进行完整性自动采集的同时，使用人工干预的方法对政府网站网页信息进行甄别，从中选择一些有证据价值、历史价值、文化价值以及研究价值的政府网站网页信息资源，对其进行有针对性的深层次频繁采集，从而实现政府网站网页全面而深入的采集。

(2)政府网站网页云归档的数据管理。对采集的海量政府网站网页实施长期归档保存前，还应对其进行分类、著录、鉴定整理等管理操作，使无序信息有序化，并实施有效控制，为以后的存储、检索、利用工作做好准备。政府网站网页归档的数据管理核心是元数据管理，科学设计政府网站网页归档的元数据方案是实现其分类管理、编目著录与鉴定整理的基础。元数据作为一种实现信息资源有序组织与高效管理的必要手段，为问题的解决提供了思路。但是由于元数据自身用于内容描述的元素十分有限，单纯的元数据方案难以从语义层面表达资源描述的复杂概念及其逻辑关系。为此，可以考虑将本体引入政府网站网页归档元数据管理中来，利用语义描述能力更强的本体语言表示元数据，将元数据中的术语含义、术语间的逻辑关系从更丰富的语义层面明确地表达出来，提高面向语义的政府网站网页归档资源描述能力，为实现政府网站网页归档资源的深度序化组织奠定基础，进而依据构建的政府网站网页归档元数据方案，并利用元数据方案的可扩展机制来解决云环境下政府网站网页的分类整理、编目著录、鉴定处置等问题，从而有效实现政府网站网页云归档的数据组织与管理。

(3)政府网站网页云归档的资源保存。政府网站的动态性、链接性等特点以及未来对其访问的需求，使得政府网站网页归档不同于一般的数字资源保存，它更依赖能够保证归档资源的可访问性和长期使用性的长久保存策略以及能够根据需要实现存储空间动态扩展的存储架构。与当前数字资源长期保存常用的SAN、NAS、DAS等传统网络存储技术相比，云存储技术具有动态易扩展、存储容量大、性能稳定、数据存取效率高、节约成本等优势，而且云存储服务提供的数据备份、迁移及完整性验证、可用性保护等技术为存储数据的长期安全保存提供了保障。基于以上分析，可以采用基于HDFS分布式云存储技术方案来实现政府网站网页归档资源的长期保存。其中，设计满足云存储动态扩展需求的政府网站网页保存型元数据方案，并指定统一的政府网站网页归档保存文件格式，以此提出政府网站网页长期保存的技术策略，是实现政府网站网页云归档资源长期保存要解决的关键问题。对此，可根据政府网站网页归档的云存储体系结构，以及云存储环境下政府网站网页资源长期保存的实现机制，参照数字资源长期保存的元数据方案，设计满足云存储动态扩展需求的政府网站网页保存型元数据方案。按照国内政府网站网页归档的相关标准，选择统一的文件格式作为政府网站网页归档保存文件格式，来实现政府网站网页的归档保存。同时可以参考和借鉴电子文件长期保存的技术策略，采用标准化、备份、迁移、封装等技术策略来维护政府网站网页归档资源的真实性、完整性、可靠性和长期可存取性。

(4)政府网站网页云归档的数据安全保护。在云环境下，归档政府网站网页数据托管至云端存储，由于云服务的透明性，以及云服务商可信性不易评估，致使数据安全问题成为云环境下政府网站网页归档要解决的一个关键问题。区块链作为一种新兴的数据安全管理技术，在电子文件安全管理领域的应用日益广泛，国内很多学者围绕区块链技术在电子文件安全管理中的应用开展了一系列研究，这些研究为政府网站网页的长期安全保存提供了新思路与新方法。因此，可以将区块链技术应用到政府网站网页归档的数据安全保护中，提出一种基于区块链技术的云存储数据安全保存策略。一方面，结合政府网站网页云归档的流程，设计基于区块链的政府网站网页归档数据的安全保护流程，旨在形成权威可信、长期保存、安全共享的政府网站网页归档数据安全体系。另一方面，利用区块链去中介化的思想，在云计算环境下，对政府网站网页进行分布式采集与管理，构建政府网站网页归档数据安全保护技术框架，发挥区块链技术在安全评估、数据加密、可信性认证、信息安全传输等方面的优势，确保云环境下归档的政府网站网页数据能够在整个生命周期内以安全可靠、真实可信的形式永久保存。

(5)政府网站网页归档资源“云端”利用服务。在实现政府网站网页“云归档”中的网页采集、数据管理、资源保存、数据安全保护等业务流程的基础上，还应为用户提供归档资源的“云端”利用服务，这也是开展政府网站网页云归档管理工作的最终目的。可以基于文献与网络资源调研，对国际上一些典型的网络存档项目的归档资源利用的基本情况进行调查，总结和分析网络归档资源利用服务的现状与发展趋势。在明确当前网络归档资源利用服务的主要方式的基础上，结合政府网站网页归档的特点，通过文献调研和深度访谈，设计政府网站网页归档资源利用服务需求分析调查问卷，重点对社会公众、企事业单位、科研机构及政府部门工作人员等进行问卷调查，识别不同用户群体对政府网站网页归档资源利用服务的功能需求。针对用户对政府网站网页归档资源利用服务功能的需求，以“以人为本”的服务目标为导向，结合泛在服务(TaaS)的“云服务”理念，综合应用多媒体信息检索、智能检索、网页重现、Web数据挖掘、数据可视化等先进的信息技术手段来实现政府网站网页归档资源“云端”利用服务，包括基于多媒体信息检索和智能检索技术的浏览查询功能、网页重现功能、基于Web数据挖掘的归档网页价值挖掘功能、归档网页的数据可视化分析功能等，为社会公众、企事业单位、研究机构、政府部门等不同类型的用户提供丰富的政府网站网页归档资源利用服务功能，以满足用户多元化的利用需求。

第4章 政府网站网页“云归档”的流程及实现方案

由第3章所构建的政府网站网页“档案云”模型可知，政府网站网页“云归档”即利用云环境中各种IT技术和资源对政府网站网页进行归档保存的过程，按照流程，包含采集、分类、著录、鉴定、存储等主要阶段，不同阶段目标的实现需要不同的技术方法支撑。针对其中的网页采集、数据管理、长期保存与安全保护等关键问题，本研究综合利用基于云计算的分布式存储、并行计算、海量数据处理、虚拟化技术，以及网络爬虫、网页重要性评价、网页自动分类、元数据管理、区块链等技术和方法，提出了政府网站网页“云归档”的技术实现方案。

4.1 政府网站网页云归档的业务流程设计

如前文所述，政府网站网页是政府部门在履行行政职能和处理行政事务的过程中，利用其门户网站创作或接收的具有特定内容、结构和背景信息的原始记录，它符合文件的基本特征，是政府电子文件的重要组成部分[①]。因此，指导电子文件归档管理的文件生命周期理论、OAIS模型等同样适用于政府网站网页的归档管理。根据文件生命周期理论，可以将政府网站网页的创建、发布、获取、存档、利用等视为一个完整的生命过程。OAIS模型是当前国际上公认的实现电子文件等数字资源长期可存取的标准参考模型和基本概

① 王熹．网站文件归档问题的若干思考[J]．中国档案，2017(10)：68-69.

念框架，其功能结构包含信息采集、数据管理、资源存储、系统管控、保存规划、访问利用等模块，不同功能模块之间以信息包的形式对资源内容信息和保存描述信息等信息对象进行传递，从而实现归档资源的长久保存与利用①。基于以上分析，参照政府网站网页的生命运动规律，以及OAIS模型的标准业务与功能逻辑，可将政府网站网页“云归档”的流程划分为采集、分类、著录、鉴定、存储等主要阶段(如图4.1所示)，每个阶段的任务各不相同②。

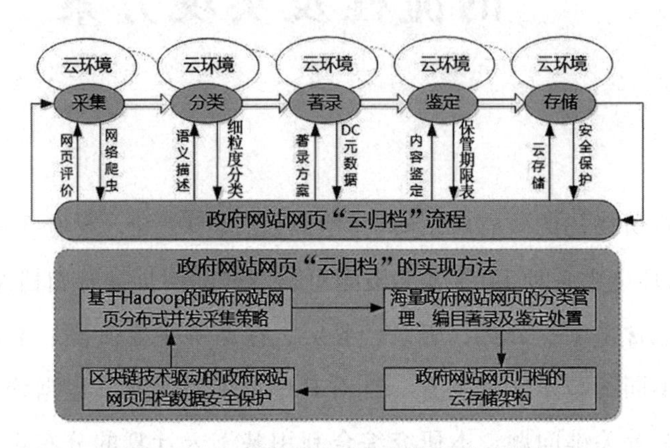

图4.1 政府网站网页云归档的业务流程

4.1.1 网页采集

网页采集作为政府网站网页在线归档的首要环节，就是利用相关工具，以既定的频率和方式，及时选择值得保存的政府网页内容。网页采集的第一步是要确定采集对象，政府网站网页归档保存的信息采集对象是域名中含有“gov.cn”的政府网站，为确保政府网站网页的采集质量，需要对目标网站进行评价，将那些信息规模大、原生性信息多、更新频繁的政府网站选定为采集对象③。在确定要采集的目标政府网站之后，还应根据实际需求选择相应的采集方式。完整性采集和选择性采集是目前比较常用的网络资源采集方式，它们各有优缺点，为了弥补其各自的不足，可以实现两种采集方式的优势互

① The consultative committee for space data systems. OAIS reference model [DB/OL]. [2021-03-27]. https://public.ccsds.org/pubs/650x0m2.pdf.

② 黄新平．基于云计算的政府网站网页在线归档管理平台构建研究[J]. 北京档案，2019(12)：16-20.

③ 李宗富，黄新平．基于5W2H视角的政府网站信息存档研究[J]. 档案学通讯，2016(2)：68-72.

补，采用融合二者优点的混合型采集方式，在对选定的政府网站中所有网页进行完整性采集的同时，通过人工干预的方式对网页内容进行甄别，对其中有证据价值、历史价值、研究价值的重要网页，有选择性地进行深层次的频繁采集，这样既考虑到了政府网页采集面的广度，同时又照顾到了重要网页采集的深度。而网页的采集与捕获最终还需要依靠相应的网络爬虫工具来实现，目前面向网页存档的爬虫工具比较多，其中 Heritrix、HTTrack 最为常用[①]，可利用这些工具来有针对性地完成对目标政府网站网页的自动批量在线采集。

4.1.2 数据管理

利用网络爬虫工具从不同目标政府网站中采集获取的网页是海量且无序的，还应对其实施整理、分类、著录、编目、鉴定等数据管理操作，实现信息的规则排序，使其具备增值的潜能，为后续的资源存储和访问利用奠定基础[②]。首先，资源分类。根据采集网页资源的特点，可以按照来源机构、资源主题、格式类型等分类标准，将其中具有某种共同属性特征的网页资源进行归类和整合，建立规范统一的政府网站网页资源分类体系，通过不同类别的属性特征来对海量的政府网站网页内容进行区分。其次，编目著录。对分类后的网页资源还应基于统一的元数据标准对其内容及结构、来源、背景等特征进行揭示和描述，并在相关元数据之间建立联系，形成政府网站网页资源目录体系，实现对海量无序网页信息的序化组织。最后，鉴定整理。政府网站网页的鉴定整理主要包括内容的识别以及内容的可用性判断。其中内容的识别就是确保实现政府网站网页长期可存取的元数据、保存策略等信息要素齐全。内容的可用性判断即是通过人工干预来对政府网站网页的形成背景、内容质量、重要程度等属性特征进行全面分析，并根据保管期限表对要归档的政府网站网页标记相应的鉴定标识。

4.1.3 资源保存

资源保存是实现政府网站网页在线归档的核心，与静态的数字资源存储

---

① Phillips M E . Web archiving workshop：tools overview[EB/OL]. [2008-08-17]. https：//digital. library. unt. edu/ark：/67531/metadc28344/m2/1/high _ res _ d/tools _ overview. pdf.

② 何欢欢 . 政府网站信息资源保存体系研究[D]. 武汉：武汉大学，2010.

不同，政府网站网页资源结构复杂且动态增长，其复杂性、动态性、技术依赖性强等特点对存储管理提出了挑战，它更依赖能够满足海量归档网页资源的动态存储需求及长期可访问要求的长久保存策略和相应的存储架构①。在长久保存策略的设计上，通常可根据归档网页资源的类型和结构，有针对性地选择数据加密、检测、备份、迁移、仿真、封装等相结合的长期保存技术策略，确保归档网页资源的安全、完整、可靠及长期可用。在存储架构的选择上，可以在当前数字资源长期保存采用的直接连接存储、网络连接存储等传统存储架构的基础上，引入云存储技术，将分布在网络中的数据仓库、数据库、文件存储系统等不同类型的存储设备“联合”在一起，利用云存储的分布式存取和存储节点可动态扩展的技术优势，以及云存储服务端提供的数据备份、容灾处理、数据加密等安全保障机制，实现对海量归档政府网站网页资源的实时动态存储和长期安全保存。

4.2 政府网站网页云归档的采集策略

网页采集作为网络资源归档保存的起点，在整个政府网站网页云归档管理过程中具有重要意义。如上所述，政府网站网页采集主要涉及采集对象的选择、采集方式的确定、采集内容的获取等关键问题②。考虑 Hadoop 作为一个发展较为成熟的云计算技术，因其具有非结构数据高速运算、大规模分布式并行处理、简单易用等突出优势，在网络信息检索领域的应用日益广泛。以此技术为支撑，设计云环境下的政府网站网页分布式并发采集策略流程，如图 4.2 所示。

---

① 黄新平．基于集体智慧的政府社交媒体文件档案化管理研究[J]．北京档案，2016(11)：12-15.

② 黄新平，王萍．国内外近年 Web Archive 技术研究与应用进展[J]．图书馆学研究，2016(18)：30-35＋19.

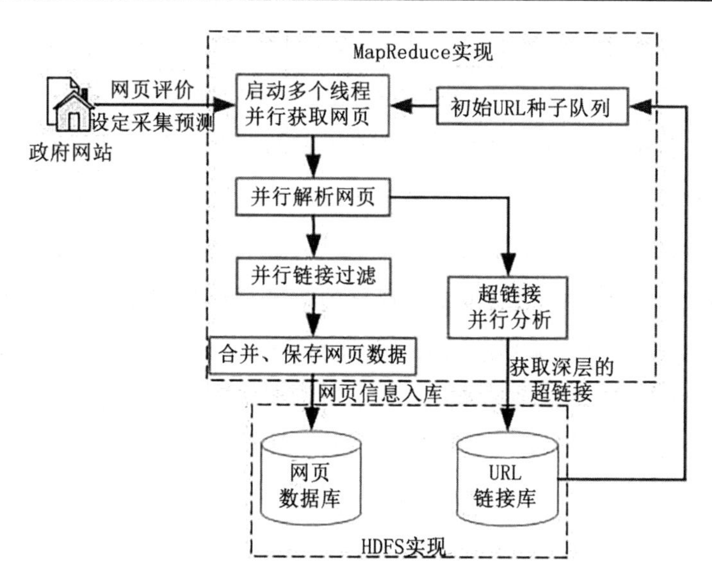

图 4.2　基于 Hadoop 的政府网站网页分布式并发采集策略流程

本研究将域名中含有“gov. cn”，且具有保存价值的政府网站网页作为采集对象，以 Google 的 PageRank 算法和 IBM 的 HITS 算法为政府网站网页重要性评价的技术支撑，参考和借鉴美国“北卡罗来纳州政府网站档案馆”项目所制定的“网站宏观评估计分表”，对待采集的政府网站网页进行评价，根据评价结果来设定其采集频率。在此基础上，以云环境下 Hadoop 分布式计算框架为支撑，在其集群环境中，采用基于 HDFS 和 MapReduce 技术的分布式及并行计算的功能，利用网络爬虫工具，按主题对选定的目标政府网站中的网页信息进行完整性自动采集的同时，使用人工干预的方法对政府网站网页信息进行甄别，从中选择一些有证据价值、历史价值、文化价值以及研究价值的政府网站网页信息资源，对其进行有针对性的深层次频繁采集，从而实现政府网站网页全面而深入的采集。

4.2.1　选择采集对象

政府网站网页归档保存的信息采集对象是域名中含有“gov. cn”的政府网站。从档案管理的需求出发，为确保归档政府网站网页信息的真实、可靠、完整、可读，这些政府网站能否确定为采集对象还应考虑其价值、权威性、完整性与系统性、针对性、时效性以及版权问题等因素。对于价值较高，具有权威性、完整性、系统性、针对性、时效性的政府网站，在解决采集的版权问题之后，可将其确定为采集对象。否则，不应列入采集范围。

如何在目标政府网站中评价和选择重要的、有保存价值的网页，并将其作为采集对象，是政府网站网页采集要解决的关键问题。对于该问题，国内外不少学者以经典的网页重要性评价方法 HITS 算法和 PageRank 算法为基础，提出了一些优化的网页重要性评价的改进算法和模型。譬如，国外的学者在 PageRank 算法所采用的网页相关性和重要性评价指标的基础上，增加了网页链接结构、过渡链接、页面内容主题相关性等评价指标，实现了一个改进的网页重要性评价方法——FPR-title-host 算法①。国内的相关学者在传统的 PageRank 和 HITS 算法的基础上，针对其中存在的不足，提出了一种基于网页更新频率、网页权威性和用户对网页点击率的重要性评价算法②。有学者在 PageRank 算法的基础上，以用户访问网页的时间长度及网页链接的出度、入度等作为网页重要性的评价指标，在 PageRank 算法中添加用户访问时间函数和关注度函数，得到优化的 PageRank 算法③。此外，还有学者参照网络搜索引擎的相关性排序方法，并以用户对页面的点击率作为重要评价标准，在 PageRank 算法的基础上，提出了网页重要性的综合评价模型④。以上国内外学者提出的网页重要性评价算法和模型，为政府网站网页采集对象的评价与选择提供了重要的技术解决方案。

4.2.2 确定采集方式

采集方式的确定决定着政府网站网页资源保存的内容、形式和过程，在政府网站网页云归档管理中起着至关重要的作用。在调研国内外主要网络存档项目所采用的网络资源采集方式的基础上，依据网页采集的深度和广度，可以把包括政府网站网页在内的网络资源的采集方式划分为定域采集、定题采集和定点采集 3 种，3 种采集方式的采集对象、技术方法、代表工具、采集

---

① Md. Hijbul Alam, JongWoo Ha, SangKeun Lee. Novel approaches to crawling important pages early [J]. Knowledge and Information Systems, 2012 (3): 707-734.

② 张芳，郭常盈．基于网站影响力的网页排序算法[J]．计算机应用，2012(6)：1666-1669.

③ 许彬．基于增强型类 PageRank 算法的搜索引擎的研究与设计[D]．武汉：武汉理工大学，2014.

④ 过仕明．PageRank 技术分析及网页重要性的综合评价模型[J]．图书馆论坛，2006(1)：80-82.

特点的比较如表4.1所示。

表4.1　三种网络资源采集方式的对比①

采集方式	定域采集	定题采集	定点采集
采集对象	基于特定网络域（如. gov、. edu、. com等）的完整性采集	针对某一预先定义好的主题（关键词、样本文件、重要事件、特定网页等）进行的有针对性的信息收割	对指定信息来源（如门户网站、专题报道等）进行的信息采集
技术方法	可以将种子URL扩充到特定网络域中的网络机器人（Robot）、网络爬虫（Crawler）等网络信息收割工具、Web自动化并行采集技术等	基于样本文件学习扩展的主题采集方法、基于机器学习的自适应定题采集方法、基于语义分析的主题信息采集方法等	增量式Web信息采集方法、URLs去重、页面更新识别技术等
代表工具	Combine Crawler、Heritrix、Smart Crawler等	Focused Crawler、HTTrack等	Web Fountain等
采集特点	采集周期长，采集范围和数量非常巨大，对采集速度要求高，采集质量较低	只采集与主题有关的页面，采集的页面数量少且能获得较快更新，比较接近Web当前的真实状况	仅对站点中新产生的或者发生变化的页面进行采集，采集范围和数量较小，采集周期短，采集质量较高

(1)定域采集。定域采集即基于特定网络域(即. gov)的完整性采集，英文中一般用“Whole Domain Harvesting”进行表述。这种网络资源采集方式主要是利用网络机器人、网络爬虫等网络信息收割工具实现从一些种子URL扩充到特定网络域中整个目标网站的网页自动化采集。由于定域采集方式的采集范围较广，采集的网页数量非常多，因此该采集方式对采集的速度要求非常高，通常多是采用多线程的并行采集器进行网络资源的抓取，由于采用的网页采集器数量较多，所以还需要重点解决多采集器并行采集过程中的种子

① 黄新平. 政府网站信息资源多维语义知识融合研究[D]. 长春：吉林大学，2017.

URL 分配等关键问题[①]。

瑞典国家图书馆实施的 Kulturarw3 网络存档项目所采用的 Combine Crawler 是一个典型的面向定域采集的网页采集器，由它实现了对 .se(瑞典国家域名)网站以及服务器在瑞典的所有目标网站的定域自动采集[②]。Combine Crawler 采用的是分布式、异步 I/O 工作模式，为了提高网页采集的速度，采用了一个专门的 URL 服务器。在该服务器的调度和管理下，网页采集 URL 队列由分布式存在的多个采集线程共同运行，而且每个采集线程可通过异步 I/O 方式一次同时打开多个 URL 链接，从而大大提高了网页采集的速度。另外，为了避免 URL 的重复分配，导致网页的重复采集，Combine Crawler 利用哈希函数算法将目标服务器的网络地址与同一站点服务器获取的 URL 队列进行绑定，从而确保来自不同站点服务器的 URL 网页链接被分配到不同的采集线程中[③]。

(2)定题采集。定题采集主要是按照事件、专题等特定的主题开展的有针对性的网络资源采集方式。与上述的定域采集方式相比，定题采集只采集那些与主题相关的网络资源，采集的范围和规模相对比较小，采集的内容更新较为频繁，保存的网络资源内容更接近当前的真实状况。

对网络资源定题采集方式的研究起始于 1999 年 S. Chakrabarti 等人设计开发的网络资源定题系统。该系统基于一套完善的主题分类体系，采用样本文件主题动态扩展的网页采集方法，实现网络资源的定题采集。随后，其他许多学者也对面向特定主题的网络资源采集方式进行了研究。如 Javad Akbari Torkestani[④] 提出了一种基于机器学习的自适应定题采集算法，该算法的思路是从目标网站上先抓取一些网页作为训练集，通过机器学习方法实现对训练集中网页主题的自动分类，并依据网页文本中的关键词与主题分类之间的逻辑映射关系，利用网络爬虫工具对含有主题所对应关键词的网页进行自动采

① 庞景安. Web 信息采集技术研究与发展[J]. 情报科学，2009(12)：1891-1895.

② kulturarw3 [EB/OL]. [2021-08-26]. http：//kulturarw3. kb. se/.

③ Combine crawler [EB/OL]. [2021-08-26]. http：// www. freelancer. com/projects/Combine crawler.

④ Javad Akbari Torkestani. An adaptive focused Web crawling algorithm based on learning automata [J]. Applied Intelligence，2012(4)：586-601.

集。刘炜[①]利用语义网的相关技术和方法，提出了一种基于语义分析的网络资源定题采集方法，与其他的网络资源定题采集方法相比，该方法具有较高的采集精度。

在网络存档的实践方面，澳大利亚的PANDORA项目所开发的PANDAS网络资源采集系统就采用了定题采集的方式，该系统按照项目预先设定好的主题分类对目标网站上的网页按照不同的主题分类进行采集[②]。此外，英国的网络存档项目在开源爬虫工具Heritrix的基础上，设计了面向特定主题的网页采集算法，通过在网络爬虫工具中引入网页定向抓取数据包，实现了事件、时事、专题等各种特定主题驱动的网络资源采集[③]。

(3)定点采集。定点采集即是按照预先设定好的规则，从目标来源网站中挑选出具有保存价值的站点，然后对这些站点进行完整性的采集。该采集方式通常用于保存易逝的网络资源和符合相应保存价值评估标准的网站信息资源[④]。其中增量式网络资源采集方法是实现定点采集的主要技术方法，与以上两种采集方式所采用的周期性网络资源采集方法不同，定点采集所采用的增量式网络资源采集方法仅对站点中有更新变化的页面进行采集，这样就能够在很大程度上减少网络资源的采集数量，从而降低网络资源采集的时空开销[⑤]。

由于网络资源具有复杂性、异构性和技术依赖性等特点，如何判断目标网站中的某个页面是否发生变化，以及如何根据页面的变化情况来合理设计网页采集策略是实现网络资源定点采集要解决的关键问题。对于该问题，IBM提出了一种自适应性的网络资源定题采集方法，该方法的原理就是根据先前采集周期里采集结果实际变化率的情况来实时动态调整采集策略，并以

---

① 刘炜．基于语义分析的主题信息采集技术研究[D]．武汉：武汉理工大学，2009.

② Pandas [EB/OL]. [2021-07-02]. http://pandora.nla.gov.au/pandas.html.

③ UK Web Archive [EB/OL]. [2021-07-06]. http://www.webarchive.org.uk/ukwa/info/technical.

④ 张力．Web信息采集技术综述[J]．图书馆研究与工作，2011(2)：43-46.

⑤ 李莎莎．增量式Web信息采集与信息提取系统的研究与实现[D]．武汉：武汉理工大学，2011.

此设计和实现了增量式网络资源定题采集工具 Web Fountain[①]。此外，还有学者针对网页更新频繁的站点，通过分析其页面更新变化的时间演化规律，提出了一个能够实时捕获站点页面更新变化的方法，实验结果表明，该方法的应用可以有效提高网页定点采集的效率和质量[②]。

综上所述，考虑到定域采集与定点采集两种采集方式在采集范围、采集质量、采集周期、采集成本及实现深层网采集方面各有优劣，为了弥补定域采集和定点采集的各自不足，实现两种采集方式的优势互补，本研究采用融合二者优点的定题采集方式。在对选定的特定主题政府网站网页进行完整性自动采集的同时，使用人工干预的方法对政府网站网页信息进行甄别，选择一些有证据价值、历史价值、文化价值以及研究价值的政府网站网页信息资源进行有针对性的深层次频繁采集，以弥补完整性采集方式采集周期过长、采集质量不高、对有价值的网页信息资源不能深层次采集等方面的不足。这种混合型定题采集方式既考虑到了政府网站网页信息采集面的广度，同时又照顾到了重要政府网站网页信息采集的深度，进而可以从广度和深度两个方面对政府网站网页信息资源进行全面而深入的采集和保存。

4.2.3 选用采集工具

随着国内外网络存档实践项目的不断深入开展，许多网络资源保存机构已经开发出了一些专门的用于网络资源采集与保存的工具。目前，在网络信息资源的采集与保存领域，常用的开源工具主要包括 Heritrix、HTTrack、Nutch、Smart Crawler 等[③]，具体如表 4.2 所示。

① Edwards J，McCurley K，Tomlin J. An adaptive model for optimizing performance of an incremental web crawler[C]//Proceedings of the 10th international conference on World Wide Web. New York：Association for Computing Machinery，2001：106-113.

② M. B. Saad，S. Gançarski. Archiving the web using page changes patterns：a case study[J]. Int J Digit Libr，2012(13)：33-49.

③ 刘兰，吴振新，向菁，等．网络信息资源保存开源软件综述[J]．现代图书情报技术，2009(5)：11-17.

表4.2　网络存档项目常用的网络资源采集工具

工具名称	开发者	功能特点	软件许可
Heritrix	IA、IIPC成员图书馆	可扩展，可配置，易用性强，广度优先，站点内容精确复制	GNU、LGPL
HTTrack	法国图书馆	链接分析功能较强，配置丰富简单，适合小规模的抓取	GNU、GPL
Nutch	Apache	可扩展，命令型工具，可定制性略差，采集覆盖原有内容	Apache License V2.0
Smart Crawler	IA、英国、法国图书馆、美国国会图书馆	智能爬虫，Heritrix的升级版	GNU、LGPL

当前不少网络存档实践项目，如澳大利亚的PANDORA项目、英国的UKWAC项目、美国的Web at risk项目等均选择利用Heritrix和HTTrack这两款开源工具来实现网络资源的采集[①]。其中，由IA和IIPC成员图书馆负责开发的网络爬虫工具Heritrix采用广度优先算法来抓取完整的、精确的站点内容，因此，可以利用它来完成大规模网络资源的完整性采集。而由法国图书馆设计和实现的网络爬虫工具HTTrack则具有较强的链接分析功能，它可以从服务器获得网站的所有结构，因此，非常适合用于完成重要网站网页信息的深度采集。这两款网络爬虫工具，在实施网页采集前均能够对目标网站网页的更新频率进行评估，而且在采集时可以通过增加爬行的数目，使网页捕获频率与网页更新频率尽可能地保持一致，从而有效提升网络资源采集的质量。因此，综合考虑现有网络存档领域所采用的网络爬虫工具的特点，为了满足定题采集的需求，本研究选择在Heritrix和HTTrack这两款开源网络爬虫工具的基础上进行优化和扩展，从广度和深度两个层面来实现政府网站网页的定题采集。

① 向菁，吴振新，司铁英，等.国际主要Web Archive项目介绍与评析[J].国家图书馆学刊，2010(1)：64-68.

4.2.4 设定采集频率

对于政府网站网页采集而言，采集频率的设定极其重要。政府网站网页采集频率的设定应考虑两个重要因素：一是要确定网站网页的更新频率。本研究选用的 Heritrix 和 HTTrack 网页采集工具，在实施采集前均能够对要采集的政府网站网页的更新频率进行评估，而且在采集时可以通过增加爬行的数目，使网页捕获频率与网页更新频率尽可能地保持一致。二是评价网站网页的重要性。如上所述，Google 的 PageRank 算法和 IBM 的 HITS 算法通过对网站页面之间链接结构进行分析估算，得到页面的权重，可为政府网站网页重要性的评价提供技术支撑。同时本研究参考和借鉴美国“北卡罗来纳州政府网站档案馆”项目所制定的“政府网站宏观评估计分表”(如表 4.3 所示)，对待采集的政府网站网页进行评价并精确计分。根据得分情况来设定其采集频率，得分越高采集频率设定得越高，对目标政府网站网页的采集就越频繁，相反得分越低采集频率设定得越低，对目标政府网站网页采集的间隔周期设定得就越长。

表 4.3 政府网站宏观评估计分表①②

评估项目	1 分——低价值	2 分——中价值	3 分——高价值
信息规模	仅有少数信息的小型政府网站	具有较多信息的大型政府网站	具有大量信息且信息来源广泛的大型政府网站
原生信息	信息多为纸质信息的拷贝，原生性信息少	既有纸质信息的拷贝，也有部分原生性信息	不存在纸质信息的拷贝，基本上都是原生信息
更新频率	多为静态信息，更新频率较低	信息定期更新，具备一定时效性	信息更新频繁，具备很强的时效性
历史价值	信息有效期短，多数只在当前有价值，不具有历史价值	信息记录了政府机构当前的决策以及未来发展方向，具有一定历史价值	信息包含大量统计数据和政府业务记录，便于将来的人们把握政府机构当前的决策和规划，具有很高的历史价值

① 何欢欢．政府网站信息资源保存体系研究[D]．武汉：武汉大学，2010.

② North Carolina Department of cultural resources standard for automated Web site capture [EB/OL]. [2021-05-20]. https：//archives. ncdcr. gov/media/28/open.

续表

评估项目	1 分——低价值	2 分——中价值	3 分——高价值
证据价值	信息几乎没有法律证据价值	信息具有作为法律证据的潜力	信息包含了大量事实，具有充分证明力
公众兴趣	信息点击率低，公众对信息不感兴趣，媒体也从未报道	有一定的信息点击率，公众对信息有一定的兴趣，有媒体进行报道	信息点击率高，公众对信息有强烈的兴趣，媒体报道较多
政府关注	信息几乎没有对政府立法、行政和司法造成影响，不被政府关注	信息对政府立法、行政和司法具有一定影响力，受到政府关注	信息对政府立法、行政和司法具有极大影响，政府对其极为关注

4.2.5　实现定题采集

基于以上的内容，本节在分析政府网站网页定题采集特点的基础上，提出政府网站网页定题采集的技术框架与实现方法。通过对传统的基于主题相关性特征分析的各类主题爬虫算法，如基于 URL 链接关系的 PageRank 算法，以及基于网页内容特征的 SVM、LDA 主题模型等算法进行描述和分析，并对这些算法进行优化与改进，提出能综合考虑网页链接结构和内容特征的主题爬虫算法，通过实验验证本研究所提出的网页主题爬虫算法的有效性。

(1)政府网站网页定题采集的特点。受政府网站网页主题分布特征的影响，政府网站网页定题采集具有扩展性、层次性、局部性等特征[①]，以下将结合实例分别对其进行详细阐述。

①扩展性。网页采集之前需要利用网络搜索引擎检索获取所需的目标网页，而多数的搜索引擎由于对检索关键词缺乏主题表达方式的扩展性，致使检索的结果不够精准和理想，从而影响网页采集的质量[②]。对于政府网站网页采集而言，同样也面临着检索关键词主题表达方式扩展的问题。在信息检索领域，通常采用一个系统完整的主题分类目录体系来解决搜索引擎检索关键

① 黄新平．政府网站信息资源多维语义知识融合研究[D]．长春：吉林大学，2017.

② 宗校军．中文网页定题采集及分类研究[D]．武汉：华中科技大学，2006.

词主题的扩展问题，以达到提高检索精确度的目的。结合政府网站网页的特点，在对政府信息管理相关的主题分类目录进行调研与比较分析的基础上，考虑到国务院办公厅发布的《政府信息公开目录》的主题分类较为系统和完整，而且与政府网站网页的主题分类相吻合，因此，本研究采用该分类目录体系用来指导政府网站网页的定题采集。《政府信息公开目录》的主题分类目录体系结构如图 4.3 所示。该主题分类目录体系是三级树状结构，譬如“综合政务”节点下对应“电子政务”“应急管理”等若干的子节点。

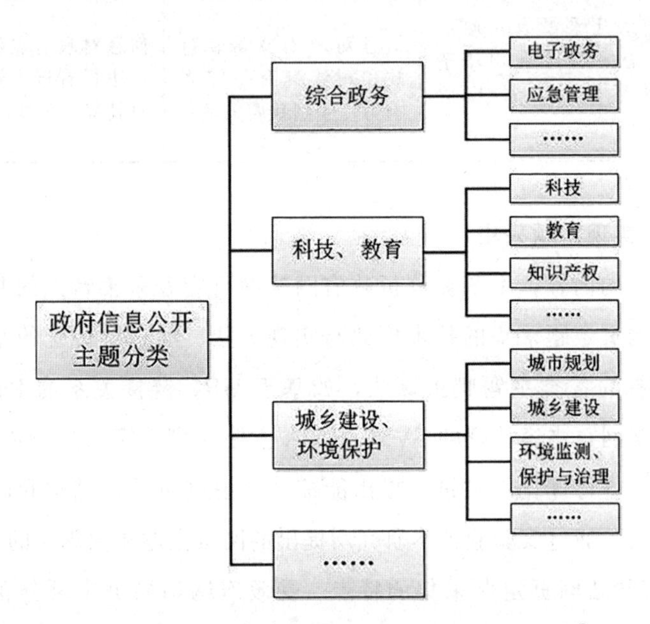

图 4.3 《政府信息公开目录》的主题分类目录体系①

然而，由于政府网站网页更新较为频繁，涉及的主题内容较为广泛，上述《政府信息公开目录》的主题分类即便已经相对比较完整，也难以包含所有的主题，因此，还应当在已有的主题分类目录体系的基础上进行主题的扩展，获取更多的主题相关关键词集合，使主题分类目录尽可能完整，进而通过主题的关键词扩展，采集获取更多与特定主题相关的政府网站网页。

②层次性。政府网站网页定题采集的层次性表现为主题覆盖范围所呈现

① 政府信息公开主题分类目录[EB/OL]. [2021-08-06]. http://govinfo.nlc.gov.cn/cgpio/hyzq/.

的环状层次结构，具体如图 4.4 所示。

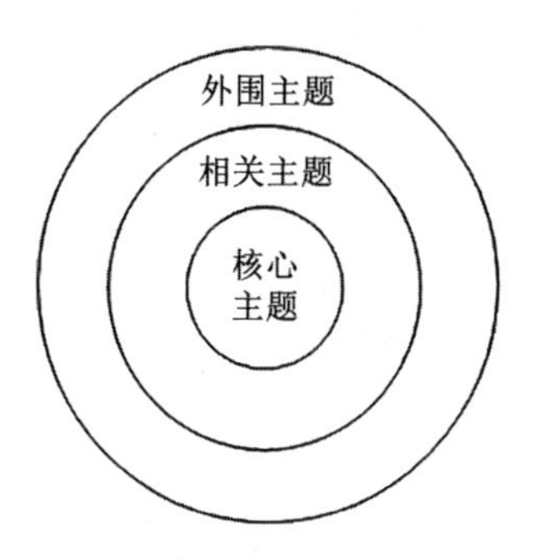

图 4.4　网页主题覆盖范围的环状层次结构

其中，居于中心位置的是与特定网页主题内容高度相关的核心主题，次外层为与特定网页主题内容较为吻合的相关主题，最外层的为与特定网页主题内容相关性不是很明显的外围主题。以“应急管理”主题为例，核心的主题是围绕“应急管理”主题展开的，而相关主题可能包括“自然灾害”“事故灾难”“公共卫生”“社会安全”“生活安全”等主题，再往外扩展，则可能会包括“气象灾害”“地质灾害”“新冠肺炎”等外围主题。政府网站网页定题采集的层次性表明对于某一特定网页主题，其主题内容的覆盖范围会随着环状层次不断向外扩展，同时与主题内容的相关度越来越小，从而在网页定题采集的过程中很容易出现“主题漂移”的现象①。同样以“应急管理”主题为例，如图 4.5 所示，网页 1 的主题内容与“应急管理”主题表现为高度相关，属于核心主题覆盖范围；网页 2 的主题内容与“应急管理”主题存在一定的联系，属于相关主题覆盖范围，网页 3 的主题内容与“应急管理”主题的关系不明显，表现为弱相关，属于外围主题覆盖范围。

① Chakrabarti S, Punera K, Subramanyam M. Accelerated focused crawling through online relevance feedback[C]// Proceedings of the 11th international conference on World Wide Web. New York: Association for Computing Machinery, 2002: 148-159.

安徽六安启动新冠肺炎疫情控制应急预案 主城区开展全员核酸检测 **(网页1)**

新华社合肥5月14日电 记者从安徽省六安市新冠肺炎疫情防控应急综合指挥部获悉,自14日起,六安市启动新冠肺炎疫情控制应急预案,迅速对主城区开展全员核酸检测。

发布时间：2021.05.14

关于印发冬春季农村地区新冠肺炎疫情防控工作方案的通知 **(网页2)**

农村地区科学精准做好冬春季新冠肺炎疫情防控工作,国务院应对新型冠状病毒肺炎疫情联防联控机制综合组和中央农村工作领导小组办公室制定了《冬春季农村地区新冠肺炎疫情防控工作方案》。

发布时间：2021.01.21

世卫组织将新冠肺炎命名为“COVID-19” **(网页3)**

新华社日内瓦2月11日电(记者凌馨 刘曲)世界卫生组织总干事谭德塞11日在瑞士日内瓦宣布,将新型冠状病毒感染的肺炎命名为“covid-19”。

发布时间：2020.02.12

图 4.5 “应急管理”主题不同覆盖范围的页面示例

③局部性。网页定题采集的局部性表现为站点网页通常按照某一特定主题进行关联，从而形成相应的主题聚集区，其中与特定主题聚集区相连接的网页通常是与主题相关的，但并非所有的链接页面都是与特定主题相关的[①]，具体如图 4.6 所示。

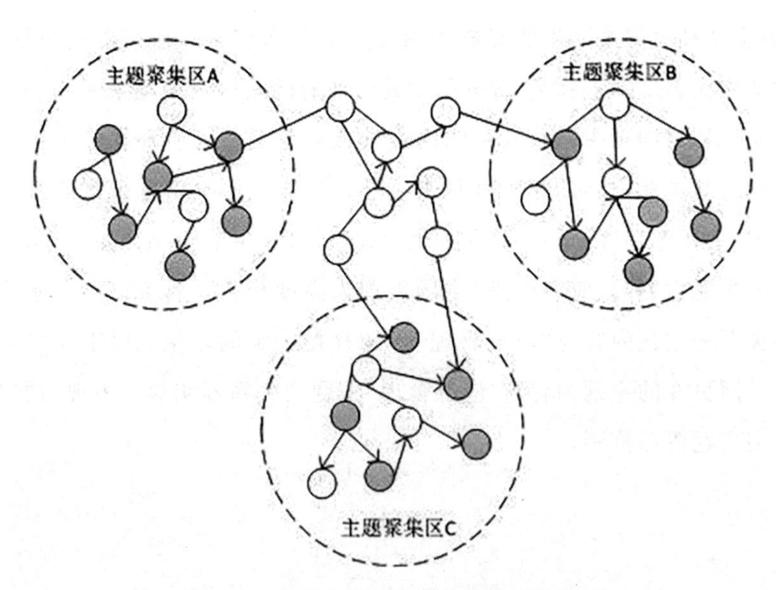

图 4.6 特定主题网页聚集的局部性特征

对于政府网站网页定题采集而言，还需要设计合适的算法来设定网页主

① 杨肖．基于主题的互联网信息抓取研究[D]．杭州：浙江大学，2014.

题相关度的阈值，对待采集的网页主题内容与特定主题相关度进行度量，将主题相关度较高的网页作为首选的采集对象，从而避免将与主题不相关的网页进行采集，提高政府网站网页采集的质量。因此，如何分析网页主题聚集的结构特征，判定主题聚集区中网页与特定主题的相关度，有效去除与主题内容无关的网页，是政府网站网页定题采集要解决的一个重要问题。

(2)政府网站网页定题采集的技术方案。针对以上政府网站网页定题采集的特点及其要解决的关键问题，提出了政府网站网页定题采集的技术框架，该框架的核心包括网页采集、URL管理和主题分析等模块，如图4.7所示。

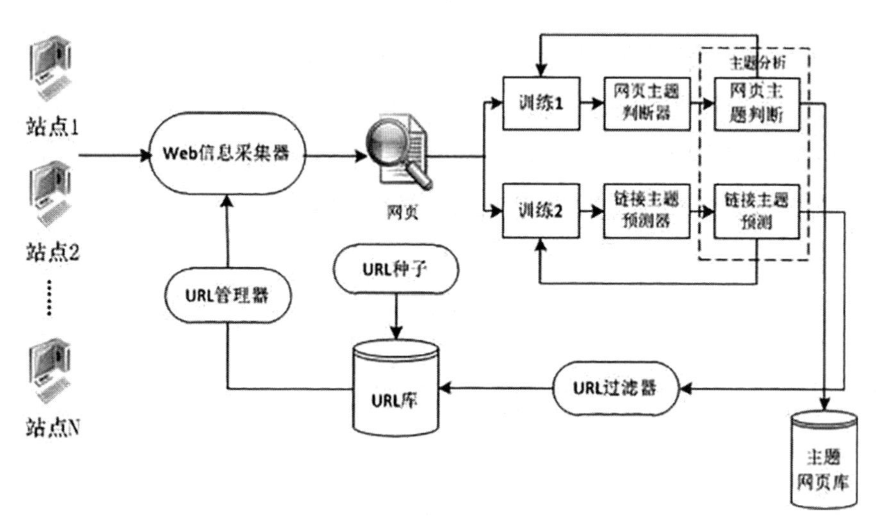

图4.7　政府网站网页定题采集的技术框架

从图中可以看出，整个政府网站网页定题采集的流程就是利用网页采集器将目标政府网站中的URL网页链接添加到URL管理器中，通过对其中的URL链接对应网页内容主题与特定主题的相关度进行判定，对与主题相关度高的网页进行优先采集。主题分析模块的任务是基于相应的主题分类目录体系，经过机器学习的方式对不同主题表达所对应的关键词进行训练，形成完整的主题分类关键词集合，以此来实现对采集网页主题的判断和其他链接网页主题内容的分析和预测，避免在网页采集过程中发生“主题漂移”的问题[①]。

① 田雪筠．网络竞争情报主题采集技术研究[J]．图书与情报，2014(5)：132-137.

链接主题预测器的任务是对待采集的网页 URL 链接进行主题相关性预测与分析，并将与主题相关度高的网页链接添加到相应的 URL 队列中，确保与特定主题相关度高的网页 URL 能优先被抓取。URL 管理模块的主要任务是对初始 URL 种子及网页采集器动态抓取的 URL 进行解析与预测分析，通过设置相应的阈值，将其中与主题不相关的网页从 URL 管理器中删除，确保采集的网页都是核心主题或者相关主题的覆盖范围。

(3)政府网站网页定题采集的方法思路。基于上述的政府网站网页定题采集技术方案，提出政府网站网页定题采集的方法思路，如图 4.8 所示。首先，选择特定主题下的政府网站网页作为种子 URL 进行训练形成网页定题采集的 URL 种子队列。然后利用网页采集工具，对 URL 种子队列中的网页进行采集，对采集的网页进行主题内容和链接结构分析，将其中与特定主题相关的网页加入主题网页库，同时将与特定主题相关的网页链接加入 URL 优先队列，经过不断迭代循环，实现对目标政府网站网页的完整性定题采集。

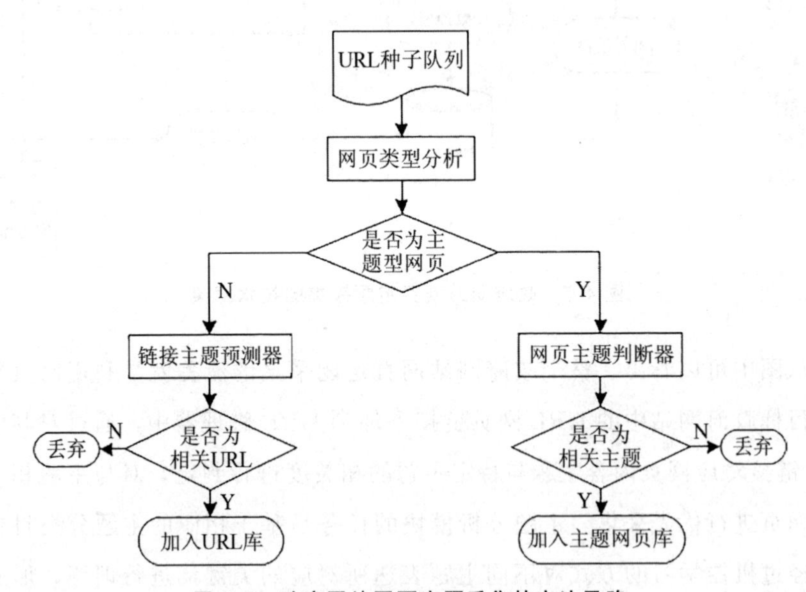

图 4.8　政府网站网页定题采集的方法思路

(4)政府网站网页定题采集的实现方法。如上所述，政府网站网页定题采集要解决的核心问题就是网页主题内容相关性判断和链接主题相关性分析，采用何种方法对采集网页的内容与特定主题的相关性进行测度，将直接影响政府网站网页定题采集的质量。在网页主题内容相关性分析方面，相关研究[①②③]在进行网页主题内容相关性测度时，多采用传统的SVM算法对语料库中的网页内容相似度进行计算，以此来分析判断待采集网页内容与特定主题的相关性。在网页链接主题相关性分析方面，现有的一些相关研究[④⑤⑥]多采用基于超链接分析的PageRank等算法进行网页链接主题的相关性分析。以上这些方法实现相对比较简单，但网页采集的准确率和召回率都不是很理想。考虑到面向LDA主题模型的网页采集方法能够通过预先设定的主题模型来精准获取与特定主题相关的网页内容，而且相关实验也表明该方法具有较好的网页采集准确率和召回率[⑦]。综合以上分析，本研究将面向LDA主题模型的网页采集方法引入政府网站网页定题采集中，提出了一种新的基于主题模型的政府网站网页定题采集方法，该方法在LDA主题模型框架下实现了网页主题内容相关性分析SVM算法与网页链接主题相关性分析PageRank算法的有效结合，与其他方法相比，该方法可以有效提高网页定题采集的质量。

LDA模型是以统计学为基础的主题特征分析模型，该模型的核心内容包括文本内容、关键词、特征词向量、主题等，其基本原理是通过统计相应文本语料库中特征词的分布规律来确定文本内容的主题及其在语料库中的分布情况[⑧]。将其引入政府网站网页定题采集中，需要解决的关键问题就是如何基

① 李连，朱爱红，苏涛．一种改进的基于向量空间文本相似度算法的研究与实现[J]. 计算机应用与软件，2012，29(2)：282-284.

② Lu L I，Zhang G Y，Zheng-Wen L I. Research on focused crawling technology based on SVM [J]. Computer Science，2015(2)：118-122.

③ 陈黎，李志蜀，琚生根，等．基于SVM预测的金融主题爬虫[J]. 四川大学学报自然科学版，2010，47(3)：493-497.

④ 胡伟．基于PageRank算法的主题爬虫研究与设计[D]. 武汉：武汉理工大学，2012.

⑤ Alam M H，Ha J W，Lee S K. Novel approaches to crawling important pages early [J]. Knowledge and Information Systems，2012，33(3)：707-734.

⑥ Liu L，Peng T，Zuo W. Topical web crawling for domain-specific resource discovery enhanced by selectively using link-context [J]. International Arab Journal of Information Technology，2015，12(2)：196-204.

⑦ 谷俊，翁佳，许鑫．面向情报获取的主题采集工具设计与实现[J]. 图书情报工作，2014(20)：91-99.

⑧ 刘启华．基于LDA和领域本体的竞争情报采集研究[J]. 情报科学，2013(4)：51-55+62.

于LDA主题模型框架来实现网页主题内容相关性分析与网页链接主题相关性分析。

在实现网页主题内容相关性分析时，本研究采用LDA模型来统计计算采集网页的文本内容与特定主题的相似度，以此来测度分析网页主题内容的相关性。尽管LDA模型可以从语义层面上来对语料库中的文本内容相似度进行计算，但毕竟只是一个统计意义上的概率模型，提取出的相关主题还不能准确、完整地表达网页文本的主要内容，这就需要从更细粒度的语句层面进行计算，如何使语句层面的文本相似度计算方法与LDA模型相结合，以此来提高网页文本内容相似度计算结果的准确率是实现定题采集网页主题内容相关性分析要解决的关键问题。考虑到基于向量空间模型的方法在文本语句层面相似度计算的优势，因此，采用传统的基于TF-IDF权值策略的SVM特征词向量空间方法来计算网页文本内容与特定主题的相似度 S_D 。

$$S_D = kS_{\mathrm{SVM}} + (1-k)S_{\mathrm{LDA}} \tag{4.1}$$

本研究采用加权法来实现SVM方法与LDA模型的结合，通过具体实验来确定权重调节参数的 k 值。参考已有的相关研究，k 值参数的确定需要明确主题相关网页文本的获取率 p_r 和错误率 P_e ，定义：$p_r = \frac{D_r}{D_n}$ ，$P_e = \frac{D_e}{D_n}$

其中，D_n 为语料库实验网页样本总数，D_r 为经过计算确定与主题相关的网页文本数，D_e 为计算确定与主题不相关，但是人工识别后确定主题相关的网页文本数，p_r 越高且 P_e 越低，k 值越理想。

本研究采用C++语言实现的Gibbs-LDA++建模方法进行上述实验①。取实验数据中的100个网页样本构成实验文本语料库，分别取 $k=0$、0.1、0.2、0.3、0.4、0.5、0.6、0.7、0.8、0.9、1，统计主题收获率和错误率的分布情况，可以看出当 k 取0.6时，主题收获率为89%，主题错误率为1.75%，实验效果最好，因此，取 k 值为0.6，如图4.9所示。

① Gibbs-LDA++[EB/OL].[2021-06-16]. http://gibbslda.sourceforge.net.

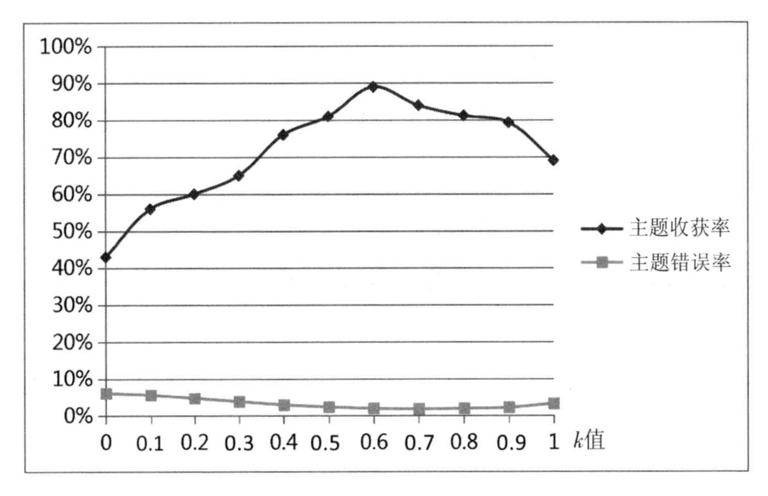

图4.9 主题收获率、错误率随 k 值变化情况

在确定网页主题内容相关性分析算法的基础上，本研究根据政府网站网页链接结构的特点，引入了基于超链接分析的主题相关性计算方法 PageRank 算法。强调即使一个网页通过网页主题内容相关性分析时不存在与特定主题的相关性，但与之链接的多个网页与特定主题有相关，则认为该网页也与特定主题相关。相关定义如下：

$$S_w = \lambda S_D + (1-\lambda) PR \times (\sum_{i=1}^{n} S'_{Di}/n) \tag{4.2}$$

其中，PR 为 PageRank 算法中 PR 值，S'_{Di} 为同某网页有链接关系的网页文本内容与特定主题的相似度，考虑到网页链接数量越多主题覆盖范围越分散，在计算链接网页的相似度时取平均值，S_D 为上述计算得出的网页文本内容与特定主题的相似度值，λ 为待确定的权重参数。

把公式(4.1)带入公式(4.2)得：

$$S_w = \lambda[kS_{\text{LDA}} + (1-k)S_{\text{SVM}}] + (1-\lambda) PR \times (\sum_{i=1}^{n} S'_{Di}/n) \tag{4.3}$$

把上述文本内容相似度计算实验 $k=0.6$ 带入(4.3)得：

$$S_w = \lambda(0.6S_{\text{LDA}} + 0.4S_{\text{SVM}}) + (1-\lambda) PR \times [\sum_{i=1}^{n} (0.6S'_{\text{LDAi}} + 0.4S'_{\text{SVMi}}/n] \tag{4.4}$$

λ 的确定过程与 k 类似。

定义：$p'_r=\frac{D'_r}{D'_n}$，$P'_e=\frac{D'_e}{D'_n}$

其中，D_n 为语料库实验网页样本总数，D_r 为经过计算确定与主题相关的网页文本数，D_e 为计算确定与主题不相关，但是人工识别后确定与主题相关的网页文本数，p_r 越高且 P_e 越低，λ 值越理想。

取实验数据中的 100 个网页样本构成实验文本语料库，分别取 $\lambda=0$、0.1、0.2、0.3、0.4、0.5、0.6、0.7、0.8、0.9、1，统计主题收获率和错误率的分布情况，可以看出当 λ 取 0.7 时，主题收获率为 94%，主题错误率为 2.75%，实验效果最好，因此，取 λ 值为 0.7。

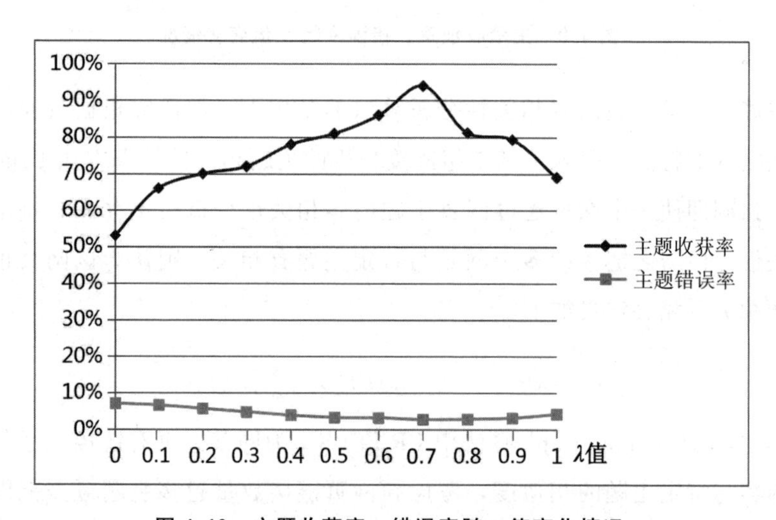

图 4.10　主题收获率、错误率随 λ 值变化情况

至此本研究所提出算法的相关参数已全部确定，以下对本研究所提出的定题采集方法与基于 SVM 和 PageRank 算法的定题采集方法的效果进行实验比较。选取“中央人民政府网站”(http：//www.gov.cn/index.htm)作为种子URL，以“应急管理”领域的“新冠肺炎疫情”为主题，分别利用本研究所设计算法、SVM 算法、PageRank 算法从中央人民政府网站研究采集获取 100、200、300、400、500、600、700、800、900、1000 个网页，得到以上不同算法所对应的网页定题采集相关网页主题收获率的对比情况如图 4.11 所示。从中可以看出，与其他方法相比，本研究提出的政府网站网页定题采集方法综

合利用了网页主题内容相关性分析算法与网页链接主题相关性分析算法，能够更好地保障采集网页与特定主题的相关性。

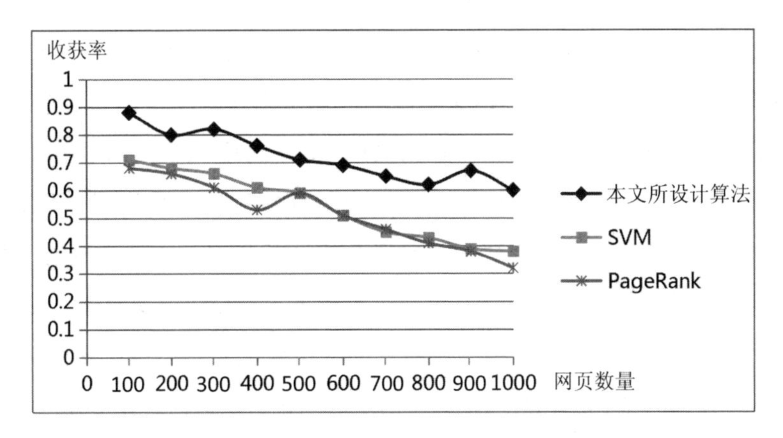

图 4.11　不同定题采集算法的网页主题收获率比较

4.3　政府网站网页云归档的数据管理

对采集的海量政府网站网页实施长期归档保存前，还应对其进行分类、著录、鉴定整理等管理操作，实现细粒度序化组织，为后续的归档保存与访问利用做好准备。政府网站网页归档的数据管理核心是元数据管理，科学设计政府网站网页归档的元数据方案是实现其分类管理、编目著录与鉴定整理的基础。本节首先对政府网站网页资源的元数据标准，以及元数据与本体结合的相关研究进行总结，参考现有的一些元数据与本体结合方法，提出了本体驱动的政府网站网页归档的元数据方案。该方案将 XML 规范作为定义元数据的标准，为政府网站网页的分类、著录、鉴定等提供丰富的语义描述信息，同时利用 XML 标准的可扩展机制来解决云环境下政府网站网页归档元数据的动态扩展问题，从而有效实现政府网站网页云归档的数据组织与管理。

4.3.1　元数据方案

元数据(Metadata)作为一种特殊类型的结构化数据，是描述其他数据属性的"数据"，包括数据的内容、质量、覆盖范围、管理方式、所有者等属性。在信息资源管理领域，它最初是为解决大量杂乱无序的信息资源序化组织问题而提出来的，因其具有资源描述、查找、定位、记录、组织、互操作、保存等功能，已经被广泛地应用到各种类型信息资源的组织与管理中[①]。按照不同的分类方法，可以将其划分为描述型、管理型、结构型、保存型、评价型元数据等。对于描述型元数据而言，尽管当前的描述型元数据标准已经具备描述资源内容与格式的句法和语义基础，但是由于缺乏丰富的内容描述元素，尚不能实现在语义层面对信息资源进行深层次序化组织，揭示资源语义描述的复杂概念及其逻辑关系[②]。考虑本体作为一种新型的信息组织工具和方法，它能够从语义层面清晰地展现资源对象概念体系及其相互关系。为此，本研究将本体应用到政府网站网页归档元数据方案中来，利用语义描述能力更强的本体语言对元数据方案中的术语概念及概念间的逻辑关系进行规范化的语义揭示与描述，为实现政府网站网页归档资源的深度序化组织提供重要支撑。

(1)政府网站网页归档元数据标准。目前，国内外应用比较广泛的描述型元数据标准主要有都柏林核心元数据 DC、美国国会图书馆提出的机器可读目录 MARC、电子档案著录常用的 EAD 标准，以及其他的 WETS、MODS、RSLP、PICS、TEI 等标准，其中在政府信息资源管理领域应用比较多的元数据标准主要有政府信息定位服务 GILS 元数据标准和在 DC 基础上扩展形式的 DC-government 等元数据标准[③]。结合政府网站网页资源的特点、资源内容描述及云存储环境下资源归档保存的实际需要，参照以上国际通用的政府信息资源元数据标准和国内《政务信息资源目录体系》中的政府信息资源元数据标准[④]，以及国家档案局发布的《政府网站网页归档指南》中的政府网站网页元数据著录规则[⑤]等提出政府网站网页归档资源描述的元数据标准，如表 4.4 所示。

---

① Metadata [EB/OL]. [2021-06-29]. https://en.wikipedia.org/wiki/Metadata.

② 王知津．知识组织理论与方法[M]．北京：知识产权出版社，2009.

③ 吴鹏，强韶华，苏新宁．政府信息资源元数据描述框架研究[J]．中国图书馆学报，2007(1)：66-68.

④ 《政务信息资源目录体系》国家标准[DB/OL]．[2021-09-23]．http://www.changzhou.gov.cn/upfiles/327136497560271/20130419/20130419025513_69666.pdf.

⑤ 中华人民共和国国家档案局．政府网站网页归档指南(DA/T 80—2019)[DB/OL]．[2021-09-23]．https://www.saac.gov.cn/daj/hybz/201912/5e653e193bd747659d78783c8c4c8818/files/a778567.bbacd47119ecb115cfe84e9a8.pdf.

表4.4　政府网站网页归档资源描述的元数据标准

元素	修饰词	说明	必备性	可重复性
资源名称 (Title)		政府网页的题名	必备	可重复
	交替题名	除政府网页题名以外的其他题名	有则必备	可重复
文号 (Document number)		文件编号，按公文的标准格式著录	有则必备	不可重复
	原始文号	转发文件中原发文机构编制的文号	有则必备	不可重复
发布机构 (Creator)		网页发布机构，著录机构的全称	必备	可重复
日期 (Date)		与政府网页信息生命周期中的某一事件相关的日期	有则必备	不可重复
	发布日期	指发布机构发布网页的日期，以YYYY-MM-DD方式著录	必备	不可重复
	来源网站发布日期	指政府网页的来源网站发布资源的日期	有则必备	不可重复
关键词 (Keyword)		描述政府网页内容的词汇	必备	可重复
分类 (Classification)		政府网页信息的类别	必备	可重复
	主题分类	依据政府网页信息的主要内容进行的分类	必备	可重复
	题材分类	依据政府网页信息的资源种类进行的分类	必备	可重复
	时间分类	依据政府网页发布时间进行的分类	必备	可重复
	机构分类	依据政府网页发布机构的地区与职能进行的分类	必备	可重复
原文 (Original)		政府网页信息的全文	必备	不可重复
	原文附件	资源内容以文件形式独立存在，可以是资源内容的部分或全部，应与发布机构发布的状态保持一致	有则必备	可重复
	原文地址	政府网页信息全文的来源地址	必备	不可重复
信息来源 (Publisher)		指政府网页信息从何处获取到	必备	可重复
出处 (Source)		指政府网页的URL地址	必备	不可重复
唯一标识符 (Unique identifier)		本记录在数据库中的唯一标识	必备	不可重复
	原标识符	来源于其他数据库中的标识符，在本数据库中予以保留	有则必备	不可重复
文档格式 (Format of the document)		机器自动生成的网页读取格式，非文档本身的格式	必备	可重复
保管期限 (Retention period)		网页档案的保管期限划分为永久、定期30年和定期10年	必备	不可重复
云存储 (Cloud presevation)		与云存储有关的存储地址、文件地址、资源管理等元数据	有则必备	不可重复

上述元数据标准中共包含13个核心元素，分别是资源名称(Title)、文号(Document number)、发布机构(Creator)、日期(Date)、关键词(Keyword)、分类(Classification)、原文(Original)、信息来源(Publisher)、出处(Source)、唯一标识符(Unique identifier)、文档格式(Format of the document)、保管期限(Retention period)、云存储(Cloud preservation)，这13个核心元素比较全面地概括了政府网站网页归档资源的主要内容与结构特征，涵盖了政府网站网页云归档管理的相关说明信息。同时为了保证元数据方案中每个核心元素著录的一致性，对其中的每一个核心元素规定了如表4.5所示的著录说明项目，元数据方案中的每个核心元素在著录时可根据实际情况对相关项目进行选择使用。

表4.5　元数据核心元素的著录说明项目

项目	项目定义与内容
名称	赋予字段的唯一标记
标签	描述字段的可读标签
定义	对字段概念与内容的说明
注释	对于字段或其应用的其他说明，如特殊的用法等
著录说明	在元数据规范中，字段的定义通常是比较抽象的，对于具体的资源对象，在著录规则中可以有细化的说明
修饰词	若有字段修饰词，给出字段修饰词在本规范中的标签，其著录内容在下面具体说明
规范档	说明著录字段内容时依据的各种规范。字段取值可能来自各种受控词表和规范。它可以和编码体系修饰词一致，也可以是适应具体需要而做出的相关规则
必备性	说明字段是否必须著录。取值有：必备、可选、有则必备
可重复性	说明字段是否可以重复著录。取值有：可重复、不可重复
著录范例	著录字段时的典型实例

(2)政府网站网页归档元数据与本体的结合方法。从信息组织与信息管理的视角看，元数据和本体都是对信息资源对象的统一描述、形式化表示、规范化组织。二者的不同之处在于元数据更侧重于对资源对象的描述与定位、

组织与管理等，而本体作为一种抽象的概念模型，强调对资源对象中不同层次的概念及概念间的关系进行规范化的语义揭示与描述，统一规范的语义描述语言和结构正是实现元数据对资源对象进行标准化管理的重要基础。因此，在信息资源管理的过程中，元数据和本体具有技术上的契合性与可融性，即元数据方案的建立可以本体为支撑，实现二者的有机融合。本研究参考和借鉴已有相关研究成果①②③④，提出了实现政府网站网页归档资源元数据与本体结合的思路：①元数据核心元素集的制定。按照本体细粒度的资源对象描述理念，在确定元数据的核心元素集合时，尽可能选择以最小粒度描述资源对象属性的概念作为核心元素。②本体结构的描述。把本体的类、子类映射为元数据的元素、子元素，将本体的类层次结构按照元数据的形式化表达方式进行结构化描述。③元数据与本体的关联。按照本体结构的描述信息，将元数据的元素及其属性进行定义与描述，确定政府网站网页资源的对象属性、数据类型，明确概念之间、属性之间、本体类与元数据属性值之间的关联关系。④元数据与本体体系结构的合并。元数据由于各元素之间不存在交叉的逻辑关系，其体系结构多是呈现为树形结构，而本体的类与子类之间的关系较为复杂，除了层级关系外，还存在着传递、对称等非层级关系，其体系结构通常表现为网状结构。因此，可以通过建立基于本体的元数据模型，将元数据的树形体系结构合并到本体的网状体系结构中，实现元数据与本体的结合。

(3)本体驱动的政府网站网页归档元数据模型。与传统的元数据模型不同，本体驱动的元数据模型不仅包含对资源内容的描述，还包含对资源对象之间关联关系的描述，它从更细的粒度层面对元数据的元素、属性、结构、描述方法、语义规则等进行抽象化表示。基于以上分析，在提出的政府网站网页归档元数据标准的基础上，建立本体驱动的元数据模型，来对政府网站

① Wang Y, Liu Y J. Research on semantic metadata describing based on ontology[C]// International Conference on Future Generation Communication and Networking. IEEE, 2014: 76-79.

② 王亚宁，齐玉东，程继红，等．基于本体的军用元数据模型研究[J]. 计算机技术与发展，2011(4)：227-230.

③ 秦超．本体元数据设计、提取及应用[D]. 南京：南京大学，2014.

④ 王萍，黄新平．基于关联开放数据的数字文化资源语义融合方法研究[J]. 图书情报工作，2016，60(12)：29-37.

网页归档资源内容及资源对象之间的关系进行完整的形式化描述，为政府网站网页归档资源的分类、编目与鉴定等提供丰富的语义描述信息。

①本体驱动的政府网站网页归档元数据模型的结构。按照描述型元数据的结构构成，可将本体驱动的政府网站网页归档元数据模型划分为内容结构、语法结构、语义结构 3 个层次[①]，具体如图 4.12 所示。首先，内容结构。元数据的核心元素及相应的子元素都是遵循一定的标准来选择的，对元数据内容结构的描述包括元数据的元素及其选择标准等相关信息。其次，语法结构。语法结构从形式上对元数据的层次结构关系进行描述，主要用来对描述的资源对象进行分类和索引。最后，语义结构。用于定义本体驱动的元数据元素及其属性的语义描述规则及相应的实例说明等。

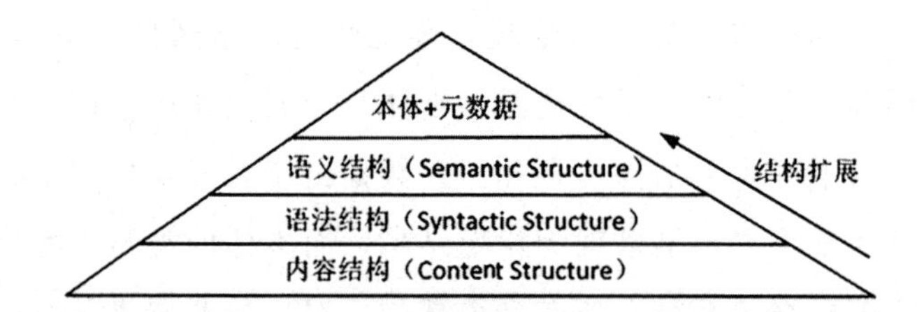

图 4.12　本体驱动的政府网站网页归档元数据模型的层次结构

②本体驱动的政府网站网页归档元数据模型的建立。按照上文提出的元数据与本体结合方法，在充分考虑政府网站网页归档元数据特征和本体驱动的元数据模型结构特点的基础上，建立如图 4.13 所示的本体驱动的政府网站网页归档元数据模型。上述元数据模型建立过程需要解决的关键问题是在政府网站网页归档元数据的本体映射转换时所涉及的本体类属性的定义。

① Kaarthik Sivashanmugam，Amit Sheth，John Miller，et al. Metadata and semantics for web services and processes［EB/OL］.［2021-09-16］. http：// lsdis. cs. uga. edu/lib/download/Schlageter-book-chapter-final. pdf.

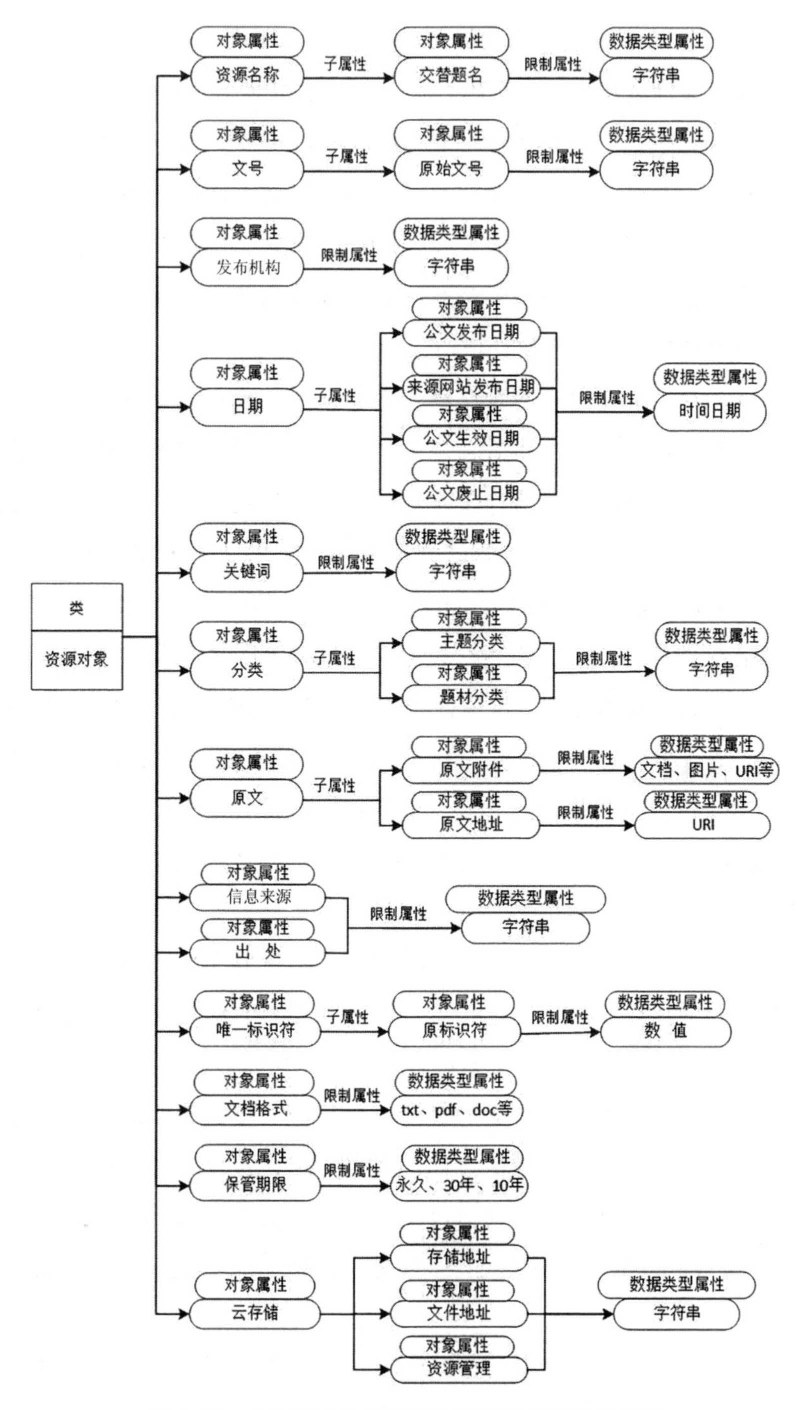

图 4.13　本体驱动的政府网站网页归档元数据模型

其中，元数据在进行本体映射转换时，按照元数据与本体的结合思路，以及本体描述属性的相关定义规则，将元数据的资源描述对象定义为本体类，将政府网站网页归档元数据方案中的13个核心元素定义为本体类的对象属性，每个核心元素对应的子元素和数据类型被定义为本体类的子属性和限制属性。在定义类的属性时，还需要对属性的定义域、值域及属性特性等进行设置。其中包括表示资源对象的属性、表示属性值为字符串、时间日期、数值等数据类型属性，以及为属性值添加的限制属性等。

③本体驱动的政府网站网页归档元数据模型的表示。元数据模型的表示即是利用具有一定语法结构和语义规则的且机器可理解的形式化表达语言对元数据模型中的元素内容和结构关系进行定义和描述。目前比较常用的有超文本标记语言 HTML、可扩展标记语言 XML、资源描述框架 RDF，以及面向本体的 OWL 语言等[①]。其中，RDF 和 OWL 均是由万维网联盟发布的元数据语义描述标准语言。资源描述框架 RDF 采用 XML 语法结构规定了元数据的语义结构和相关技术标准。本体描述语言 OWL 同样符合 XML 标准的语法格式要求，它在 RDF 的基础上，可以更加细粒度地描述元数据的内容信息。考虑到 RDF 和 OWL 的结合能够提升元数据模型表示的语义表达能力，因此，本研究采用 RDF/OWL 标准语言来实现本体驱动的政府网站网页归档元数据模型的表示。

如上所述，资源描述框架 RDF 基于 XML 语法和相应的结构化定义为元数据模型结构的描述提供了一个标准的体系框架，它通过对资源对象、资源对象的属性及对象属性之间的关系进行描述，实现元数据模型结构上的表示。本体描述语言 OWL 则通过定义资源的对象属性、数据类型，以及资源对象之间、属性之间、对象与属性值之间的关联关系，实现元数据模型内容上的表示[②]。而 RDF 与 OWL 之间则通过编写本体的语言 RDF Schema 建立了联系，RDF Schema 由一系列核心术语组成，如 rdfs：Resource、rdfs：sub

① 王斌．基于 Ontology 和元数据的电子政务信息资源整合的应用研究[D]．太原：太原理工大学，2011.

② 廖思琴，周宇，胡翠红．基于云存储的政府网络信息资源保存型元数据研究[J]．情报杂志，2012，31(4)：143-147+152.

Class Of、rdfs：Property 等，并通过这些核心术语将资源描述框架 RDF 表示的元数据结构与本体描述语言 OWL 表示的元数据内容连接起来，实现元数据模型的语义表示，为后续的数据组织与管理提供基础支持。

以中央人民政府网站发布的“国务院联防联控机制印发《关于加强口岸城市新冠肺炎疫情防控工作的通知》(以下简称《通知》)”网页资源的归档为例，对上述本体驱动的政府网站网页归档元数据模型的表示进行实例说明。如图 4.14 所示，该图用带有注释标签的 RDF 有向图对选取的实例网页进行描述，椭圆形节点表示资源对象，带箭头的线段表示属性类型，有子属性的对象属性用椭圆形节点表示，具体的属性值用矩形节点表示。“国务院联防联控机制印发《关于加强口岸城市新冠肺炎疫情防控工作的通知》”网页资源对象的属性包括资源名称、发布机构、发布日期、分类、原文、发布来源、云存储信息、保存期限等。其中，分类属性包含“新冠肺炎疫情”主题、“政府文件”体裁、“2021 年”年度、“中央人民政府”发布机构四个子属性，原文属性包含原文附件和原文地址两个子属性。

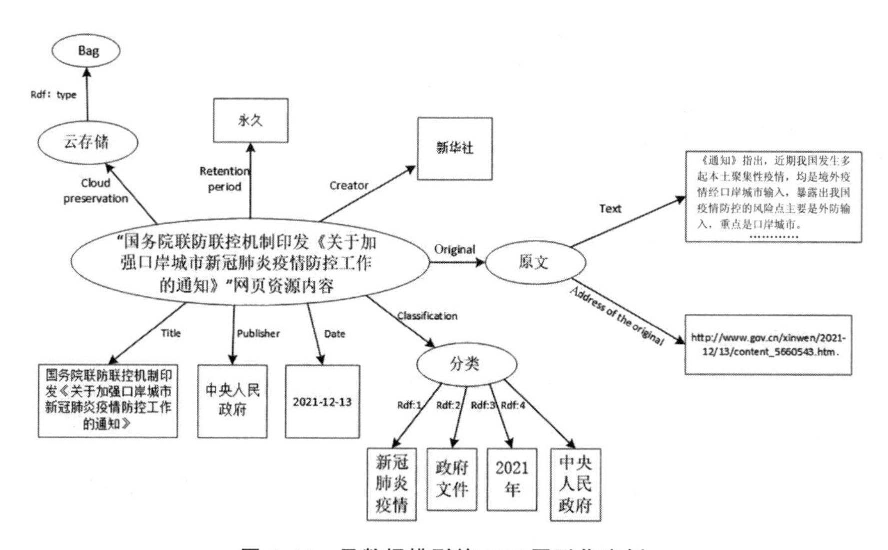

图 4.14　元数据模型的 RDF 图形化实例

下面采用基于 RDF/XML 的标准语言编码方式对上图描述的中央人民政府网站发布的“国务院联防联控机制印发《关于加强口岸城市新冠肺炎疫情防

控工作的通知》"归档网页资源进行 RDF 的句法描述：

```
<? xml version="1.0" encoding="UTF-8"? >
<rdf:RDF xmlns:rdf="http://www.w3.org/1999/02/22-rdf-syntax-ns#"
         xmlns:ge="D:\metadata\elements"
         xmlns:geq="D:\metadata\qiialifiers">
<rdf:Description rdf:about="http://www.gov.cn/xinwen
/2021-12/13/content_ 5660543.htm  ">
  <ge:Title>国务院联防联控机制印发《关于加强口岸城市新冠肺炎疫情防控工作的通知》
    </ge:Title>
    <ge:Publisher>新华社</ge:Publisher>
<ge:Date>2021-12-13</ge:Date>
    <ge:Classification>
       <rdf:li>新冠肺炎疫情</rdf:li>
<rdf:li>政府文件</rdf:li>
<rdf:li>2021 年</rdf:li>
<rdf:li>中央人民政府</rdf:li>
<rdf:Bag>
<ge:Cloud Preservation>云存储</ge: Cloud Preservation >
</rdf:Bag>
    </ge:Classification >
<ge:Retention period>永久</ge: Retention period >
<ge:Original>
      <geq:Address> http://www.gov.cn/xinwen/2021-12/13/content_ 5660543.htm </geq: Address >
    </ge: Original >
</rdf:Description>
<rdf:RDF>
```

以上完成了对元数据模型的结构描述，还需要利用本体描述语言 OWL 的相关属性定义来对元数据模型的内容进行描述，下面以上述网页资源名称(Title)和发文机构(Creator)的属性描述为例对其进行说明。

//描述资源名称(Title)对象属性的 OWL 片段

<owl:ObjectProperty rdf:ID="Title">

<rdfs:comment rdf:datatype=http://www.w3.org/2001/XMLSchema#string

>资源名称</rdfs:comment>

<rdfs:range rdf:resource="国务院联防联控机制印发《关于加强口岸城市新冠肺炎疫情防控工作的通知》"/>

</owl:ObjectProperty>

//描述发文机构(Creator)对象属性的 OWL 片段

<owl:ObjectProperty rdf:ID=" Creator">

<rdfs:comment rdf:datatype=http://www.w3.org/2001/XMLSchema#string

>发文机构</rdfs:comment>

<rdfs:range rdf:resource="新华社"/>

</owl:ObjectProperty>

4.3.2　分类管理

利用网络爬虫工具采集到的政府网站网页多是杂乱无序的，还应根据一定的规则，按照设定的分类方案实现网页的分类管理，进而对这些政府网站网页进行有序组织，以改善资源利用时信息检索的效率和性能，提高归档政府网站网页资源的利用率[1]。由于本研究采用的是定题采集策略，因此，相应的政府网站网页归档的分类管理主要是按主题分类进行组织管理。如第 1 章中对政府网站网页分类的介绍所述，政府网站通常包括政策法规、机构文件、政府公报、工作动态、统计信息、行政职权、工作报告、会议纪要、规划计

---

① Huang Xinping. Research on the cloud archiving process and its technical framework of government website pages[C]//International Conference on Communication, Computing and Electronics Systems. Singapore: Springer Singapore, 2020: 369-380.

划等不同题材的专栏信息，为了实现对海量政府网站网页的细粒度分类管理，参照电子文件归档常用的主题、机构、年度等分类方法[①]，在政府网站网页归档元数据的分类(Classification)核心元素中添加了主题分类、题材分类、时间分类、机构分类等属性修饰词，以此实现相应主题下不同题材的网页专栏信息能够按年度、来源机构(地区、职能)进行细粒度的分类管理，具体如图4.15所示。

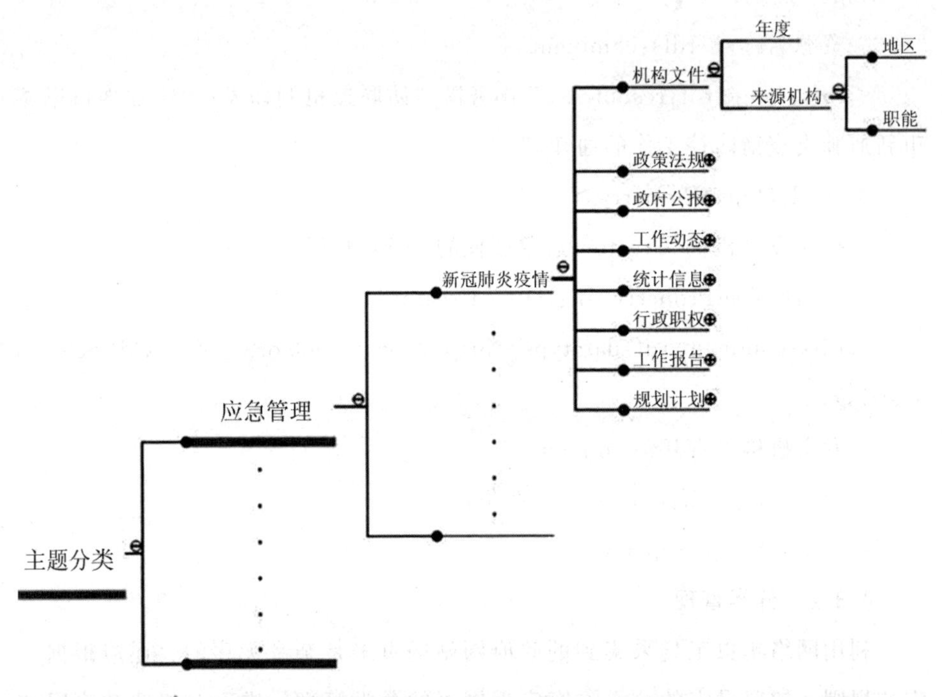

图 4.15 政府网站网页归档分类管理的体系结构

以中央人民政府网站发布的“国务院联防联控机制印发《关于加强口岸城市新冠肺炎疫情防控工作的通知》”(网页1)、“国务院联防联控机制关于进一步做好当前新冠肺炎疫情防控工作的通知”(网页2)，以及国家应急管理部网站发布的“关于支持安全生产责任保险参保企业应对新冠肺炎疫情的通知”(网页3)3个“新冠肺炎疫情”主题下的网页为例，按照上述的元数据方案对3个

① 周洁．电子文件归档问题研究[D]．苏州：苏州大学，2013.

网页进行实例化表示，形成如图 4.16 所示的分类关系组织。从中可以看出 3 个网页都属于“新冠肺炎疫情”主题，而且题材都是“政府文件”，其中网页 1 和网页 2 的发布年度是 2021 年，来源机构是中央人民政府，而网页 3 的发布年度是 2020 年，来源机构是国家应急管理部，三者通过元数据的语义化描述，建立分类关系体系，实现政府网站网页归档按主题、按题材、按年度、按来源机构的分类组织与管理。

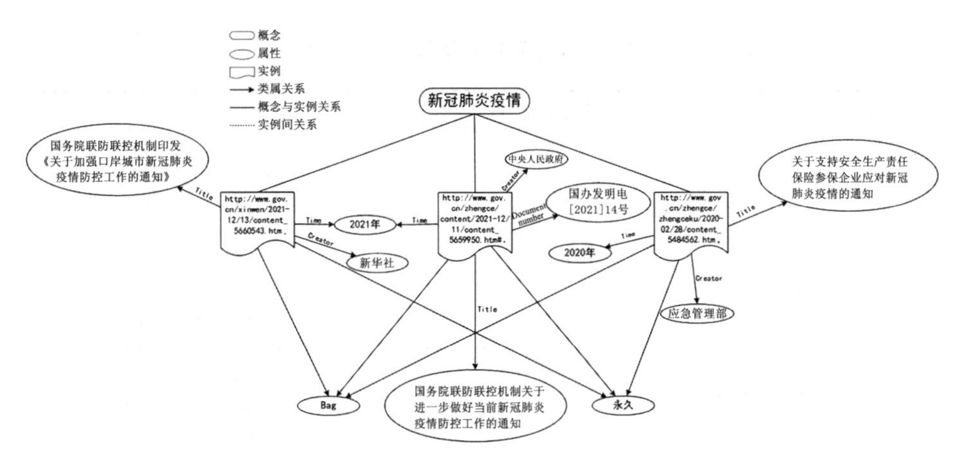

图 4.16　政府网站网页归档分类关系组织示例

4.3.3　编目著录

对采集获得的政府网站网页通过获取、分析、组织和记录关于网页内容、结构、管理过程、形成背景以及保存的信息，以形成对所描述对象及其构成部分的准确表述，即实现对这些政府网站网页的编目著录。目的是使这些要归档保存的政府网站网页内容数据及其元数据等相关信息建立持久联系，保证网页内容的真实性、完整性和可读性，从而形成可以实现长期保存的政府网站网页归档数据包①。通过对国内外一些 Web Archive 项目调研发现，DC（都柏林核心元数据集）作为一个通用数据描述格式已经被广泛地应用，大部

① Huang Xinping. Research on the cloud archiving process and its technical framework of government website pages[C]//International Conference on Communication, Computing and Electronics Systems. Singapore: Springer Singapore, 2020: 369-380.

分项目采用基于 XML 的 DC 描述来完成对网络信息资源归档的著录[①]。因此，本研究在上述政府网站网页归档元数据方案的基础上，复用DC标准中的表示信息(编码、格式、压缩、运行环境)、管理(采集者、采集时间、起源、采集前、采集过程)、保存(备份、技术方法、存储)等相关元素，对描述政府网站网页归档数据包的元数据方案进行适当的扩展，形成政府网站网页归档著录标准，如表 4.6 所示。

表 4.6　政府网站网页归档著录标准

类别	元素及子元素		注释
表示信息	编码(Coding) 格式(Format) 压缩(Compress _ mode) 运行环境(Runtime environment)	硬件(Hardware) 操作系统(Operation system) 运行软件(Software)	国际通用的标准编码 网络资源的数字化表现形式 资源的压缩方式 特定硬件要求 特定操作系统要求 特定解析软件要求
管理	采集者(Collector) 采集时间(Acqusition time) 起源(Reason-for-creation) 采集前(Pre-collection) 采集过程(Process of collection)		采集实施机构 ISO8601 规范，并使用 YYYY-MM-DD 格式 资源最初产生的原因 资源采集前的状态 资源采集方法、手段以及流程
保存	备份(Backup) 技术方法(Storage _ technology) 存储(Cloud _ preservation)	备份方式(Backup fashion) 备份数量(Backup _ quantity) 备份地址(Backup _ address) 数字格式转变(Format _ transforming) 迁移方式(Migration _ fashion)	具体的备份方式实时镜像 备份/固定时间备份 有多少份拷贝 拷贝的存储地址 转换数字格式以方便长期保存 按需迁移/格式迁移/ 仿真(UVC) /特征抽取 此处为与云存储有关的元数据

以中央人民政府网站发布的“国务院联防联控机制印发《关于加强口岸城市新冠肺炎疫情防控工作的通知》”网页为例，运用上述的政府网站网页归档著录标准，同样采用基于 RDF/XML 的编码方式对该网页归档数据包进行完

① 黄新平，王萍．国内外近年 Web Archive 技术研究与应用进展[J]. 图书馆学研究，2016(18)：30-35+19.

整著录的描述如下：

```xml
1  <?xml version="1.0" encoding="gb2312"?>
2  <metadata xmlns="http://www.gov.cn/xinwen/2021-12/13/content5660543.htm/">
3  <dc:title>国务院联防联控机制印发《关于加强口岸城市新冠肺炎疫情防控工作的通知》</dc:title>
4  <dc:creator>新华社</dc:creator>
5  <dc:contribution>中央人民政府</dc:contributor>
6  <dc:subject>新闻</dc:subject>
7  <dc:description>国务院应对新型冠状病毒感染肺炎疫情联防联控机制印发《关于加强口岸城市新冠肺炎疫情防控工作的通知》</dc:description>
8  <dc:publisher>中央人民政府</dc:publisher>
9  <dc:date>2021-12-13</dc:date>
10 <dc:language>cn</dc:language>
11 <dc:rights>access to public</dc:rights>
12 </metadata>
```

4.3.4　鉴定整理

政府网站网页作为一种有特定内容、结构、背景信息的电子文件，电子文件鉴定的一些方法可以应用到政府网站网页文件的鉴定中①。借鉴电子文件鉴定的理念，政府网站网页文件的鉴定整理主要包括文件的识别以及文件的可用性判断。其中，文件的识别就是将政府网站网页文件与非文件类信息加以区分，并将文件的构成要素组合在一起，确保归档政府网站网页文件长期可用的元数据、保存方式等数字要素齐全。文件的可用性判断即是通过对政府网站网页文件保存价值和内容质量进行检测，对网页信息的来源、内容、时间和形式等特征进行全面分析，保证归档政府网站网页的真实性、完整性、有效性②。

表 4.7　政府网站网页归档保管期限表

序号	归档范围	保管期限
1	反映机关主要职能活动的页面	
1.1	机构演变	永久
1.2	机构设置	永久
1.3	人事任免	永久
1.4	工作动态	永久
1.5	新闻发布	永久
2	对机关工作、国家建设和科学研究具有利用价值的页面	
2.1	政府信息公开	永久
2.2	政策文件	永久

---

① 周毅．网络信息存档：档案部门的责任及其策略[J]．档案学研究，2010(1)：70-73.

② 黄新平，王萍．国内外近年 Web Archive 技术研究与应用进展[J]．图书馆学研究，2016(18)：30-35＋19.

续表

序号	归档范围	保管期限
2.3	法律法规	永久
2.4	工作报告	永久
2.5	政府公报	永久
2.6	规划计划	永久
2.7	统计报表	永久
3	在维护集体和公民权益等方面具有凭证价值的页面	
3.1	政府采购	永久
3.2	土地征用	永久
3.3	合同协议	永久
3.4	资产登记	永久
4	对机关工作具有查考价值的页面	
4.1	会议纪要	永久
4.2	批复	永久
4.3	批示	永久
5	机关职能活动中涉及的办事服务类页面	
5.1	个人办事	30年
5.2	法人办事	30年
5.3	便民服务	30年
6	反映政民互动的解读回应与互动交流类页面	
6.1	政策解读	10年
6.2	数据解读	10年
6.3	在线访谈	10年
6.4	意见征集	10年

显然，基于上述的政府网站网页归档元数据方案及著录标准，可以实现对网页文件内容的完整识别与可用性判断，同样以中央人民政府网站发布的“国务院联防联控机制印发《关于加强口岸城市新冠肺炎疫情防控工作的通知》”网页为例，通过查看对其著录的元数据信息，可以对其内容、来源、时间、保存方式等归档数据包的构成要素是否齐全进行有效判断，从而为实现

政府网站网页归档的鉴定整理提供重要依据。

此外，除了上述的政府网站网页归档数据包完整性检测之外，政府网站网页归档要处理的核心内容还包括保管期限的处置。本研究参照国家档案局发布的《政府网站网页归档指南》中对保管期限的规定，将反映机关主要职能活动的页面(如机构演变、机构设置、人事任免、工作动态、新闻发布等)，对机关工作、国家建设和科学研究具有利用价值的页面(如政府信息公开、政策文件、法律法规、工作报告、政府公报、规划计划、统计报表等)，在维护集体和公民权益等方面具有凭证价值的页面(如政府采购、土地征用、合同协议、资产登记等)，对机关工作具有查考价值的页面(如会议纪要、批复、批示等)设置为永久保存；将机关职能活动中涉及的办事服务类页面(如个人办事、法人办事、便民服务等)设置为定期30年；将反映政民互动的解读回应与互动交流类页面(如政策解读、数据解读、在线访谈、意见征集等)设置为定期10年，具体如上表4.7所示，以此来对采集获得的政府网站网页进行保管期限设置。分别以中央人民政府网站所发布的政策文件专栏中的“国务院应对新型冠状病毒感染肺炎疫情联防联控机制关于加强口岸城市新冠肺炎疫情防控工作的通知”、服务信息专栏中的“儿童青少年新冠肺炎疫情期间近视预防指引”、互动专栏中的“卫生健康委答网民关于‘跨省查不到新冠疫苗接种信息，建议尽快实现全国联通’的留言”3个网页为例，其保管期限分别设置为永久、定期30年和10年。

4.4　政府网站网页云归档的资源长期保存

政府网站的动态性、链接性等特点以及未来对其访问的需求，使得政府网站网页归档不同于一般的数字资源保存，它更依赖能够保证归档资源的可访问性和长期使用性的长久保存策略以及能够根据需要实现存储空间动态扩展的存储架构①。与当前数字资源长期保存常用的SAN、NAS、DAS等传统网络存储技术相比，云存储技术具有动态易扩展、存储容量大、性能稳定、数据存取效率高、节约成本等优势，而且云存储服务提供的数据备份、迁移

① 李亚男．政府网站文件云存储管理研究[D]．长春：吉林大学，2017.

及完整性验证、可用性保护等技术为存储数据的长期安全保存提供了保障[①]。基于以上分析，本研究采用基于 HDFS 分布式云存储技术方案来实现政府网站网页归档资源的长期保存。其中设计满足云存储动态扩展需求的政府网站网页保存型元数据方案，并制定统一的政府网站网页归档保存文件格式，以此提出政府网站网页长期保存的技术策略，是实现政府网站网页云归档资源长期保存要解决的关键问题。

4.4.1 政府网站网页保存型元数据方案

与上述的描述资源内容的政府网站网页归档元数据不同，政府网站网页保存型元数据作为与网页资源保存管理有关的元数据，其功能在于描述、记录、控制和管理政府网站网页资源的存储和保存活动[②]。目前针对网络资源长期保存的元数据方案还较少，而网络资源属于数字资源的范畴，因此，数字资源长期保存所采用的保存型元数据方案可以为云存储环境下政府网站网页保存型元数据方案的设计提供参考与借鉴。

数字资源长期保存元数据方案通常是与其采用的存储架构方式相对应的，元数据方案中的元素确定要满足存储的需求。本研究利用技术较为成熟的 Hadoop 这一开源云计算平台，采用 HDFS 分布式存储技术方案来实现政府网站网页归档的云存储架构，其体系结构如图 4.17 所示。基于该技术方案的云存储架构主要分为两个部分，一部分是存储平台应用，另一部分是文件实体存储环境，即由 HDFS 文件系统(包括 1 个 NameNode 和 n 个 DataNode)及相应数据库所组成的 Hadoop 存储集群，属于云存储中的虚拟资源存储池[③]。其中，存储平台应用部分可以通过调用 Web 应用服务器上运行的 HDFS API 应用程序，完成对 Hadoop 存储集群中实现政府网站网页存储的相关数据库中数据的读写、删除、备份等操作，以浏览器/服务器模式为用户提供支持政府网站网页归档的云存储服务。

---

① 徐飞，郑秋生，高艳霞．基于云存储的网页归档方案的研究[J]．计算机时代，2017(4)：21-24+28.

② 廖思琴，周宇，胡翠红．基于云存储的政府网络信息资源保存型元数据研究[J]．情报杂志，2012，31(4)：143-147+152.

③ 员建厦．基于云存储技术的存储架构模型[J]．计算机与网络，2013，39(7)：64-67.

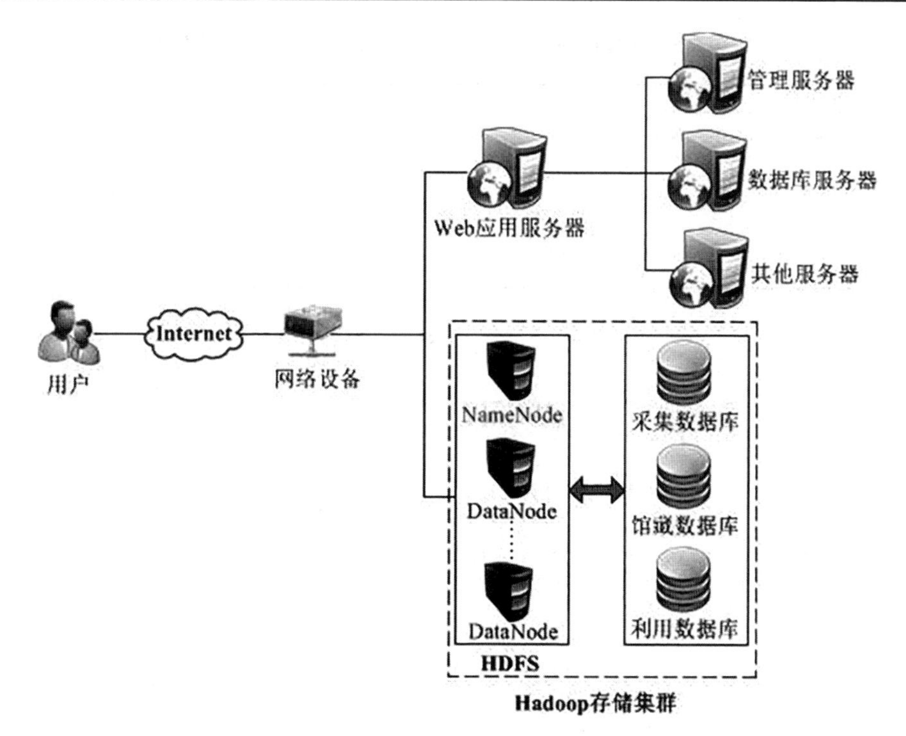

图 4.17　政府网站网页归档的云存储体系结构

从上述的政府网站网页归档的云存储体系结构，以及云存储环境下政府网站网页资源长期保存的实现机制可以看出，政府网站网页的保存涉及服务器、数据库、虚拟的资源存储池及存储管理等，因此，为了满足相应的存储需求，参照数字资源长期保存的元数据方案，政府网站网页保存型元数据方案中的元素应该涵盖基础物理设备地址(服务器地址、数据库地址)、云存储地址(网页资源文件编号、网页资源文件大小、网页资源文件在存储服务集群中的地址、网页资源文件在物理数据库中的地址)、资源存储管理(安全认证、管理权限、责任人、管理日志)等。该保存型元数据方案的核心元素定义及其描述如表 4.8 所示，通过该保存型元数据方案实现对云存储环境下政府网站网页归档资源的长期保存与存储管理。

表 4.8　政府网站网页保存型元数据方案的核心元素定义及其表述

类型	元素	注释
基础物理设备地址	服务器地址 (Server address) 数据库地址 (Database _ address)	主文档存储服务的地址，提供控制分布式 存储节点和存储管理服务 本地内网地址，即通过网关所在宿主机去访 问数据库的地址
云存储地址	网页资源文件编号 (Web _ resource _ file _ number) 网页资源文件大小 (Size _ of _ the _ page _ resource _ file) 网页资源文件在存储服务集群中的地址 (Address _ in _ the _ storage service _ cluster) 网页资源文件在物理数据库中的地址 (Address _ in _ the _ physical database)	云存储实施中对网页资源按照容量(一般 为 64M)划分为块级数据。存储设备管理 系统为每一个数据块分配编号，方便查询定位 网页数据封装包所描述的资源容量 将存储空间聚合成一个能够给应用服务器 提供统一访问接口和管理界面的存储地址 网页资源文件中的数据库存储路径
资源存储管理	安全认证 (Security _ certification) 管理权限 (Management rights) 责任人 (Person _ in _ charge) 管理日志 (Manage _ logs)	对操作人员进行合法认证 可以施加的管理操作 云存储及安全的负责人 日志信息由监听程序自动 产生，并由操作人员进行管理

4.4.2　政府网站网页归档保存文件格式

网页归档的重要目的就是在未来人们使用时能够实现网页的还原，将归档保存的网页以其原始样貌呈现给用户。这就需要一种特殊的文件格式来将采集网页固化为版式文件，即将网页的呈现效果就近保存为固定版式的文件，以便进行归档数据的存储、管理与还原利用。针对网络存档而言，目前世界范围内应用比较广泛的网络存档格式是 WARC(Web Archive，网络存档)文件格式[①]，该文件格式主要用于 HTTrack、Heritrix 等网络爬虫采集获取网页的组织、管理、存储和访问利用。WARC 格式作为一种网络存档的标准文件格式，它提供了一个由多个网络资源对象连接成一个长文件的协议，其中每

① 郭晓云．网络资源归档标准 WARC 及其应用研究[J]．中国档案，2020(12)：78.

个网络资源对象都是由一组比较简单的记录标头和若干个数据内容块构成[①]。在国际互联网保存联盟(IIPC)的成员机构开展的一些大型的网络存档项目中，WARC文件格式的构成内容还会根据实际需要不断扩展，扩展的WARC格式中会包含一些二次级内容，如相应的元数据、控制信息、重复检测、数据压缩、格式转换及网络资源的切分等。

除了WARC文件格式外，在电子文件归档保存中应用的OFD文件格式由于采用基于XML语言对文件版式格式进行描述，应用扩展较为灵活，能够有效满足版式文件的管控与长期保存等实际需求，已经演变成为针对政府网站网页归档保存的一种标准文件格式[②]。目前国内已在GB/T 33190-2016《电子文件存储与交换格式 版式文档》(OFD格式)的基础上，发布了《OFD在政府网站网页归档中的应用指南》标准[③]，该标准规定了政府网站网页的组成元素，以及这些网页元素转化为OFD版式文件的范围界定、规则与技术要求等，对政府网站网页的归档保存具有非常好的适用性。因此，本研究参考和借鉴《OFD在政府网站网页归档中的应用指南》，采用OFD文件格式来实现政府网站网页的归档保存。

(1)OFD文件格式介绍。OFD(Open Fixed-layout Document)是在电子文件管理领域应用较为成熟的一项标准，由于其固定版式呈现的特点，包括文本和超文本等在内的各类文本固化后都可以利用该标准来呈现。同时由于该标准具有可扩展机制，因此与很多行业标准都是兼容的，各行业标准在版式文档存储格式方面均可以引用该标准[④]。OFD文件格式的最大特点就是采用灵活的XML语言来描述文本内容，支持以“容器+文档”的方式描述和存储数据，进而可以真实地保持原有文本和超文本中文字、图表等构成元素的固定版式信息，从而可以保证网页等文件内容的原始性与真实性。

---

① WARC文件格式标准[EB/OL]. [2021-10-05]. https://max.book118.com/html/2017/0908/132606759.shtm.

② 王少康，章建方，咸容禹，等. 基于OFD的网页电子文件管理系统设计与实现[J]. 信息技术与标准化，2016(9)：4.

③ 《OFD在政府网站网页中的应用指南》发布[EB/OL]. [2021-10-29]. https://www.nbdaj.gov.cn/yw/bddt/202101/t20210107_34084.shtml.

④ 周枫，吕东伟，邓晶京，等. OFD格式在档案领域的应用初探[J]. 档案管理，2018(4)：3.

(2)网页元素转化为 OFD 文件格式的范围界定与规则。按照《政府网站发展指引》中对政府网站网页组成元素的规定，可以将网页构成分为组织网页结构的元素和表达网页内容的元素[①]。然而，根据 OFD 文件格式的技术特征，并非所有的网页元素都可以转化为 OFD 格式，其中可转化为 OFD 文件格式的网页元素主要为网页完全加载后初始状态下的静态内容及文件，不包括动态效果及嵌入交互对象内容，其具体的范围界定和转换规则分别如表 4.9 和表 4.10 所示。

表 4.9　网页元素转化为 OFD 文件格式的范围界定[②]

类别	网页元素	注释
可完整转化为OFD 版式文件	静态内容元素 排版元素 容器元素 链接信息	包括文字、图像、图形等 包括段落、列表、目录、标题、头部、底部等 包括层、表格、行内容器等 包括锚点链接和页面链接
不可转化为OFD 版式文件	嵌入交互式对象元素 通过脚本控制的交互元素	包括 Applet、ActiveX、Flash、Silverlight、Canvas 等
可部分转化为OFD 版式文件	以滚动、轮换等动态方式显示的图片、文本元素 表单元素 框架 网页内嵌的音视频文件	包括按钮、文本框、多行文本、单选框、复选框等 框架本身是不能转换的，框架中的内容可以部分转换 包括 MP3、MP4、AVI 等格式

① 中华人民共和国国务院．国务院办公厅关于印发政府网站发展指引的通知[EB/OL]．[2021-05-28]．http：//www.gov.cn/zhengce/content/2017-06/08/content_5200760.htm.

② 《OFD 在政府网站网页中的应用指南》发布[EB/OL]．[2021-8-29]．https：//www.nbdaj.gov.cn/yw/bddt/202101/t20210107_34084.shtml.

表 4.10　网页元素转化为 OFD 文件格式的规则①

网页元素	转化规则	转化 OFD 版式文件元素
文本	1)静态文本全部转化 2)动态文本只转化网页初始状态的内容	数据类型为 CT _ Text 的 Text Object
表格	表格的外观及表格的静态内容全部转化	边框为 CT _ Path 的 Path Object, 文字内容为 CT _ Text 的 Text Object
超级链接	转化为 OFD 页面跳转动作	数据类型为 CT _ Action 的 Action Object
图像	1)静态图像全部转化 2)动态图像只转化网页初始状态的内容	数据类型为 CT _ Image 的 Image Object
图形	转化为 OFD 页面对象	数据类型为 CT _ Path 的 Path Object
动画	转化为图片动画的首帧	数据类型为 CT _ Image 的 Image Object
多媒体音视频	有选择地转化，可以转化为图像内容或视频内容	视频对应 OFD 标准中数据类型为 CT _ Video 的 Video Object
表单	保留外观样式，不实现交互功能	
嵌入对象	使用预定义图像按原大小进行占位填充。网页内嵌的音视频文件，则保留原链接地址	音频对应 OFD 标准中数据类型为 CT _ Multimedia 的 Multimedia Object

(3)政府网站网页归档保存为 OFD 文件格式的实例。按照《OFD 在政府网站网页归档中的应用指南》，将采集获取的政府网站网页保存为 OFD 文件格式需要如下操作：①在服务器端将 OFD 文件对应的 OFD 文档目录结构映射至采集获取的政府网站网页 URL；②根据网页 URL 获得网页的唯一资源标识符 URI；③通过 URI 解析获得所需的 XML 文件，从 XML 文件中捕获网页元素；④根据 OFD 文件标准，以及上述的网页元素转化为 OFD 文件格式的范围界定与规则将网页内容转换成对应的 OFD 文件。以中央人民政府网站

① 《OFD 在政府网站网页中的应用指南》发布[EB/OL].[2021-8-29]. https://www.nbdaj.gov.cn/yw/bddt/202101/t20210107_34084.shtml.

所发布的政策文件专栏中的“国务院应对新型冠状病毒感染肺炎疫情联防联控机制关于加强口岸城市新冠肺炎疫情防控工作的通知”网页为例，其原始网页的 XML 内容结构转换成为 OFD 文件格式的结构描述如图 4.18 所示。

```
<?xml version="1.0" encoding="UTF-8" standalone="true"?>
- <ofd:Document xmlns:ofd="http://www.ofdspec.org/2016">
  - <ofd:CommonData>
      <ofd:MaxUnitID>872</ofd:MaxUnitID>
    - <ofd:PageArea>
        <ofd:PhysicalBox>0 0 210 297</ofd:PhysicalBox>
      </ofd:PageArea>
      <ofd:PublicRes>PublicRes.xml</ofd:PublicRes>
      <ofd:DocumentRes>DocumentRes.xml</ofd:DocumentRes>
    </ofd:CommonData>
  - <ofd:Pages>
      <ofd:Page BaseLoc="Pages/Page_1/Content.xml" ID="1"/>
      <ofd:Page BaseLoc="Pages/Page_200/Content.xml" ID="200"/>
      <ofd:Page BaseLoc="Pages/Page_335/Content.xml" ID="335"/>
      <ofd:Page BaseLoc="Pages/Page_465/Content.xml" ID="465"/>
      <ofd:Page BaseLoc="Pages/Page_570/Content.xml" ID="570"/>
      <ofd:Page BaseLoc="Pages/Page_673/Content.xml" ID="673"/>
    </ofd:Pages>
    <ofd:Annotations>Annotations.xml</ofd:Annotations>
  </ofd:Document>
```

图 4.18　政府网站网页的 XML 内容结构转化为 OFD 文件格式示例

4.4.3　政府网站网页长期保存技术策略

政府网站网页长期保存的技术策略是影响政府网站网页长期保存的关键因素，它是维护归档网页在其生命周期内真实可信的需要，即是确保政府网站网页归档资源的真实性、完整性、可靠性和长期可存取性的重要保障。参考和借鉴电子文件长期保存的技术策略，在具体开展政府网站网页长期保存活动中，维护归档政府网站网页的“四性”是最基本的内容，一般而言，归档政府网站网页“四性”维护的基本技术策略包括标准化、备份、迁移、封装等①。

(1)标准化。所谓标准化，即是利用计算机可以识别的语言描述体系来对归档过程中的元数据管理、分类整理、编目著录、鉴定处置、资源保存等操作进行统一的规范化处理。本研究以上所设计的政府网站网页归档元数据方案、政府网站网页编目著录方案、政府网站网页保存型元数据方案，以及所

① 钱毅．我国可信电子文件长期保存规范研究[J]．档案学通讯，2014(3)：75－79．

采用的政府网站网页归档文件保存格式等是实现政府网站网页长期保存标准化处理的重要依据，对维护归档政府网站网页的“四性”具有重要的技术支撑作用。

(2)备份。备份就是将归档的数据及其所依赖的软硬件环境进行复制，并将产生的副本存储在不同的位置，以确保归档数据的再生①。同电子文件归档一样，如果归档的网页数据仅存储在一个位置，很容易丢失或损坏，因此，归档网页数据备份也应该采用异地备份的方式。然而，由于政府网站网页归档作为一项持续性保存活动，不断增加的保存数量对归档数据的备份管理提出了新的挑战。因此，与静态的数字资源长期归档采用的备份方式不同，针对政府网站网页保存动态增长的特点，对于政府网站网页归档数据的备份，还应该采用云存储环境下的跨平台同步备份方式，将归档数据存储于不同的物理数据库中，实现政府网站网页归档数据在云中的“异地”备份。

(3)迁移。按照 OAIS 模型中的长期保存规划，数据迁移是维护归档数据的长期可生存能力、可呈现能力和可理解能力的一种有效策略，其中 OAIS 模型将数据迁移定义为复制、更新、重新打包和格式转换等 4 种方式。由于政府网站网页归档保存是一项系统工作，数据迁移数量庞大，同时为了避免政府网站网页归档数据在格式转换中可能出现的数据丢失问题，可以通过对政府网站网页保存型元数据中技术需求、格式信息、压缩方式等信息的分析，来判断归档数据的格式是否过时，以此来实现政府网站网页归档数据的按需、适时迁移。

(4)封装。按照电子文件的封装，政府网站网页归档数据的封装即是通过对归档数据及其数据的关联与嵌入，保障政府网站网页归档数据的“四性”，实现归档数据的长期保存。考虑到《基于 XML 的电子文件封装规范》②对政府网站网页归档数据的封装具有一定的适用性，而且政府网站网页归档元数据方案也是采用 XML 语言描述的形式，因此，可以利用标准的、与软硬件无关的 XML 语言将政府网站网页归档数据与其元数据按照电子文件封装规范封装

① 肖秋会．电子文件长期保存：理论与实践[M]．北京：社会科学文献出版社，2014.

② 洪娜，张晓林．格式迁移实施方式及其关键技术[J]．图书情报工作，2008，52(12)：111-114+98.

在一个档案信息数据包中，以维护归档数据与其元数据的完整性，并保障二者之间的可靠联系，实现政府网站网页归档数据的自包含、自描述和自证明。

4.5 政府网站网页云归档的数据安全保护

在云环境下，政府网站网页归档数据托管至云端存储，由于云服务的透明性，以及云服务商的可信性不易评估，致使数据安全问题成为云环境下政府网站网页归档要解决的一个关键问题①。区块链作为一种新兴的数据安全管理技术，在电子文件管理领域的应用日益广泛，国内很多学者围绕区块链技术在电子文件安全管理中的应用开展了一系列研究②③④，这些研究为政府网站网页的长期安全保存提供了新思路与新方法。本研究创新性地将区块链技术应用到政府网站网页归档的数据安全保护中，提出一种基于区块链技术的云存储数据安全保存策略，确保云计算环境下政府网站网页归档数据的安全性、真实性、完整性、可靠性，使其在整个生命周期内以安全可靠、真实可信的形式永久保存⑤。

4.5.1 区块链的概念与技术原理

(1)区块链的内涵。2008 年 Satoshi Nakamoto 发表的比特币白皮书中，首次提出区块链的概念⑥。作为分布式、去信任的基础架构，区块链提供了一种基于分布式账本实现信任的技术方案。它融合了现代密码学、点对点(P2P)网络架构、共识机制等要素，可以实现数据验证、交换、存储等功能⑦。从数

① Mcleod J, Gormly B. Using the cloud for records storage: issues of trust[J]. Archival Science, 2017, 17(2): 1-22.

② 刘越男，张一锋，吴云鹏，等．区块链技术与文件档案管理：技术和管理的双向思考[J]．档案学通讯，2020(1)：4-12.

③ 聂勇浩，张炘．基于区块链的电子证据保全模式研究——以广州互联网法院为例[J]．档案学研究，2021(5)：28-36.

④ 曲强，林明香，潘亚男．区块链：构建韧性数字档案馆的新基建[J]．中国档案，2021(1)：37-39.

⑤ 黄新平．基于区块链的政府网站信息资源安全保存技术策略研究[J]．图书馆，2019(12)：1-6.

⑥ Nakamoto S. Bitcoin: a peer-to-peer electronic cash system[DB/OL]. [2021-10-02]. https://bitcoin.org/bitcoin.pdf.

⑦ 聂云霞，肖坤，何金梅．基于区块链技术的可信电子文件长期保存策略探析[J]．山西档案，2019(4)：76-82.

据角度看，区块链不仅体现为数据的分布式存储，也表现为数据的分布式记录和表达，并由系统参与者共同维护。区块链中的每一个节点都有完整的数据备份，任何数据一旦保存就不可修改，存储的信息越多，需改变账本中信息耗费的代价越大，系统的安全系数也越高。它作为一种去中介化的数据库，能够实现对大规模数据的长期保存，它依托分布式账本不可更改、公开验证的特点，为各个领域数据的安全与共享管理提供了新途径。

(2)区块链的技术原理。从本质上看，区块链是按照时间序列对数据区块进行组合，形成链状的数据存储账本。作为全新的分布式计算模式，区块链包括多个区块和链状结构，可对大规模数据资源进行存储，借助加密技术保障存储、传输安全，借助智能合约实现自动化数据评价、处理与管理。每一个区块由区块头和区块体两部分构成，其中区块头涵盖时间戳、哈希值等内容，区块体涵盖了哈希树，记录了该区块中所有存储信息的密钥阵列，具体如图 4.19 所示[①]。区块链的工作原理并不复杂，其实就是通过去中心化、去信任的方式，由网络上的所有节点对分布式账本进行共同维护，并由所有节点共同验证记录数据的真实性。

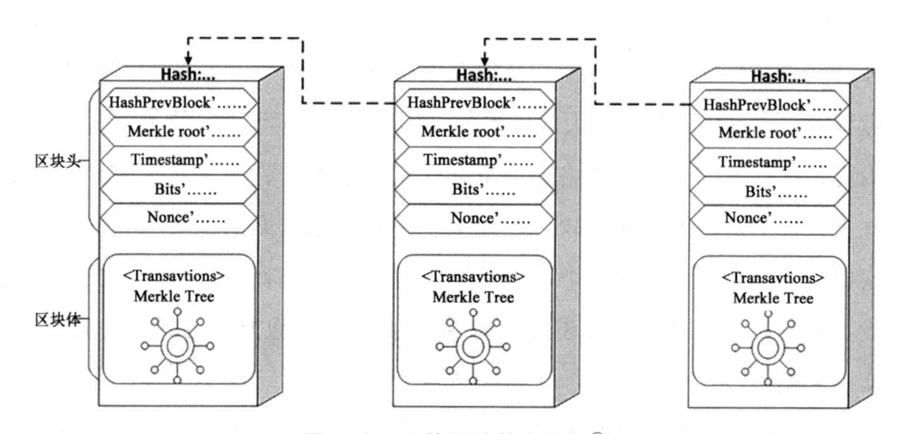

图 4.19　区块链的基本结构[②]

① 中国区块链技术和应用发展白皮书[EB/OL]. [2021-10-03]. http: // www. sohu. com/a/224324631_711789.

② 许嘉扬，郭福春．基于区块链技术的供应链金融创新研究[J]. 浙江金融，2020(8)：61-69+50.

4.5.2 区块链在政府网站网页归档数据安全保护中的应用

通过各级政府门户网站发布的网页信息资源具有动态性、增长性、交互性、技术依赖性等特点，这些特点对其归档的安全存储管理提出了挑战，致使当前政府网站网页归档资源保存面临存储效率低、可信度差、安全风险高等问题，利用区块链技术建立相应的政府网站网页归档保存体系，能够实现海量政府网站网页的动态安全存储及长期存取。

(1)区块链“点对点传输”技术确保网页采集的准确性。政府网站承载的网页资源体量大、维度多、类型复杂，网页归档服务对信息资源的存储、分析、共享要求高，并且涉及隐私保护、权限管理等问题。要实现海量归档政府网站网页的有效利用，就必须对各类网页资源进行精准的采集。区块链基于点对点网络的通信方式，可以提高信息传输的准确率①，而准确的信息传输是确保政府网站网页精准采集的重要保障。

(2)区块链“时间戳”技术保障网页存储的真实性。区块链是多个区块相互连接形成的数据链，根据生成的先后顺序，不同的区块生成时都会加盖对应的时间戳，这是该区块存在性的证明，能够鉴定存储信息的所有权归属和真实性，实现存档数据的溯源，从而保障要保存的网页信息不被伪造、篡改。此外时间戳的开放、透明特性，使得每个数据区块都处于全网监控之下，任何数据的篡改都需要耗费巨大的成本②。政府网站网页涉及社会生活方方面面的内容，在开放、交互的网络环境下，信息动态增长、分享与转载导致其更新频繁，且重复、无序内容较多，以至于很难辨别信息的源头与真实性。而区块链能够自动对采集的每个政府网页信息加盖时间戳，并将每一条信息的转发、修改记录存储于数据链中，这就方便用户以溯源的方式，找到完整、真实的原创内容。

(3)区块链“分布式数据库”技术确保网页保存的安全性。区块链每一个区块的前端，都包含前一个区块的引用结构，前后区块相接形成动态分布的整

---

① 李佩蓉，李姗姗，付熙雯．政务数据区块链备份：逻辑、架构与路径[J]. 浙江档案，2021(3)：21-23.

② 谭海波，周桐，赵赫，等．基于区块链的档案数据保护与共享方法[J]. 软件学报，2019，30(9)：2620-2635.

体数据链，能够将归档的政府网站网页资源内容及其元数据，融合成为一个完整的数据实体，保障数据存储的完整性。同时作为去中介化的数据库，区块链由网络中多个节点共同参与记录、计算和有效性验证，能够降低网页存档资源流失的风险，提高政府网站网页归档保存的安全防护水平。分布式的数据存储方式，让每个节点的账本数据都相同，这就意味着对单个节点的篡改并无意义，单个节点的数据错误不会对整体数据产生影响①。这种分布式数据库，可以让所有的节点共同维护存储信息，克服中心化网络的不足，避免由于恶意攻击导致整个系统瘫痪的问题，确保政府网站网页归档资源保存的完整性、安全性。

(4)区块链“永久存储”技术提高网页归档资源访问利用中的风险应对能力。在开放的网络环境下，归档保存的政府网站网页在网络环境下为社会公众提供利用服务时存在受到外界干扰，如黑客攻击、病毒入侵等风险。区块链以分布式账本的方式，将经过验证的信息添加至区块中，并永久存储起来，不可逆、不可更改。同时它以黑客难以破解的非对称加密方式，对每一条归档网页信息进行单独加密，让其拥有独特的属性，唯有掌握私钥的所有者才能解密。而信息所有者也可以加密既有信息，只有掌握公钥的归档网页管理人员才能验证查阅②。这样就可以在网络环境中以加密的方式将归档网页存储于网络节点，不同节点之间互联互通，从而降低了归档网页信息被恶意攻击的可能性，确保归档网页资源的安全访问、利用与共享。

4.5.3　政府网站网页云归档数据安全保护流程

如前文所述，政府网站网页云归档涉及网页采集、数据管理、资源保存与数据监管流程，每个环节都需要数据的安全保护，本节结合政府网站网页云归档流程，设计如图 4.20 所示的基于区块链的政府网站网页云归档数据安全保护流程，旨在形成权威可信、长期保存、安全共享的政府网站网页云归档数据安全体系。

---

① 左晋佺，张晓娟．基于信息安全的双区块链电子档案管理系统设计与应用[J]．档案学研究，2021(2)：60-67.

② 李亚楠．基于区块链的数据存储应用研究[D]．北京：北京交通大学，2018.

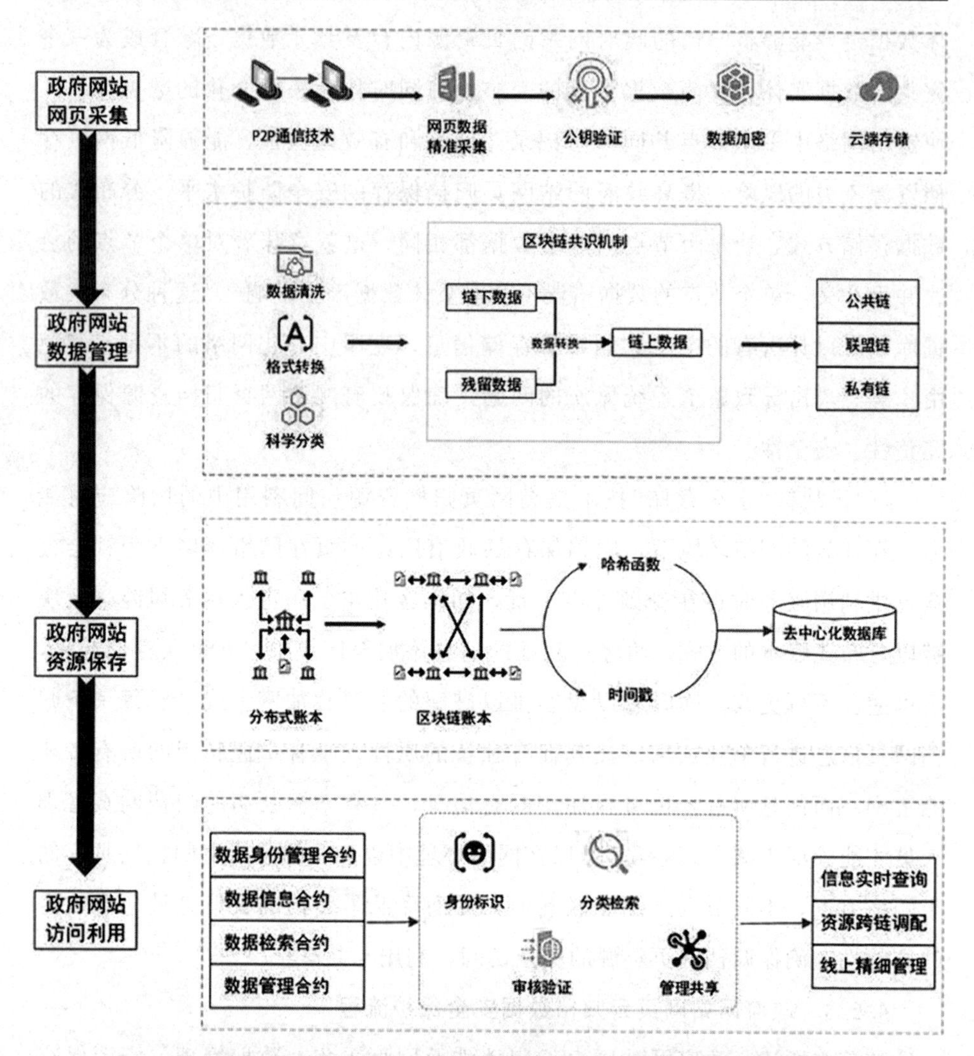

图 4.20　基于区块链的政府网站网页云归档数据安全保护流程

(1)基于网络节点的政府网站网页采集。为避免采集的政府网站网页数据被人为篡改，尤其是具备系统管理权限的用户伪造、删改数据，保障源数据的真实性、完整性、可靠性，区块链依托 P2P 通信技术，通过对不同网络节点的组织，实现对海量政府网站网页数据的精准采集。与常见的中心化服务网络不同，区块链以网络节点的方式，采集政府网站网页数据，并以公钥作为标识，向当值数据记录节点提交上传请求。然后以验证公钥的方式确认该节点是否具备上传权限，并对上传请求进行回复[1]。相应的网络节点会借助私钥对上传数据进行签名，并用当值数据记录节点的公钥，对上传数据进行加密，最后将加密的网页采集信息存储于云端的分布式数据库中。

(2)基于共识机制的政府网站网页数据管理。如前文所述，对于采集的海量异构政府网站网页资源，还需要进行清洗、分类、格式转换等管理操作。在此过程中，首先，按照统一的标准，将采集的政府网站网页信息资源分为多媒体数据、轻量级数据两类，对视频、音频等多媒体数据进行压缩处理，减少存储空间，避免信息冗余。然后，对链下数据进行清洗、筛选等预处理，与链上数据进行对比校正，识别所采集数据的完整性、真实性与有效性，对于分布式节点残留的历史数据，还需要做好数据转化校正工作，以满足区块链共识机制[2]。最后，针对不同的目标用户群体，分别建立面向社会公众的公共链、面向政府部门的联盟链、面向涉密用户的私有链，并做好相应的数据分链录入工作，通过设立不同链之间可靠的数据交互与共享机制，解决政府网站网页资源长期保存涉及的真实性、安全性、完整性、有效性等问题，以统一的数据表达方式，保障政府网站网页归档资源的规范化存储。

(3)基于分布式账本的政府网站网页长期保存。区块链采用分布式账本技术，将所有内网的计算机终端作为存储节点，在读取政府网站网页归档资源及其元数据后，根据内容计算得到相应的摘要哈希值，在分类标注后分布存储于不同的区块中，分散各节点对数据的调用需求，缩短调用数据的时间。一旦数据被写入区块链，每个节点都会产生相应的区块链账本，在不通过第三方的情况下，任何节点都可以借助哈希函数、时间戳等技术对长期保存的政府网站网页进行溯源，保障存储数据的真实性与安全性[3]。

(4)基于智能合约的政府网站网页归档数据监管。智能合约概念最早在 1994 年由学者尼克·萨博提出，最初被定义为一套以数字形式定义的承诺，

① 曾子明，万品玉．基于主权区块链网络的公共安全大数据资源管理体系研究[J]．情报理论与实践，2019，42(8)：110-115+77.

② 余益民，陈韬伟，段正泰，等．基于区块链的政务信息资源共享模型研究[J]．电子政务，2019(4)：58-67.

③ 左晋佺，张晓娟．基于信息安全的双区块链电子档案管理系统设计与应用[J]．档案学研究，2021(2)：60-67.

它作为一种嵌入式程序，可以内置在区块链数据中[①]。在政府网站网页归档保存后，可借助智能合约编写可执行代码，创建不同网页归档资源对应的数据身份与保护合约，并设计对应的规则和触发条件，主要包括数据身份管理合约、数据信息合约、数据检索合约、数据管理合约等，其中数据身份管理合约可以对所有保存信息的身份标识进行记录；数据信息合约用于记录与保存对象相关的哈希值、创建时间、IPFS 地址等；基于数据检索合约，可将不同数据的相互关系存储于 Hash 表上，方便用户分类别检索；依据数据管理合约，提供数据的检索、发布等函数接口，实现对网页存档信息的保护、管理与共享[②]。

4.5.4 政府网站网页云归档数据安全保护技术框架

本研究利用区块链去中介化的思想，在云计算环境下，对政府网站网页进行分布式采集与管理，将存储设备分散于多个服务节点上，构建如图 4.21 所示的政府网站网页云归档数据安全保护技术框架，包括区块链层、智能合约层、逻辑层、应用层四部分，以达成政府网站网页归档数据安全保存与管控的目标。

(1)区块链层。区块链层是建立在 TCP 通信协议之上的分布式系统，包含数据区块、时间戳、数据加密、链式结构等内容[③]，该层用于对采集获取的海量政府网站网页进行实时的动态存储与分布式安全管理。其中数据区块对采集的政府网站网页进行数据清洗与处理，使获取的数据能够通过交易信息验证，确保整个区块链网络的安全运行，并能根据信息采集的实时动态需求产生新的区块。时间戳在用于描述政府网站网页内容的元数据中增加了“时间”属性，使得采集与保存的信息可追溯，从而确保网页内容的原始性与真实性。数据加密综合采用多重签名技术与 Merkle 树等方法，对存储的政府网站

---

① Erik Hillbom, et al. Applications of smart-contracts and smart-property utilizing blockchains [DB/OL]. [2021-10-23]. http://publications.lib.chalmers.se/records/fulltext/232113/232113.pdf.

② 蔡维德，郁莲，王荣，等．基于区块链的应用系统开发方法研究[J]. 软件学报，2017，28(6)：1404-1408.

③ 宋世昕．基于区块链和 IPFS 的去中心化电子存证系统的研究与实现[D]. 北京：北京工业大学，2019.

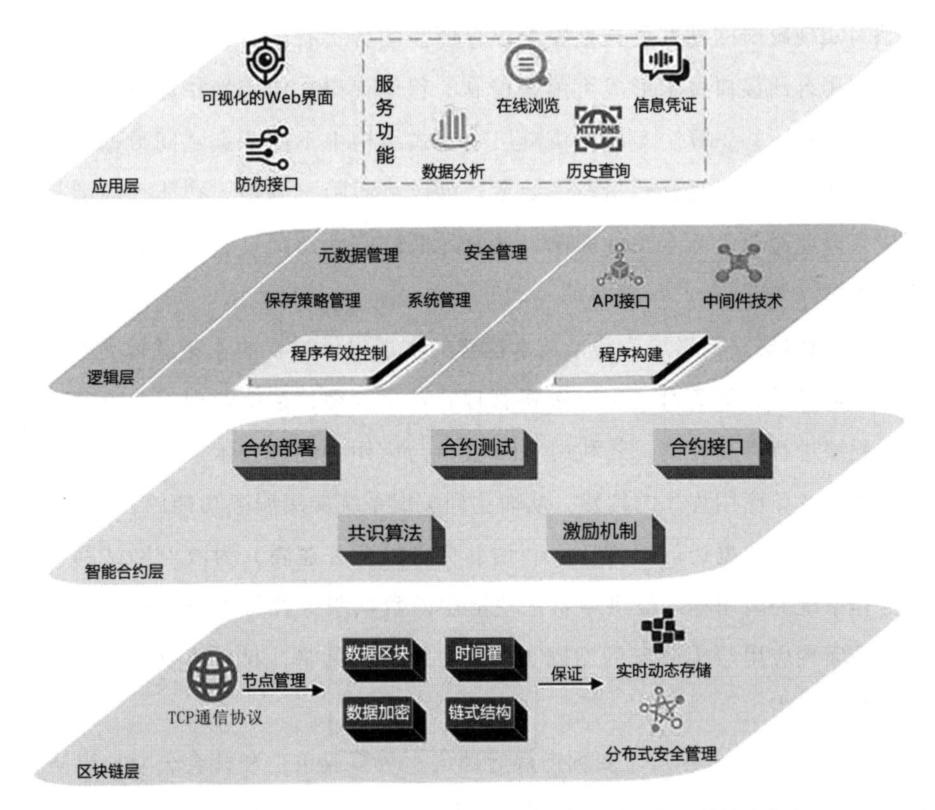

图 4.21　基于区块链的政府网站网页云归档数据安全保护技术框架

网页资源进行加密验证与内容鉴定，保障信息的准确性与完整性。链式结构则采用数据冗余分片技术，将数据区块中的政府网站网页信息资源分为多个信息片段，并经过时间戳与数据加密处理后，将其分布式存储于不同的节点中，实现对海量政府网站网页信息资源的链式安全存储。

(2)智能合约层。智能合约层用于封装政府网站网页长期保存系统的各类脚本代码、算法以及由此生成的程序化合约，主要涉及合约部署、合约测试、合约接口、共识算法、激励机制等。如果说区块链层作为整个技术框架的底层承担数据获取、数据表示与数据存储功能的话，智能合约层则是建立在区块链层之上的程序化规则和算法，是实现整个保存系统去中心化和操作数据的基础①。该层可以根据系统的功能需求灵活编程，遵照规范的合约部署，自

① 张文馨．基于区块链技术的档案信息管理与共享研究[J]．陕西档案，2021(2)：27-29.

由编写实现政府网站网页长期安全保存所需的各类智能合约，经过合约测试后，利用合约接口技术形成可编程控制的程序代码，用于操作区块链层中的数据，并基于共识算法实现区块链层中链式结构中不同节点之间数据的同步处理。同时为了提高合约运行的效率，可以将激励机制加入智能合约编写模板中，以此避免人为干预的影响，从而降低政府网站网页长期安全保存的管理成本。

(3)逻辑层。逻辑层为整个技术框架的实现提供重要的业务逻辑支撑，该层可以借助元数据管理、保存策略管理、安全管理、系统管理等业务逻辑对应用程序进行有效控制，并利用 API 接口与应用中间件技术实现相关应用程序的整合及新应用程序的构建，从而达到扩展系统应用服务功能的目的①。同时还可以应用数据访问组件等，利用其提供的业务逻辑，为政府网站网页安全保存系统的应用程序提供来自区块链层的数据服务及智能合约层的规则和算法，实现应用层中政府网站网页采集、管理、存储、利用等业务的数据存取与合约应用。

(4)应用层。应用层主要面向政府部门、企事业单位和社会公众，以防伪服务接口的形式为其提供归档政府网站网页资源的访问利用服务。用户可以利用终端设备通过网络访问该层提供的各种服务，即当用户提出服务请求后，应用层对接收的用户请求信息进行处理，然后提交至逻辑层进行深度分析，在智能合约层的操控下，将用户所需的数据从区块链层中读取后反馈给用户，完成相应服务。同时，为了避免外界对各种服务应用程序的攻击，该层还提供可扩展的安全验证服务接口，并基于智能合约层中的程序化合约，提供相应的用户身份验证服务，对应用层可能出现的流量攻击、未授权访问等进行拦截，确保用户对区块链层中的数据进行安全访问②。

4.5.5 政府网站网页云归档数据安全保护策略

数据安全是政府网站网页信息资源采集与保存要解决的一个核心问题，要确保政府网站网页信息资源的完整性、真实性与可靠性，实现归档政府网

① 赵哲．基于区块链的档案管理系统的研究与设计[D]．合肥：中国科学技术大学，2018.

② 赵萌．基于区块链的数据安全访问机制研究与实现[D]．西安：西安电子科技大学，2020.

站网页信息资源的安全流通与共享，有必要发挥区块链技术在网络安全评估、资源加密存储、用户认证授权、信息安全共享等方面的优势，为政府网站网页信息资源的安全保存提供保障。

(1)网络安全评估。一方面，要做好政府网站网页资源全生命周期的安全测评工作，通过全方位评估区块链技术框架的安全性，对不同的应用场景进行安全测试，发现政府网站网页归档依赖的技术环境、基础设施、网络协议等存在的漏洞，制定有针对性的防控与补救措施，切实保障政府网站网页归档的采集、管理、存储、利用整个生命周期内的安全管控；另一方面，要在区块链网络运行过程中定期做好安全评估工作，若发现网页采集与保存过程中存在不安全的因素，如设置了不合理的权限、开放了涉密资源等，就需要从协议、硬件、软件等多个维度，实施更加安全的配置，关闭不必要的接口，备份私钥文件，对智能合约外部接口相关参数进行合理设置，降低政府网站网页安全保存过程中面临恶意攻击的可能性①。

(2)资源加密存储。首先应用区块链的链式存储策略实现对采集的海量政府网站网页资源进行分布式存储，并在不同的节点上整合处理各类资源，经过科学分类标注后，针对不同类型的资源进行不同的加密配置，提出不同的数据加密方案。在此基础上，发挥区块链可以实现信息安全加密认证的作用，并依据逻辑原则设计区块链的记账加密算法，综合利用云存储环境下的数据隔离(数据分级和访问控制等)、密文存储(数据加密、密钥管理、密文检索)、数据可用性保护(多副本、数据复制、容灾备份)以及数据完整性验证等方法和技术来实现对政府网站网页归档资源的多重加密存储，确保在其整个生命周期内真实、可靠、完整、长期可读②。

(3)用户认证授权。在应用安全管理层面上，用户通过身份认证后，可获得访问和使用归档政府网站网页资源的权限。即实现对用户的身份和权限进行管理是应用安全管理的目的，为实现该目的，可以从身份管理、权限管理、

① 任彦冰，李兴华，刘海，等．基于区块链的分布式物联网信任管理方法研究[J]．计算机研究与发展，2018，55(7)：1462-1478.

② 梁艳丽，凌捷．基于区块链的云存储加密数据共享方案[J]．计算机工程与应用，2020，56(17)：41-47.

策略管理和内容管理这些方面来部署安全管理措施。譬如，基于区块链的自信任与分布式存储机制[①]，借助区块链链式节点之间的 PBFT、POW 等共识协议，在确保链上的授权节点符合标准的审计认证机制的基础上，将某个用户的身份与权限等可信性认证变为多个用户之间的共识认证，从而在不需要第三方介入的情况下，完成用户认证授权，并将认证结果分布式存储于多个节点上，确保用户认证授权的动态性与可持续性。

(4)信息安全共享。传统的基于数据库的政府网站网页资源保存系统在实现资源共享方面多存在安全性低的问题。而利用区块链技术构建相应的系统，能够依托其链式结构，在共识机制驱动下建立点对点的信任，通过分布式存储安全验证，形成有序可信的、去中心化的分布式数据库，这样不仅方便不同节点之间的信息传输与共享，而且大大提高了信息共享的安全性。同时，还可以利用联盟链的方式，通过制定统一的数据交互共享合约，以达成网络共识，基于智能合约的不可篡改、可追溯、安全加密等技术特征[②]，促进存储信息在不同数据区块之间的安全流通，从而实现海量政府网站网页归档资源的安全共享。

① 余海波. 基于区块链的数据分布式存储安全机制研究[D]. 上海：华东师范大学，2020.
② 周鹏. 基于联盟区块链的数据安全存储方案设计与应用[D]. 合肥：安徽大学，2019.

第5章　政府网站网页归档资源“云端”利用服务及其实现方法

由第3章所构建的政府网站网页“档案云”模型可知，在实现政府网站网页“云归档”中的网页采集、数据管理、资源保存、数据安全保护等业务流程的基础上，还应为用户提供归档资源的“云端”利用服务，这也是开展政府网站网页云归档管理工作的最终目的。本章基于文献与网络资源调研，对国际上一些典型的政府网络存档项目的归档资源利用的基本情况进行调查，总结和分析政府网络归档资源利用服务的主要方式与发展趋势。在明确当前政府网络归档资源利用服务现状的基础上，结合政府网站网页归档的特点，设计政府网站网页存档资源用户需求分析调查问卷。针对用户对政府网站网页归档资源利用服务功能的需求，以“以人为本”的服务目标为导向，结合泛在服务(TaaS)的“云服务”理念，综合应用多媒体信息检索、智能检索、网页重现、Web数据挖掘、数据可视化等先进的信息技术手段来实现政府网站网页归档资源“云端”利用服务。

5.1　政府网络归档资源利用服务现状调查

基于文献与网络资源调研，对国际上一些有代表性的政府网络存档项目的归档资源应用的情况进行梳理，总结和分析当前政府网络归档资源利用服务的主要方式。在此基础上，立足于网络技术的不断发展和演变，以及未来对政府网络归档资源的应用需求，展望政府网络归档资源利用服务的发展趋势。

5.1.1 政府网络归档资源利用服务的主要方式

目前全球有近百个网络存档项目，专门针对政府网络资源采集与保存的项目较少，本研究通过文献及网络调查，以国际互联网保存联盟组织的成员项目为主要调查对象，从中选取归档范围包括政府网络资源，而且能够被正常访问的网络存档项目，对其网络归档资源利用服务的方式进行调研。其中选取的项目包括美国的 Library of Congress Web Archive 项目和 Cyber Cemetery 项目、澳大利亚的 PANDORA 项目、英国的 UK Government Web Archive 项目、加拿大的 Government of Canada Web Archive 项目、新西兰的 New Zealand Web Archive 及日本的 WARP 项目，各项目的基本情况如表 5.1 所示。

表 5.1 典型的政府网络存档项目基本情况

项目名称	国家	牵头机构	启动时间	访问限制	存档范围
Library of Congress Web Archive	美国	美国国会图书馆	2000 年	部分限制	各种时事、专题、政治事件等网络资源
Cyber Cemetery	美国	北得克萨斯大学图书馆	2002 年	无限制	目前已经停止运营的政府网站(通常是已失效的政府机构或委员会的网站)及其文件出版物
PANDORA	澳大利亚	澳大利亚国家图书馆	1996 年	部分限制	有选择地收集与澳大利亚政府及相关机构有关的数字资源和网站资源
UK Government Web Archive	英国	英国国家档案馆	2003 年	无限制	1996 年以来英国政府在网上发布的英国政府网页(包括视频、英国政府社交媒体账户的推文、图片等)
Government of Canada Web Archive	加拿大	加拿大国家图书档案馆	2005 年	无限制	加拿大联邦政府网站、联邦选举、奥运会和重要纪念活动等网络资源

续表

项目名称	国家	牵头机构	启动时间	访问限制	存档范围
New Zealand Web Archive	新西兰	新西兰国家图书馆	1999 年	部分限制	1999 年以来有关新西兰以及太平洋相关的重要政府部门、组织机构等网站信息资源
WARP	日本	日本国立图书馆	2002 年	无限制	日本官方机构的网站（政府、国会、法院、地方政府、独立行政组织和大学）、在日本举办的重要国际活动的网站等

在政府网络归档资源利用服务方面，以上各项目都提供了基本的资源检索与浏览服务，大多数项目都提供了归档网页的页面还原与资源整合服务，也有少数项目应用 Web 数据挖掘、可视化分析等技术和方法对海量政府网络归档资源进行了深层次的数据挖掘利用，并提供了相应的归档数据可视化分析服务。

(1)资源检索与浏览服务。检索是实现网页存档资源浏览查询服务的关键接口。如何使用户在存储的海量网络资源中快速、准确地找到所需的资源，满足用户访问利用的需求，需要有完善的网络归档资源检索系统做支撑。本研究对以上各项目所提供的政府网络归档资源的访问网站界面进行调查，发现各项目网站所提供的网络归档资源检索与浏览的服务方式各不相同，具体如表 5.2 所示。例如，美国国会图书馆网络存档项目[①]利用国会图书馆的在线目录检索系统为用户提供归档资源的检索服务，并允许用户按网络资源标题名称、存档时间、主题分类和专题收藏等形式浏览查询检索的结果。CyberCemetery 项目[②]在其检索界面为用户提供了检索说明，用户可以在搜索框输入关键词进行简单检索，也可以使用检索系统提供的通配符和组配检索

① Library of congress Web archive [EB/OL]. [2021-10-10]. http://www.loc.gov/websites/.

② Cybercemetary grants government Web sites after life [EB/OL]. [2021-10-10]. http://gateway.library.uiuc.edu/administration/scholarly_communication/issue30.htm.

机制进行高级检索。PANDORA 项目[①]为用户提供一站式检索服务，设置了独立的检索网站 Trove，支持全文检索、关键词检索、通配符检索和 URL 检索，在高级检索中可以进一步限制主题、域名、存档时间以及存档文件类型。此外，Trove 为方便用户检索政府网站存档相关资源，在高级检索中额外设置了限制 gov. au 网络域选项。英国国家档案馆的政府网络存档项目[②]除了提供全文检索、关键词检索、URL 检索之外，还提供了英国政府社交媒体、推特账户等特色专题资源的检索与浏览查询服务，并通过在网站检索界面上设计"Popular"标签，为用户提供近期最受欢迎的归档资源的浏览查询服务功能。

表 5.2　政府网络归档资源的检索与浏览服务方式

项目名称	资源检索方式						资源浏览方式				
	全文检索	关键词检索	URL 检索	高级检索	一站式检索	二次检索	检索说明	按标题名浏览	按主题浏览	按存档时间浏览	专题收藏
Library of Congress Web Archive	√	√	√		√	√		√	√		√
Cyber-Cemetery		√		√			√	√	√	√	
PANDORA	√	√	√	√	√	√	√	√	√		√
UK Government Web Archive	√	√	√				√	√	√		√
Government of Canada Web Archive	√	√	√	√	√	√	√	√			

① PANDORA [EB/OL]. [2021-10-11]. http：//pandora. nla. gov. au/.

② UK government Web archive [EB/OL]. [2021-10-11]. http：//www. nationalarchives. gov. uk.

续表

项目名称	资源检索方式						资源浏览方式				
	全文检索	关键词检索	URL检索	高级检索	一站式检索	二次检索	检索说明	按标题名浏览	按主题浏览	按存档时间浏览	专题收藏
New Zealand Web Archive		√	√	√		√	√	√	√		√
WARP	√	√	√	√		√	√		√	√	√

(2)网页还原服务。为了解决用户访问网站时遇到的404错误，如网页无法链接或网页不能正常显示等问题，上述网络存档项目利用网页快照、网页重定向、超链接重写等相关技术和方法来恢复网页“原貌”，为用户提供网络归档资源的页面重现与还原服务。譬如，CyberCemetery项目和WARP项目所提供的网页还原功能不仅为用户呈现了归档网页的原始内容，并恢复了网页原有的超链接结构等，同时还为用户提供页面最近一次的归档日期等相关信息。PANDORA项目则是以网页快照的形式为用户提供归档网页的页面还原服务，并保持了网页原貌。英国政府网络存档项目为用户提供了“Check UKGWA”插件，用户在访问政府网站时，如果该网站有被存档过，则可以通过插件来查看相应政府网站网页的最新归档版本。新西兰网络存档项目在用户检索到所需要的归档网页时，单击“在线访问”选项，就可以看到该网页所有不同历史版本的归档页面。

(3)资源整合服务。政府网络存档项目采集的网络资源往往来源于不同的机构或部门，而且资源类型多样，为了实现对多源异构网络归档资源的集成管理与有效利用，一些政府网络存档项目在采集网络信息资源时采用了针对国内外重要事件或热点话题的专题收割策略，并将不同类型的网络归档资源按内容划分成若干围绕某一特定专题的资源集合，为用户提供相应的网络归档资源整合利用服务。譬如，美国国会图书馆的网络存档项目构建了涵盖政治、社会、经济、教育、科学、文化、政策等多个领域的网络归档资源专题馆藏，其中涉及“911事件”“伊拉克战争”“总统竞选”“公共政策主题”“国会议案”等诸多专题，并为用户提供了相应的“专题收藏”资源浏览查询服务。

(4)数据可视化分析服务。利用数据挖掘、数据可视化等技术和方法来实现网络存档资源的数据可视化分析是政府网络存档资源开发利用的重要途径。为了帮助用户快速了解和获取所需的网络归档信息，一些网络存档项目以数据挖掘技术为支撑，利用相应的可视化工具，为用户提供了网络归档资源的数据可视化分析服务。如英国政府网络存档项目利用交互式地图、时间轴、标签云、3D墙等技术为用户提供了馆藏资源的可视化检索、关键词的词云生成、可视化导航等服务，并利用数据分析工具对网络归档资源的分布情况、格式类型、版本信息等进行了统计分析，使网络归档资源的外部特征得到了直观的呈现。

5.1.2　政府网络归档资源利用服务的发展趋势

近年来，伴随着网络技术的不断发展，新兴的网络多媒体技术、语义网络技术、动态交互网络技术及大数据网络技术等应用日益广泛，这些技术的应用对政府网络资源的采集与保存提出了挑战，同时也促使政府网络归档资源的开发利用在向新的领域延伸。如何在现有的网络存档资源利用服务方式的基础上，实现网络归档资源的智能化语义检索、动态深层网页的还原、海量归档资源的数据挖掘与知识发现等将成为政府网络归档资源利用服务的重要发展方向。

(1)网络归档资源的智能化语义检索。随着网络多媒体技术的迅速发展与广泛应用，政府网络存档资源中的超文本数据、图像数据、音频和视频数据越来越多，如何从大量的跨媒体、跨类型的网络归档资源中快速、精准地获取用户所需的资源，是未来政府网络归档资源检索和查询应用中要重点解决的问题。从网络调研情况来看，目前，大多数的政府网络存档项目提供的归档资源检索利用服务还是基于粗粒度的网页文本单元，尽管各项目提供的检索功能比较多元，但提供语义层面细粒度的精准检索与查询服务功能的项目比较少。网络信息检索中的热点技术，如多媒体交叉参照索引、智能查询、语义检索等，在当前政府网络归档资源利用服务中尚未得到充分应用，而这些技术的应用可以有效提高网络归档资源检索与查询中的信息发现能力，帮助用户迅速检索到所需的资源[1]。因此，将网络信息检索中的新技术应用到政府网络归档资源的开发利用中，开发先进的网络归档资源语义检索系统，实现网络归档资源的智能化、精准化查询是政府网络归档资源检索和查询应用中进一步拓展的关键，并已逐渐成为网络存档项目关注的发展方向。

(2)动态深层网页的还原。在Web2.0时代，政务微博、社交媒体等动态交互式网站已日益普及，并在政务信息的发布与传播中发挥越来越重要的作用。由于这些网络资源属于动态深层网，站点结构较为复杂，对网络技术的依赖性更强，深层网页信息多是数据库中的数据，对这些数据库中的数据进行存档，以及利用存档数据实现网页还原等操作都涉及与数据库的交互和访问权限的问题，所以传统的针对静态浅层网的网页重现所采用的网页快照、网页重定向、超链接重写等技术很难有效解决这类网页的页面还原与重现问题[2]。此外，对动态深层网页历史数据的完整采集是实现其页面还原的基础，从网络存档项目实践情况来看，目前的这些网络存档项目所采用的网络爬行工具大多数只能根据网页的超链接结构来获取浅层网页的资源，很少有专门针对深层网页数据进行处理，因此，对深层网页的完整采集是实现动态深层网页还原要突破的一个重要技术问题，开发新的网页采集与还原工具将是政府网络归档资源利用服务下一步研究的重点方向。

(3)海量归档资源的数据挖掘与知识发现。从对政府网络存档项目存档资源开发利用情况的调查来看，尽管一些项目提供了存档资源的数据可视化分析服务，但是这些服务内容都是对网络存档馆藏数据的外部特征进行的统计分析，对海量网络资源内容的数据挖掘与知识发现的服务还比较缺乏。因此，对归档保存的海量政府网络资源的价值进行挖掘，从那些具有研究价值、历史价值、证据价值、情报价值的网络归档资源中获取隐含其中的有用信息，并从知识管理的视角出发，以满足用户的知识需求为目的，应用知识组织的方法与技术，对采集和保存的政府网络资源进行细粒度知识抽取，通过知识

---

① 马宁宁，曲云鹏．中外网络资源采集信息服务方式研究与建议[J]. 图书情报工作，2014，58(10)：85-89.

② 王萍，黄新平，等．国外Web Archive资源开发利用的途径及趋势展望[J]. 图书馆学研究，2015(23)：43-49.

的类聚与重组，构建一个系统完整的政府网络归档资源知识体系，实现知识表示与获取、知识发现与推理等功能，为用户提供归档资源的知识服务是政府网络存档资源利用服务研究和探索的重要方向[1]。

5.2 政府网站网页归档资源利用服务功能的需求识别

全方位了解用户需求是实现对政府网站网页归档资源利用的重要环节，能够提升网络存档信息资源的服务质量，满足不同用户的访问利用需求。在明确当前网络存档资源利用服务的主要方式的基础上，结合政府网站网页归档的特点，通过文献调研和深度访谈，设计政府网站网页归档资源利用服务需求分析调查问卷，重点对社会公众、企事业单位、科研机构及政府部门工作人员等进行问卷调查，识别不同用户群体对政府网站网页归档资源利用服务的功能需求[2]。

5.2.1 政府网站网页归档资源利用服务需求调查问卷设计

政府网站网页归档资源利用服务牵涉到用户需求与认知，为了明确用户的信息需求特征、需求动机和需求内容，在文献调研的基础上，通过深度访谈，深入了解政府部门、企事业单位、科研机构、社会公众等不同用户群体对政府网站网页长期可获取现状及其长期保存价值的认识、政府网站信息内容的需求偏好、政府网站网页归档资源的访问利用需求等，并据此设计了政府网站网页归档资源利用服务需求调查问卷(见附录)。整个调查问卷共包含4部分内容，其中，“个人基本信息”部分共设计4个问题项，其目的在于了解调查对象的年龄、学历、职业等基本信息，对调查对象进行分类，识别用户群体的基本特征；“政府网站网页长期可获取现状及其长期保存的价值调查”部分共设计4个问题项，其目的在于明确调查对象对政府网站网页长期可获取现状问题的理解，以及对政府网站网页长期保存价值的认识；“政府网站信息内容需求偏好调查”部分共设计6个问题项，其目的在于了解调查对象访问政府网站的频率、目的，使用的政府网站信息服务方式及其存在的问题，获

① 黄新平，王洁．面向Web Archive的政府网站网页专题知识库构建研究[J]．图书馆学研究，2021(15)：64-70.

② 马雨晴．用户需求导向的政府网站网页存档资源服务策略研究[D]．长春：吉林大学，2021.

取网页信息的内容需求，以及个人认为需要长期保存的政府网站页面等；“政府网站网页归档资源的利用服务需求调查”部分共设计 8 个问题项，其目的在于识别调查对象所期望获得的政府网站网页归档资源的访问利用服务方式。

5.2.2　政府网站网页归档资源利用服务需求调查数据收集和问卷技术处理

(1)调查数据收集

根据前期的调研，明确了在调查问卷收集的过程中可能出现一些影响问卷调查内容客观性的潜在干扰因素，如调查对象对政府网站网页长期保存价值及归档资源利用方式存在认知差异，为减少对最终数据统计结果的干扰因素影响，在调查问卷的题项设计过程中对每个问题项都进行了详细的解释与说明，确保被调查者都能够正确理解调查问题项的意图。同时为了确保数据收集的科学性，在正式发放调查问卷前，先后进行了两次问卷预调查，采用小规模样本试测检验问卷质量，在确保问卷有效的基础上，随机对全国范围内的目标对象实施大规模样本问卷调查，问卷发放时间为 2021 年 3 月 17 日至 2021 年 5 月 10 日，历时近 2 个月，期间共回收问卷 375 份，经过逐一识别，删除其中的无效问卷后，最终获得有效问卷 333 份，这些问卷的调查对象涉及全国范围内的不同目标群体，调查数据具有较好的代表性。

(2)问卷技术处理

本研究采用 SPSS 软件进行数据的统计分析，将筛选后的数据导入到 SPSS 软件，进行信度检验和效度检验。如表 5.3 所示，问卷的信度检验结果表明问卷量表的信度系数值为 0.913，说明调查问卷收集的数据信度质量很高。如表 5.4 所示，问卷的效度检验结果显示 KMO 值为 0.897，Bartlett 球形值中，问卷的近似卡方值为 3311.507、df 值为 105、Sig. 值为 0.000，表明问卷的效度较好，而且调查问卷的数据统计结果具有显著的差异性。

表 5.3　问卷的信度检验结果

序号	调查内容项	校正项总计相关性(CITC)	Cronbach α系数
1	政府网站网页长期可获取现状——政府网站信息更新频繁、信息易逝性强	0.509	0.913
2	访问政府网站时存在网页打不开，如网页链接失效无法访问(404 Not Found)、网页链接有效但信息无法显示等现象	0.595	
3	政府网站提供的附件存在无法下载的情况	0.522	
4	政府网站维护时间长，维护期间无法访问	0.548	
5	政府网站网页长期保存的价值——政府网站信息具有科学研究价值	0.685	
6	政府网站信息具有社会历史价值	0.742	
7	政府网站信息具有凭证价值	0.736	
8	政府网站信息具有决策参考价值	0.724	
9	一站式信息检索服务	0.504	
10	多元化浏览服务	0.603	
11	在线参考咨询服务	0.559	
12	网站还原与网页重现服务	0.617	
13	数据可视化分析服务	0.636	
14	知识组织与知识发现服务	0.621	
15	个性化、精准化服务	0.597	

表 5.4　问卷的效度检验结果

KMO 和 Bartlett 的检验		
KMO 值		0.897
Bartlett 球形度检验	近似卡方	3311.507
	df	105
	Sig.	0.000

5.2.3　政府网站网页归档资源利用服务需求调查结果分析

(1)调查样本基本特征

被调查者在年龄、学历、身份等方面都具有一定的比例，反映对政府网站网页归档资源不同利用需求的目标用户群体特征，而且被调查对象整体受教育程度较高，均能够正确理解和有效回答问卷中设置的各个问题项。

①年龄结构。如图 5.1 所示，调查对象年龄覆盖从 20 岁以下到 50 岁以上各年龄段人群。其中，40.8%的调查对象分布在 21～30 岁这一年龄段，33.6%的调查对象来自 31～40 岁年龄段，20 岁以下的调查对象所占比重最小。

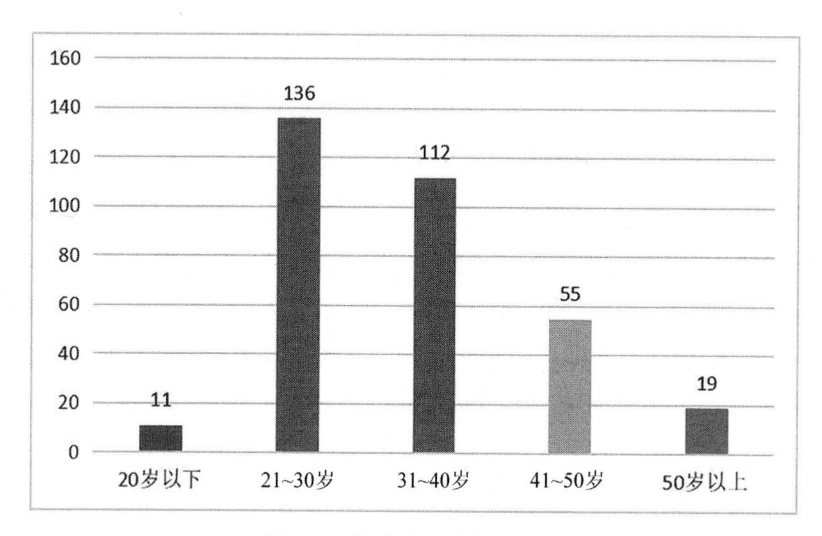

图 5.1　调查对象的年龄结构

②学历结构。由图 5.2 可以看出调查对象有 55%是大学本科学历，16%属于硕士学历，此外还有 2%为博士学历，高中以下学历参与者占 7%，高中或大专学历参与者占 20%。调查对象的学历背景以本科学历为主，并有一定比例的硕士及以上学历，表明被调查者整体受教育程度较高。

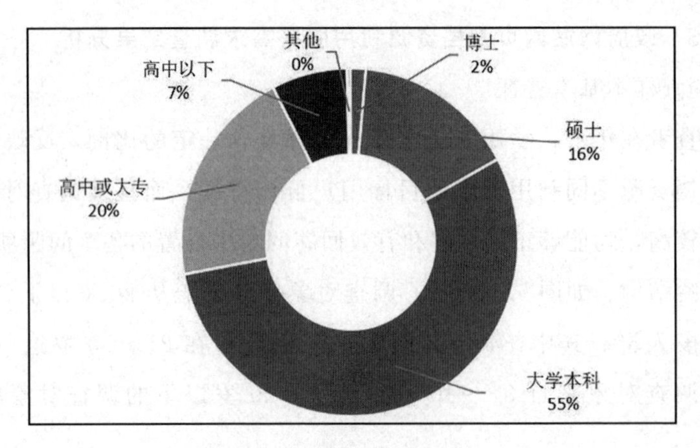

图 5.2 调查对象的学历结构

③职业结构。基于利益相关者理论，参考《中华人民共和国职业分类大典》中的职业划分，以及国内外学者针对政府信息资源用户群体的划分，本研究把政府网站网页归档资源利用者中的利益相关者分为四种类型，分别为国家机关工作人员、企事业单位工作人员、科研人员、社会公众。本次调查对象的职业分布如图 5.3 所示，其中包括学生、商业与服务业工作人员，以及其他身份在内的社会公众与企事业单位工作人员占比均为 35%，国家机关工作人员占比为 16%，科研人员占比为 14%，整体上调查对象的职业分布情况比较理想。

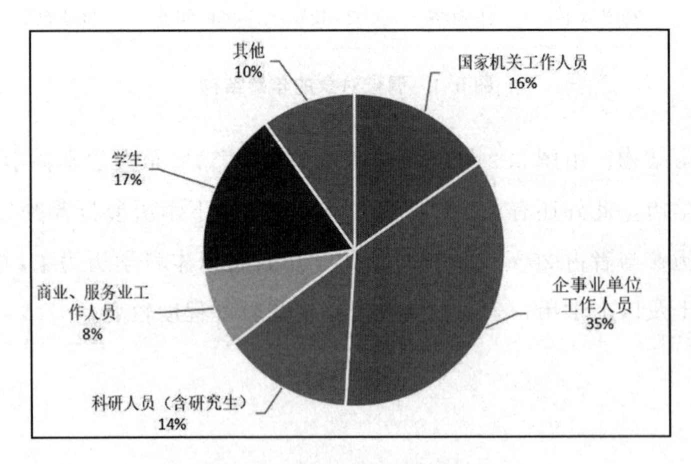

图 5.3 调查对象的职业结构

(2)政府网站网页长期可获取现状及其长期保存的价值调查结果分析

为了解调查对象对政府网站网页长期可获取现状及其长期保存价值的认知与评价，该部分调查问卷采用李克特5级量表形式进行问题项设计，选项依次为非常不同意、不同意、一般、同意和非常同意，为便于数据统计，选项对应分值分别为1、2、3、4、5，针对政府网站网页长期可获取及其长期保存价值的数据统计分析情况如下。

①政府网站网页长期可获取现状的调查结果分析。由图5.4中统计的数据可以看出，用户对于当前政府网站网页长期可获取现状所存在的问题还是比较认可的。其中，对政府网站信息更新频繁、信息易逝性强这一问题认同度最高，认可率达到58.9%；其次是对访问政府网站时存在网页打不开的现象，所占比例为50.8%；而对于政府网站提供的附件存在无法下载的情况，不认可率较高，达到25.3%，反映出调查对象在浏览政府网站网页中出现附件文件无法下载的情况相对较少。此外，针对政府网站网页长期可获取现状调查还设置了一项开放性的填空题，用以了解调查对象认为其他影响政府网站网页长期可获取的情况。在回收的333份有效问卷中43份问卷填写了该问题，归纳起来来看，除了问卷问题项中所设置的问题外，被调查者还认为网站访问权限、网站长期不维护或维护不及时等也是影响政府网站网页长期可获取的重要问题。

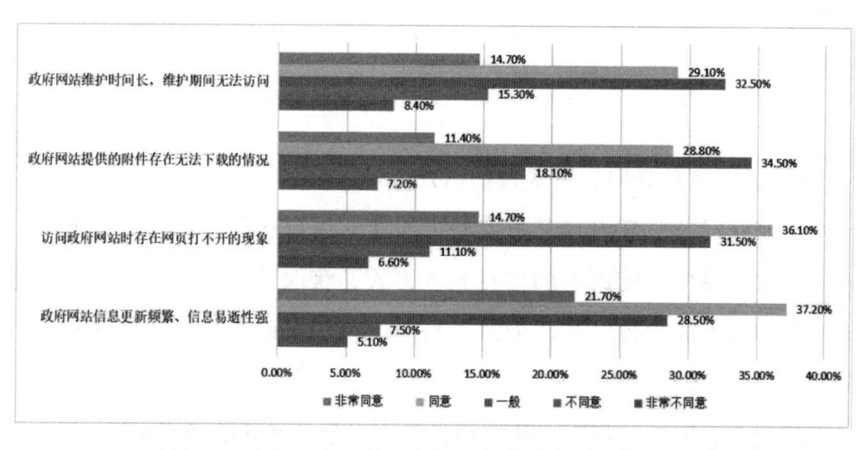

图5.4 政府网站网页长期可获取现状的调查统计数据

②政府网站网页长期保存价值的调查结果分析。由图 5.5 中统计的数据可以看出，被调查者对政府网站网页所具有的科学研究价值、社会历史价值、凭证价值以及决策参考价值均比较认可，其中政府网站网页的社会历史价值认可率最高，达到了 79.6%；其次为政府网站网页的凭证价值，认可率为 79%；对政府网站信息具有决策参考价值的认可率为 77.2%；对政府网站网页具有科学研究价值的认可率为 73.6%。同样，针对政府网站网页长期保存价值的调查也设置了一项开放性的填空题，用以了解调查对象认为政府网站网页具备的其他长期保存价值。在回收的 333 份有效问卷中 40 份问卷填写了该问题，认为政府网站网页在数据挖掘、便民服务、宣传教育、社会监督、民意汇总等方面也具有长期保存价值。

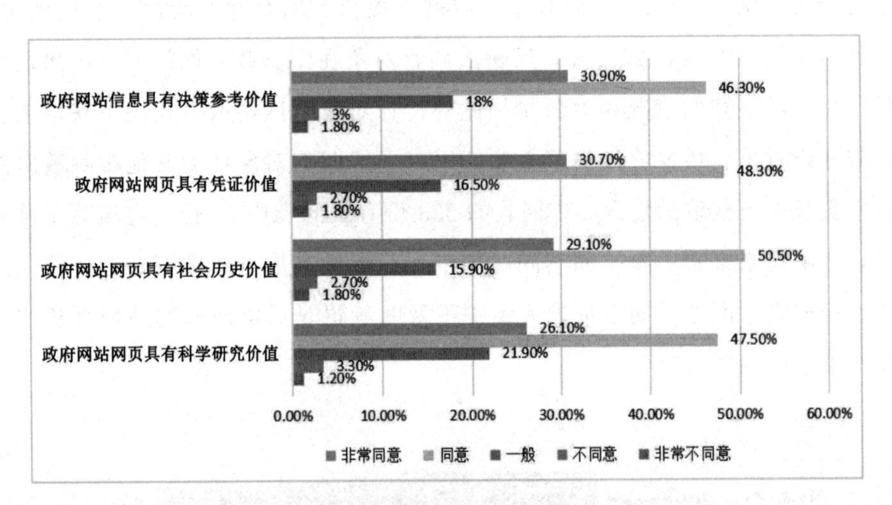

图 5.5 政府网站网页长期保存价值的调查统计数据

(3)政府网站信息内容需求偏好调查结果分析

对于政府网站信息内容需求偏好，问卷从用户访问政府网站的频率、访问政府网站的目的、使用过的信息服务方式、获取信息关注的方面、信息检索时遇到的困难或问题以及认为需要长期保存的页面等方面进行了调查，各个问题项的统计结果如下。

①访问政府网站的频率。从被调查者访问政府网站的频率来看，333 份有效问卷中，只有 66 人(19.8%)经常访问，196 人(58.9%)偶尔或需要时访问，

64 人(19.2％)很少访问，还有部分用户基本上不访问政府网站。通过图 5.6 的统计数据可以看出，对于社会公众来说，大部分是在需要的时候才会去查阅政府网站信息，且查询一般都是带着明确的目的性。

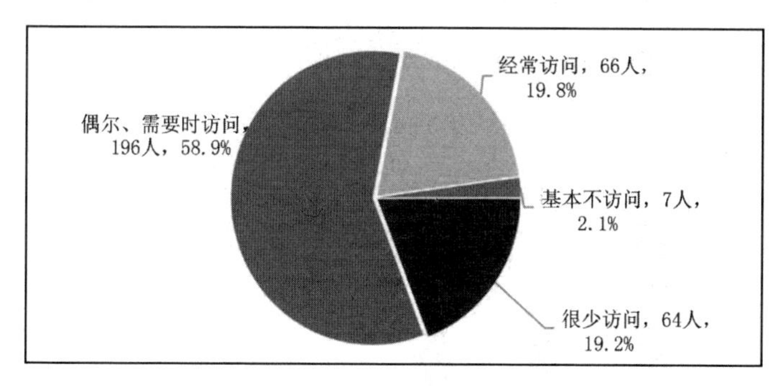

图 5.6　调查对象访问政府网站的频率

此外，为了分析职业因素对于政府网站访问频率的影响，分别针对本研究界定的四类利益相关者进行统计分析，从图 5.7 可以看出，无论何种职业，偶尔或需要时访问的占比均为最高。在选择经常访问的群体中，企事业单位工作人员占比最高，为 51.5％，其次是国家机关工作人员占比为 30.3％。

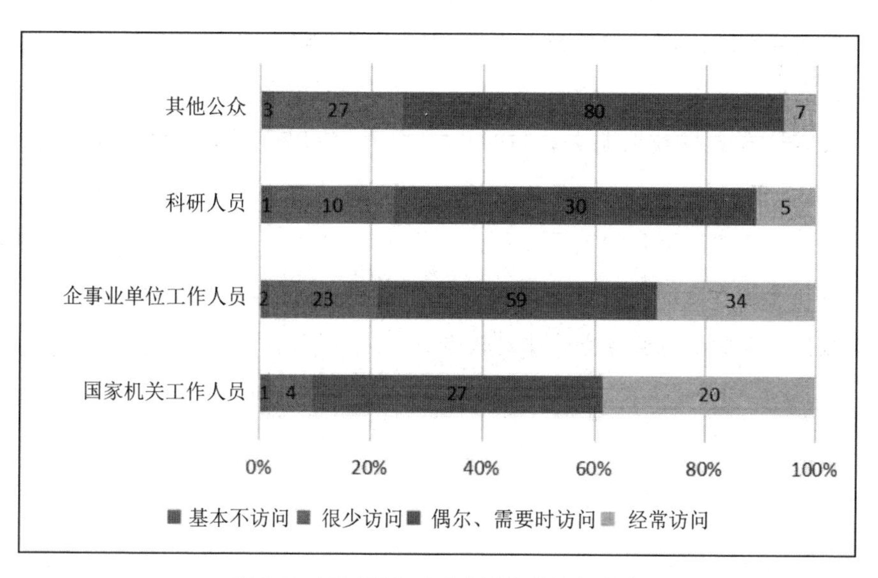

图 5.7　不同职业对政府网站的访问频率

②访问政府网站的目的。就调查的目标群体而言，他们访问政府网站的目的多种多样，如图 5.8 所示，被调查者访问政府网站的目的主要表现为工作需要、办理个人事务以及学习知识，占比分别为 63.7%、49.2%、40.2%。除此之外，还有部分被调查者在该问题项的开放回答中填写了访问政府网站是用于网络监督、网络留言、在线咨询等目的。

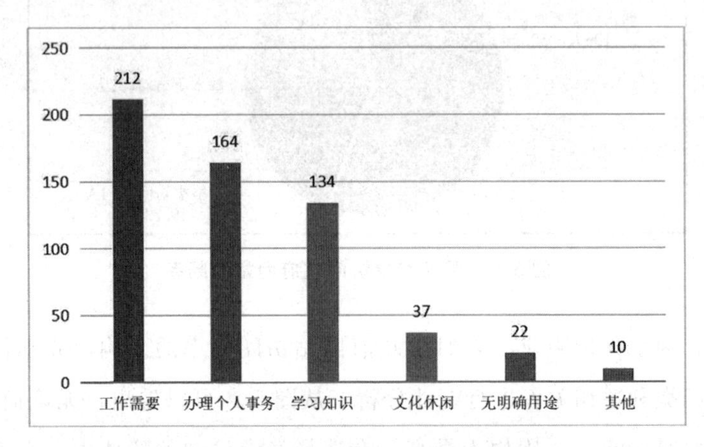

图 5.8　调查对象访问政府网站的目的

③访问政府网站使用过的信息服务方式。如图 5.9 所示，在调查目标群体访问政府网站使用过的信息服务方式时，调查对象中有 254 人(76.3%)使用过信息检索服务，165 人(49.5%)使用过专题信息服务，121 人(36.3%)使用过政府公开数据获取服务，116 人(34.8%)使用过文件、图片下载服务，109 人(32.7%)使用过在线咨询服务，仅有 55 人(16.5%)使用过网上留言，而使用过投诉建议服务的人占比最低，为 12.6%。从中可以看出，大部分被调查者在使用政府网站时以获取政府信息资源为目的，而参与网络提议、留言等政民互动的信息服务方式相对较少。

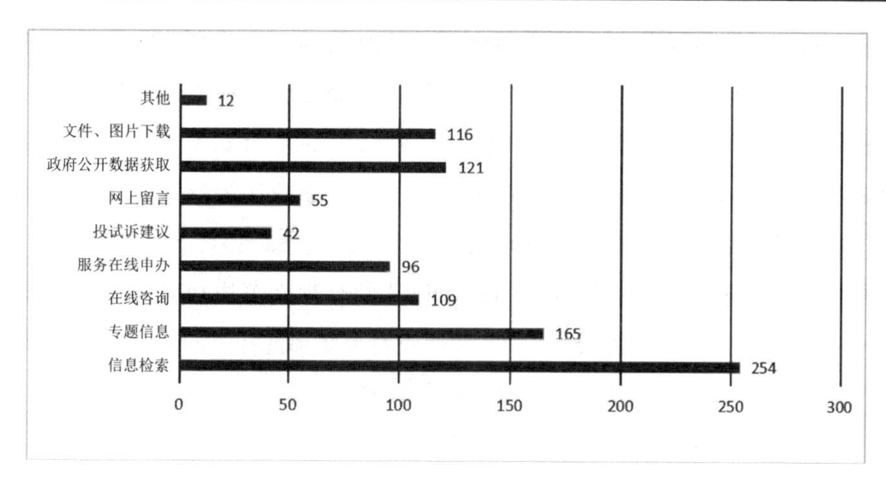

图5.9 调查对象访问政府网站使用过的信息服务方式

④使用政府网站提供的信息检索功能时遇到的困难或问题。由图5.10的数据统计结果可以看出，针对访问政府网站提供的信息检索功能可能存在的检索结果不准确、检索效率低、检索资源分散和检索结果不全面、检索方式单一等问题，有173人(52%)认为检索效率低，不能快速、高效检索出所需要的信息资源；有171人(51.3%)认为检索的资源分散、检索结果不全面；有140人(42%)认为检索方式单一，另外，有124人(37.2%)认为存在检索结果不准确的问题。从中可以看出，目前政府网站所提供的信息检索服务还存在检索效率及检索内容的关联度低等突出问题。

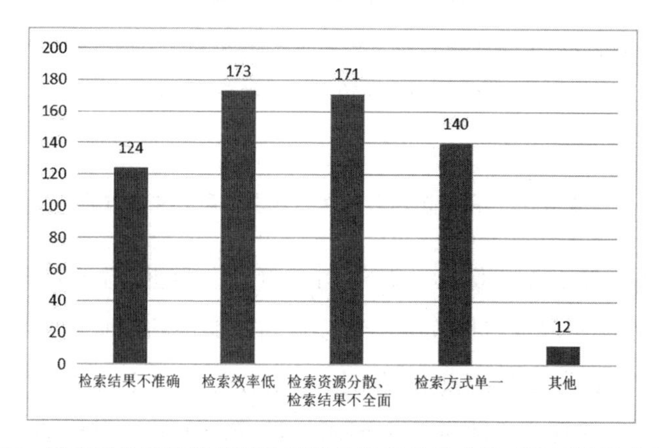

图5.10 调查对象使用政府网站提供的信息检索功能时遇到的困难或问题

⑤访问政府网站信息所关注的内容。针对被调查者获取政府网站信息时的关注要点，问卷从信息的相关性、实用性、完整性、权威性、快捷性、多样性等8个方面提出所要关注的内容。由图5.11的统计数据可以看出，调查对象在访问政府网站获取信息时最关注的三个方面依次为信息的实用性、信息的权威性、信息的完整性，分别占比为68.2％、65.5％、62.5％；对于信息检索功能的多样性以及信息使用权限设置的合理性关注相对较少，分别占比为25.2％、22.5％。此外，有43名调查对象全部选择了问卷所列举的8个方面，占比为13％；还有22名调查对象选择了信息的相关性、信息的实用性、信息的完整性和信息的权威性等多个方面，占比为7％。由此可以看出，调查的目标群体在获取政府网站信息资源时，绝大多数关注信息资源的内容和质量，另外对信息检索功能的多样性及信息呈现方式的简洁性等也有一定的需求。

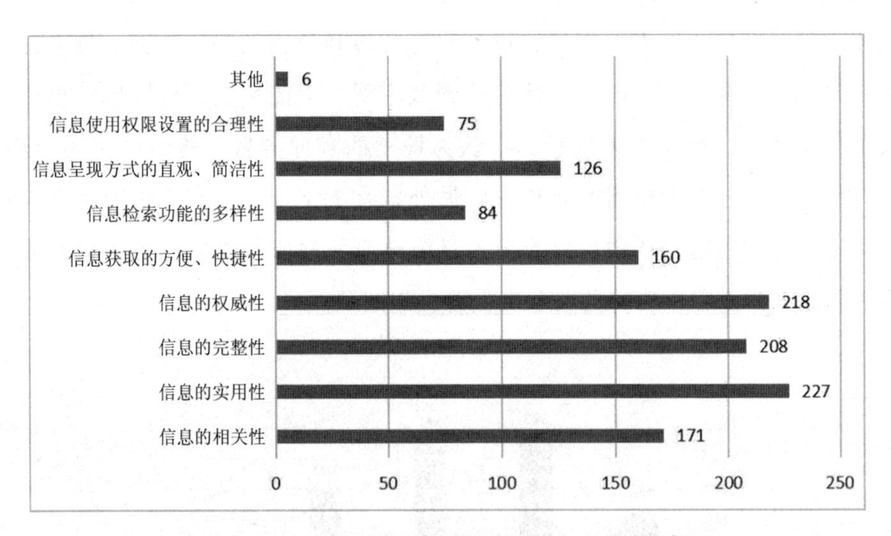

图5.11　用户访问政府网站获取信息时关注方面

⑥个人认为需要长期保存的政府网站页面。根据《政府网站网页归档指南》规定的政府网站网页归档范围，结合目前政府网站网页栏目的实际设计情况，问卷将需要长期保存的政府网站页面划分为反映本机关网站整体面貌的网站首页及栏目首页，反映机关主要职能活动的页面，对机关工作、国家建设和科学研究具有利用价值的页面，在维护集体和公民权益等方面具有凭证

价值的页面，对机关工作具有查考价值的页面，机关职能活动中涉及的办事服务类页面，反映政民互动的解读回应与互动交流类页面，以及其他页面8类，分别对应图5.12中的序号(1)至(8)。由统计结果可以看出，调查对象希望长期保存的政府网站页面最多的需求为“反映机关主要职能活动的页面”，占比为73.5%，说明被调查者对于政府机构职能活动信息、工作动态等相关信息的需求较高。此外，用户普遍对具有利用价值、凭证价值和查考价值的政府网站页面有很大的需求，有71.5%的调查对象认为应当对此类政府网站页面进行长期保存。

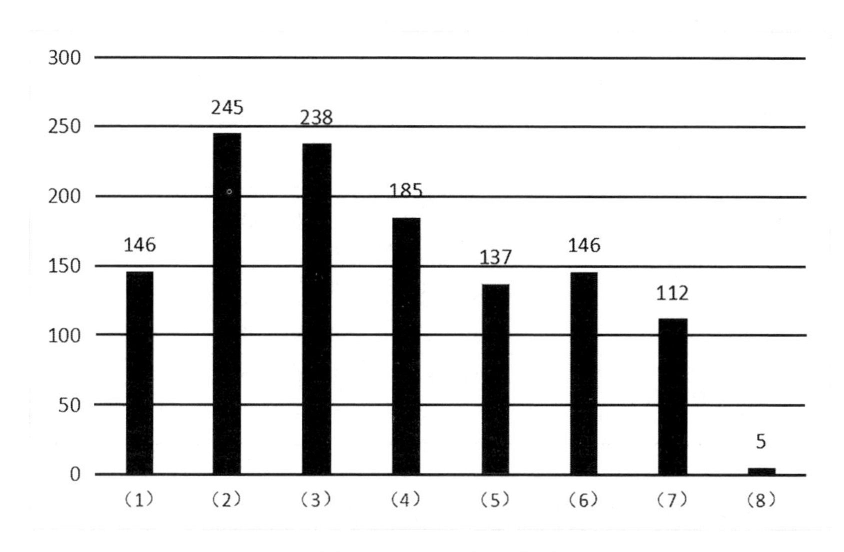

图5.12　调查对象认为需要长期保存的政府网站页面

(4)政府网站网页归档资源的利用服务需求调查结果分析

根据文献调研以及当前国内外网络归档资源访问利用的主要方式，通过专家访谈，将政府网站网页归档资源的利用服务方式划分为以下7类，具体如表5.5所示。

表 5.5　政府网站网页归档资源的利用服务方式

服务方式	服务方式说明
一站式信息检索服务	使用户可根据 URL、关键词、全文、发布单位、存档时间等条件检索归档的政府网站网页
多元化浏览服务	用户可按字母、主题分类、专题事件、特色资源等方式浏览归档的政府网站网页
在线参考咨询服务	可通过在线实时交流、在线留言等功能帮助用户查找归档的政府网站网页
网站还原与网页重现服务	可为用户呈现归档的政府网站网页内容以及网页原有样貌，让用户感觉与访问原始网页一样
数据可视化分析服务	将归档的政府网站网页存储数据关系及统计分析结果等以交互式地图、3D 墙等图形或图像的形式直观呈现给用户
知识组织与知识发现服务	运用知识挖掘、知识关联等技术方法对归档的政府网站网页进行深度挖掘与关联分析，从中获取隐含其中的有用知识，以知识导航、知识图谱等形式提供给用户
个性化、精准化服务	细分用户群体，根据不同用户的个性化需求，为用户提供精准的归档信息服务

为了解目标群体对政府网站网页归档资源访问利用服务的需求情况，该部分调查问卷同样以李克特 5 级量表形式进行问题项设计，选项分别为非常没必要、没必要、一般、有必要和非常有必要，针对以上 7 种类型利用服务方式的数据统计结果如表 5.6 所示。由数据统计结果可知，各服务方式需求程度的平均值最低值为 3.79，说明调查对象对于上述几种服务方式的需求程度整体较高，而且其中的标准差均小于或接近于 1，表明每位被调查者对各项服务方式的需求程度较为一致。

表5.6　政府网站网页归档资源利用服务方式的需求统计

问题项	非常没必要	没必要	一般	有必要	非常有必要	均值	标准差
一站式信息检索服务	5.4%	5.7%	18.0%	46.6%	24.3%	3.79	1.05
多元化浏览服务	3.9%	5.4%	21.0%	47.2%	22.5%	3.79	0.98
在线参考咨询服务	3.3%	6.6%	21.3%	43.9%	24.9%	3.80	0.99
网站还原与网页重现服务	3.3%	9.3%	25.8%	43.9%	17.7%	3.63	0.99
数据可视化分析服务	2.7%	4.5%	24.3%	47.2%	21.3%	3.80	0.92
知识组织与知识发现服务	2.1%	4.2%	25.2%	46.3%	22.2%	3.82	0.89
个性化、精准化服务	2.1%	6.6%	23.7%	44.8%	22.8%	3.80	0.94

①不同目标群体的利用服务方式需求差异分析。由图5.13统计的数据结果可以看出，针对不同的目标群体，其对上述政府网站网页归档资源利用服务方式的需求各有不同。对国家机关工作人员而言，在有效的52份问卷中，有75%的调查对象认为一站式信息检索服务以及多元化浏览服务很有必要，网站还原与网页重现服务以及个性化、精准化服务的需求相对较少，认为有必要提供的人数占比均为59.62%；对企事业单位工作人员而言，在有效的118份问卷中，有70.34%的用户认为有必要开展一站式信息检索服务，68.64%的用户对知识组织与知识发现服务有利用需求，网站还原与网页重现服务和个性化、精准化服务需求相对较少，分别占60.17%和62.71%，仅有4.24%的企事业单位工作人员认为没必要提供一站式信息检索服务；对科研人员而言，在有效的46份问卷中，有78.26%的科研人员认为有必要提供数据可视化分析服务，76.09%的科研人员认为有必要提供知识组织与知识发现服务，这能够很好地满足科研人员的研究工作需求；对社会公众而言，在有效的117份问卷中，有70.09%的用户认为有必要开展一站式信息检索服务和数据可视化分析服务，认为有必要开展网站还原与网页重现服务的人数也较多，占比为60.68%。

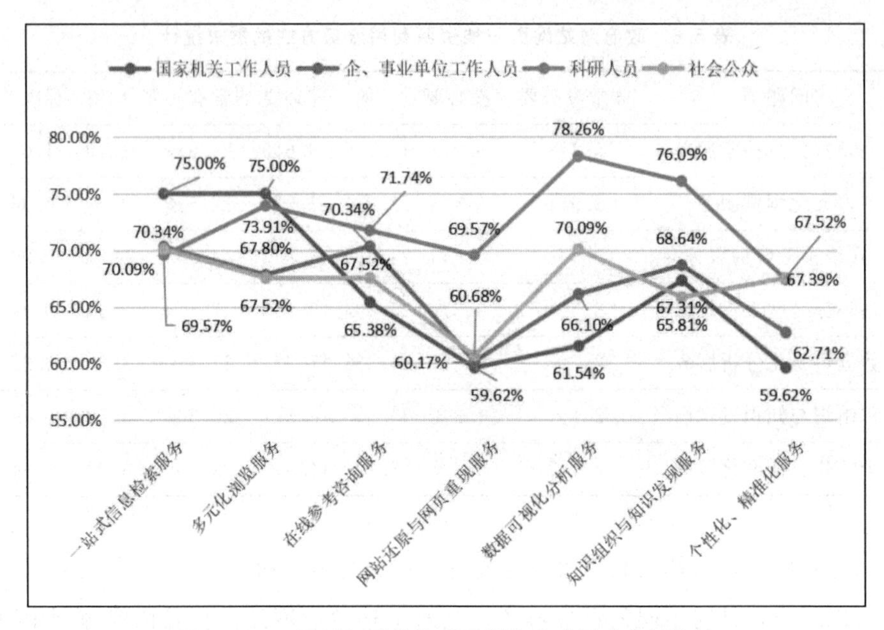

图 5.13　不同目标群体的利用服务方式需求分析统计

②调查对象认为有必要提供的其他利用服务方式。为了更全面地获取目标群体对政府网站网页归档资源利用服务方式的需求，在问卷最后设置了调查对象认为需要提供的其他利用服务方式的开放性填空题。在 333 份有效问卷中，有 155 位被调查者提出了其他利用服务方式，大体可以将其中提到的相对比较多的归纳为如下几种利用服务方式：按来源机构、行政区域的归档资源导航服务；个性化定制服务；多媒体浏览检索服务；归档数据的批量下载服务；嵌入社交媒体等第三方平台的归档资源推送服务等。

综上分析，通过以上调查问卷数据统计结果，可以看出包括社会公众、企事业单位工作人员、科研人员、国家机关工作人员工作人员等在内的不同目标群体，对政府网站网页长期可获取面临的风险与问题都有一定程度的认识和理解，这也致使他们在对政府网站网页进行长期归档保存的问题上形成共识，即各自都不同程度地认同政府网站网页所具有的科学研究、社会利用、凭证查考、决策参考等多重保存利用价值。由于各自职业背景的不同，不同目标群体对政府网站信息内容的需求偏好有所不同，包括访问政府网站的频率和目的，访问政府网站获取所需信息时关注的要素，以及个人认为应该长期保存的政府网站页面等。尽管如此，不同的目标群体在访问政府网站提供的信息服务方式时都或多或少存在检索结果不准确、关联度低，不能快速、高效地检索出所需的信息，资源分散，检索结果不全面等问题，这也间接反映出在对政府网站网页进行归档管理，并提供相应归档资源检索利用服务时应该着重解决当前政府网站提供信息检索服务所存在的不足之处，以满足用户对归档资源检索访问利用的需求。

在针对政府网站网页归档资源的利用服务功能需求上，参考现有的网络归档资源访问利用服务的主流方式，综合专家意见所提出的一站式信息检索服务、多元化浏览服务、在线参考咨询服务、网站还原与网页重现服务、数据可视化分析服务、知识组织与知识发现服务等普遍得到社会公众、企事业单位工作人员、科研人员、国家机关工作人员的认可，其中社会公众日常更多关注民生类网页信息，访问利用政府网站网页归档资源的目的更多是办理个人事务和查询相应的信息，因而对一站式信息检索服务方式的需求最高；企事业单位工作人员更多关注的是政府网站网页归档资源中的统计数据、行业政策信息等，因此对一站式信息检索服务、数据可视化分析服务都有着较高的需求；科研人员对政府网站网页归档资源的利用更多地体现在基于特定专题或主题的政府网站网页数据源开展诸如数据挖掘与知识发现等相关研究，因此对多元化浏览服务、知识组织与知识发现服务有着较高的需求；国家机关工作人员更多的期望能够依赖政府网站网页归档资源来提供决策参考服务，对政府网站网页归档资源的利用也最为广泛，所以整体上对多元化浏览服务以及个性化、精准化服务的需求最高。

5.3　政府网站网页归档资源“云端”利用服务功能的实现方法

针对上述不同目标群体对政府网站网页归档资源利用服务功能的需求，以“以人为本”的服务目标为导向，结合泛在服务(TaaS)的“云服务”理念，如图5.14所示，综合应用多媒体信息检索、智能检索、网页重现、Web数据挖掘、数据可视化等先进的信息技术手段来实现政府网站网页归档资源“云端”利用服务，包括基于多媒体信息检索和智能语义检索技术的浏览查询功能、网页重现功能，基于Web数据挖掘技术的归档网页价值挖掘功能、归档网页的数据可视化分析功能等，为社会公众、企事业单位工作人员、科研人员、国家机关工作人员等不同类型的用户提供丰富的政府网站网页归档资源利用服务功能，以满足用户多元化的利用需求。

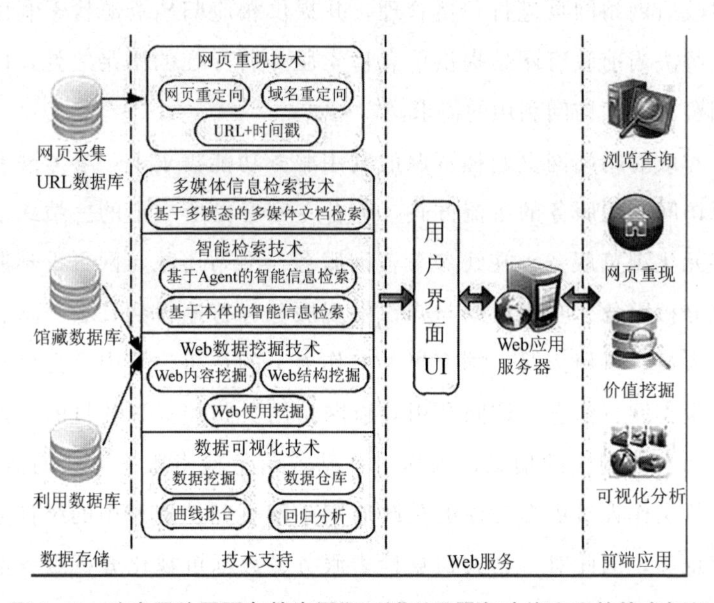

图 5.14　政府网站网页归档资源“云端”利用服务功能实现的技术框架

5.3.1　基于多媒体信息检索和智能语义检索的浏览查询功能

浏览查询是实现政府网站网页归档资源“云端”利用服务的关键接口，如何在存储的海量归档网页信息中快速、准确地找到所需的资源，需要有完善的检索系统做支撑。对此，可以应用最新的多媒体信息检索和智能语义检索技术为归档政府网站信息检索服务建立一个专门的检索系统，实现归档资源快速、精确的查询[①]。

(1)多媒体信息检索服务

考虑到归档保存的政府网站网页资源中有不少信息是以包含多种模态数据的多媒体文档形式存在，而传统的基于单一模态对多媒体文档进行检索时存在语义含混不清的问题，容易导致检索结果出错。因此，改进并实现一种

① 黄新平，王萍．国内外近年 Web Archive 技术研究与应用进展[J]．图书馆学研究，2016(18)：30-35+19.

精确高效的多媒体信息检索方法是实现政府网站网页资源浏览查询要解决的一个重要问题。针对该问题，澳大利亚的PANDORA项目[①]突破传统的文本标注方法，利用交叉参照索引这一多媒体对象索引方法，应用基于多模态的多媒体文档检索这样一种精确高效的多媒体信息检索方法，为归档网络资源信息检索服务建立一个专门的检索系统——Trove，利用该检索系统，用户可以按字顺、主题、区域、媒体类型等方式进行资源的浏览，也可以按关键词、短语、URL、域名检索等方式实现资源快速、精确的智能化查询[②]。此外，欧盟FP7支持的ARCOMEM项目利用基于主题范围的语义搜索方法，设计并实现了一个支持用户全文搜索和语义查询的多媒体检索应用程序——SARA，该程序通过对传统的网络归档资源检索功能进行改进，实现了归档网络多媒体资源快速、精确的智能化查询与有效获取[③]。还有荷兰阿姆斯特丹大学负责的“网络存档检索工具”项目开发的Web Artist(Web Archive Temporal Information Search Tools)工具，利用Google Spreadsheet、Timeline、资源关联等可视化技术实现了包括多媒体资源在内的归档Web资源的可视化浏览查询，其生成的归档网页资源的检索结果并不是简单的文字描述和链接地址，而是全部以整个交互式时间轴的形式呈现出来，让用户能够直观地查看网页归档资源的检索结果[④]。

(2)智能语义检索

针对传统信息检索技术在实现海量归档政府网站网页资源快速、准确检索方面存在的不足，基于Agent的智能信息检索以及基于本体的智能信息检索的相关研究，利用智能Agent和语义分析的有关知识，能够实现对这些海量存储数据的智能语义检索，从而提高政府网站网页归档资源检索的效率和精确度。面向归档资源精准发现的智能语义检索问题实际上是要解决用户检

① PANDORA [EB/OL]. [2021-07-23]. http//Pandora. nla. gov. au/.

② 王萍，黄新平，张楠雪．国外Web Archive资源开发利用的途径及趋势展望[J]. 图书馆学研究，2015(23)：43-49.

③ Demidova E，Barbieri N，Dietze S，et al. Analysing and enriching focused semantic Web archives for parliament applications[J]. Future Internet，2014，6(3)：433-456.

④ Huurdeman H C，Ben-David A，Sammar T. Sprint methods for web archive research[C]//Proceedings of the 5th Annual ACM Web Science Conference. New York：Association for Computing Machinery，2013：182-190.

索内容与被检索的归档资源描述文本之间在语义级别上的匹配问题。对此，欧盟FP7框架下的LiWA项目（Living Web Archives）①为了解决大规模归档数据的检索访问速度以及精准查询问题，针对传统的信息检索服务匹配方法缺乏语义的情况，提出一种基于语义相似度的归档网页资源的检索服务匹配方法。该方法基于用户信息需求与信息服务之间的动态映射机制，利用Web服务的本体描述语言OWL-S将信息需求文档与服务内容文档映射到本体树结构中，在此基础上，进行概念相似度、关系相似度和属性相似度计算，实现基于语义相似度的信息检索服务匹配。基于该语义匹配机制，在归档网页资源的检索过程中，能够根据用户检索需求的变化，实现静态网页归档资源与用户动态信息需求的有机结合，从而为用户提供智能、精准的语义检索服务。

5.3.2 归档政府网页重现的无缝导航服务功能

政府网站数据的结构复杂、类型多样，对硬件、软件、环境安全等因素的依赖性较强，硬件的损坏、文件系统备份失败、黑客入侵以及自然灾害等容易造成网站数据的丢失，从而导致Web信息的不可用，导致用户访问政府网站时会遇到网页“丢失”“链接失效”“无法显示”的问题②。网页重现就是将归档存储的网页内容以其原有的样貌展现给用户，让用户感觉就像是在访问原始网页一样。为了解决用户访问政府网站网页所遇到的网页数据丢失、网页无法链接或网页不能正常显示的问题，可综合应用HTML重写、超链接重写、Proxy URL技术方法来实现某个时间节点内归档政府网页的重现，并利用网页重定向、域名重定向以及“URL＋时间戳”的技术方式恢复归档政府网页原有的超链接情景，实现所有重要的政府网站网页归档后的自动重定向和历史页面的重现功能，即当用户访问这些政府网站网页遇到浏览器的404(Not Found)错误信息时，将被自动重定向到对应的归档保存网页，实现归档政府网页保存和利用的有效整合，为归档政府网页重现提供无缝导航服务。

---

① Technologies for living Web archives [DB/OL]. [2021-07-25]. https://cordis.europa.eu/docs/projects/cnect/7/216267/080/deliverables/001-D610TechnologiesforLivingWebArchivesv10.pdf.

② 王萍，黄新平，张楠雪．国外Web Archive资源开发利用的途径及趋势展望[J]．图书馆学研究，2015(23)：43-49.

(1)网页重现服务

在实现归档网页重现的服务方面，一个典型的应用案例是美国弗吉尼亚州欧道明大学计算机学院开发的针对404错误网页或者网页不存在等问题实现网站网页内容恢复的技术框架Lazy Preservation[①]，该技术框架采用灵活的Opal服务器来重定位404等类似的错误网页，利用网页仓储采集工具Warrick[②]对目标网站实施网页采集，将采集的URL存储在专门的URL数据库中，使用缓存资源中的词法签名(lexical signature)检索出URL数据库中存在404错误的URL，并自动生成这些URL旧版本网站指向网站修复版本的链接，实现网站网页内容的恢复与还原[③]。基于该技术框架实现网页内容还原的具体操作步骤如下：①用户访问Web服务器时未找到用户请求的URL，由Web服务器向客户端返回404错误提示；②将404错误网页对应的网页标签脚本返回到客户端，并利用网页标签将用户请求的URL重新指向Opal服务器；③Opal服务器会根据相应网页内容的词法签名，在Web仓储或搜索引擎临时仓储的URL数据库中来检索是否存在404错误网页的缓存版本，之后将检索结果按相似度由高到低进行排序并生成相应的描述信息；④将用户所需的网页缓存版本及相似的URL通过Opal服务器返回给用户，供用户选择使用。

(2)历史页面还原服务

在实现归档网页的历史页面还原服务方面，较为典型的应用就是日本京都大学开发的基于网络归档资源实现网页的历史页面还原与可视化导航呈现的浏览器Past Web Browser[④]，该浏览器利用网页仓储爬虫(Web repository crawler)从一些主流的网页仓储中采集同一页面链接不同时间结点的网页版本，通过不同网页仓储之间的合作，联合检索各种版本的归档网页的历史页

① Tools for a preservation-ready Web [EB/OL]. [2021-11-18]. http://www.digitalpreservation.gov/news/events/ndiipp_meetings/ndiipp08/docs/session9_nelson.ppt.

② Warrick [EB/OL]. [2021-11-18]. http://warrick.cs.odu.edu/.

③ Frank McCown, Joan A. Smith, Michael L. Nelson. Lazy Preservation: reconstructing websites by crawling the crawlers [EB/OL]. [2021-11-18]. http://dl.acm.org/citation.cfm?id=1183564.

④ Adam Jatowt, Yukiko Kawai. A browser for browsing the past Web [EB/OL]. [2021-11-19]. http://mira.sai.msu.ru/～megera/docs/IR/www15/pdf/p114.pdf.

面，并对检索出的这些历史页面进行可视化导航呈现，以便用户查看网页更新变化情况。同时支持用户利用其提供的过滤功能，以“URL＋时间戳”的访问方式来定位还原具体时间点的页面内容，满足用户浏览某一时间点网页版本的需求①。具体而言，Past Web Browser 浏览器是一个可以安装在本地的客户端系统，它作为网页仓储与本地系统代理服务器之间的中介，通过识别网页仓储中的网页参考链接、网页快照及网页时间戳等信息，判断网页内容更新情况，并利用自身的网页可信度估算系统来对更新的网页进行处理，比较各仓储中的同一网页所属不同版本的可信度，选择其中可信度最高的网页通过本地系统代理服务器供用户浏览。此外，该浏览器还可以针对网页内容保持不变，但网页 URL 经常变化的现象，利用网页上下文的语境分析机制来解决网页 URL 的变化问题。同时该浏览器还拥有网页导航、网页更新变化可视化呈现等功能。在网页导航服务方面，它可以呈现在时间点上离原始网页页面最近的页面。在网页更新变化可视化呈现服务方面，如果用户不清楚网页的时间版本，或者归档的网页历史时间跨度较长、网页快照数量较多，就可以利用其提供的“URL＋时间戳”过滤功能和动态可视化功能模块，根据网页更新变化的时间线索，可视化检索查询时间线上的任意时间点，呈现网页更新变化的情况。

(3)归档网页重现的无缝导航服务

在实现归档网页重现的无缝导航服务方面，英国国家档案馆实施的政府网络存档项目于 2008 年开展了名为“网络连续性”(Web Continuity)的创新服务项目，旨在帮助用户获取曾经消失的政府网站文件，访问获取已经失效的政府网页链接②。Web Continuity 服务项目是在全面深度采集政府网站网页内容的基础上，为各个目标政府网站所依赖的 Web 服务器上配备一个 Web Archive 组件。当用户请求访问政府网站上的一个网页时，如果可以解析网页所对应 URL 的请求，网页将通过 Web 服务器以正常方式返回给用户。如果

① Adam Jatowt，Yukiko Kawai. Journey to the past：proposal of a framework for past Web browser [EB/OL]. [2021-11-20]. http：//www. dl. kuis. kyoto-u. ac. jp/～adam/ht06. pdf.

② 吴振新，张智雄，孙志茹．基于数据挖掘的 Web Archive 资源应用分析[J]. 现代图书情报技术，2009(1)：28-33.

无法解析用户的网页访问请求，则启动配置在 Web 服务器上的 Web Archive 检查过程，查看相应的网页资源是否保存在网页归档数据库中，如果存在，则可以通过相应的 Web Archive 组件为用户提供保存在网页归档数据库中的最新版本的网页资源。这些 Web Archive 组件主要是基于网络存档领域的开放源码软件来实现的，并且与 Microsoft Internet Information Server 和 Apache 等主流的 Web 服务器具有非常好的兼容性，该组件由英国国家档案馆配置、测试并提供给各个政府部门网站，它通过重写政府网站上没有的 URL，然后将重定向指令发送到用户的浏览器来实现归档的政府网站网页在用户端浏览器的重定向服务，进而实现了对用户所需要访问网页在政府网络归档数据库中的无缝隙获取，极大地提升了用户的访问体验①。

5.3.3　海量政府网站网页归档资源的数据挖掘功能

如前文所述，将数据挖掘技术应用于网络归档资源的价值评估和深度挖掘，是当前政府网络归档资源开发利用研究领域的一个重要发展趋势。针对政府网站网页归档资源利用服务中的 Web 日志、文档、数据库以及站点结构等可以获得的数据，可以从 Web 内容挖掘、Web 结构挖掘和 Web 使用挖掘的三个分类出发对 Web 数据挖掘的关键技术，包括聚类分析、决策树、神经网络、支持向量机、遗传算法等进行系统的分析研究，并利用这些技术对归档保存的海量政府网页信息进行深层次分析和研究，从那些公众感兴趣的，具有研究价值、历史价值、证据价值、情报价值，且政府关注的政府网站网页归档资源中获取隐含其中的有用知识，并将提取的知识以概念、规则、规律、模式等形式传递给用户，进而为社会公众的信息需求、研究机构学术问题的研究、政府部门的决策和规划等提供重要的参考和依据。如通过数据挖掘中聚类分析、关联规则提取、序列模式挖掘等技术方法，发现政府网站网页归档资源中所包含的资源特征、拓扑结构、状态趋势、知识规律，帮助用户快速获取所需的政府网站网页归档资源，并能够从中抽取有价值的知识，实现政府网站网页归档资源的价值评估和深度挖掘②。

---

① Spencer A. Past and present：using the UK government Web archive to bridge the continuity gap[EB/OL]. [2021-10-11]. https：//domino. mpiinf. mpg. de/intranet/ag5/ag5publ. nsf/.

② 李亚男．政府网站文件云存储管理研究[D]. 长春：吉林大学，2017.

(1)Web结构挖掘服务

经过归档保存的网页资源并不是独立存在的，彼此之间存在着属性交叉的关联关系。通过Web数据挖掘，可以将这些分散的网页归档资源按照某一主题特征聚合在一起，使聚合在一起的网页归档资源具有某种共同特征或关联特性。知识地图的一个主要特征就是“面向主题”的知识集合，它是从特定结构体系中将某一主题相关资源汇集在一起，并通过一定的关联组织于知识地图中。美国康奈尔大学开发的Web Library系统就在对海量网络存档资源的数据挖掘中引入知识地图服务，该系统以Internet Archive的网页仓储为数据源，结合网页归档的资源内容与技术依赖特征，对不同时期采集的页面链接结构进行存储，利用Web数据挖掘技术中的时序关联、因果关联、凝聚层次聚类等方法，通过数据抽取后，构建了关联页面间所有链接的邻接矩阵，并借助可视化工具将这些邻接矩阵以网络空间知识地图的形式呈现，在网络空间知识地图上，用户可以直观地查看任意时间结点的网络链接结构，重现网络结构的时空演变，从而全面地了解网络结构在不同时期、不同发展阶段所具有的不同技术特征①。

(2)Web内容挖掘服务

数据挖掘的目的在于实现海量归档网络资源的知识关联揭示和知识发现，数据挖掘的过程即是按照某一特定的主题，基于时间、地点、实体、事件等元素，挖掘和揭示海量归档网页资源关联数据背后的知识关联关系的过程。欧盟委员会支持的网络存档项目 Archive Community Memory(简称ARCOMEM)具备专门的知识库，该项目通过本体、知识推理、机器学习等技术对海量的网络归档资源进行知识挖掘，实现网络归档资源的智能化知识关联揭示②。ARCOMEM项目针对前期的数据语境化处理获取的网络归档资源关联数据网络，采用基于描述逻辑的语义Web知识推理方法，在完成对网络归档资源中的实体概念提取，资源实体的类、对象属性、数据属性及其语

① Thomas Risse, Elena Demidova, Stefan Dietze, et al. The ARCOMEM architecture for social and semantic-driven Web archiving[J]. Future Internet, 2014, 6(4): 688-716.

② Arcomem framework v. 1. 1-SNAPSHOT [EB/OL]. [2021-10-26]. http://api.arcomem.eu/ArcomemFramework.pdf.

义关系分析的基础上，使用卷积神经网络深度学习模型，通过对关联数据网络中的数据进行训练和集成，按照相应的本体形式化推理规则，实现知识关联揭示中资源实体的类、属性及其语义关系的自动填充。此外，关系获取是实现知识关联揭示的核心环节，由于网络归档资源的数据量庞大，该项目采用机器学习方法，基于依存句法分析规则及相应的算法来完成网络归档资源关联关系的自动抽取。最终，依据资源实体之间的时间、地点、人物、事件、实体等属性交叉关系，使用知识库的推理引擎进行推理，通过语义推理，获取计算机可以理解的网络归档资源的知识关联关系，实现海量网络归档资源的知识发现服务[①]。

5.3.4　政府网站网页归档数据的可视化分析功能

数据可视化分析是以数据仓库和数据挖掘技术为支撑，解决海量归档政府网站网页数据的选取、分析和预测问题。为了帮助用户对归档保存的政府网站网页数据进行更加深入的观察和分析，进而能够更好地掌握和利用这些信息，可以综合应用一些现有的数据可视化组件和工具，并以相关的数据可视化技术为支撑，在着重解决归档政府网站网页采集数据库、管理数据库与保存数据库的连接、网页文本内容的抽取与数据查询的可视化等难题的基础上，利用数据挖掘、数据仓库、曲线拟合和回归分析等技术，将归档政府网站网页存储数据关系及数据分析结果能够以交互式地图、时间轴、标签云、3D 墙、图片库、条形图等图形或图像的形式呈现，实现归档政府网站网页存储数据关系及数据分析结果的可视化呈现，发现和挖掘隐藏在大量数据中的“秘密”，为用户的决策提供重要的分析手段。具体而言，利用数学统计分析方法，以及空间坐标、动态散点图等多种可视化技术来实现归档政府网站网页存储数据的分析，以及可能的数据属性之间相互关系的可视化呈现。同时利用数据分析工具将数据的各个属性值以多维数据的形式直观呈现，从不同的维度观察政府网站网页归档数据，发现其中未知的信息与知识，如政府网站网页归档资源的主题演化等，以帮助用户对归档保存的政府网站网页资源

① Elena Demidova, Nicola Barbieri, Stefan Dietze, et al. Analyzing and enriching focused semantic Web archives for parliament applications[J]. Future Internet, 2014, 6(3): 433-456.

进行更加深入的观察和分析，进而能更好地了解和利用归档的网页信息[1]。

(1)归档网页存储数据的可视化分析

网络存档所保存的网页信息资源数量庞大，为了帮助用户快速了解网络归档资源的整体情况，可以将归档网页存储数据库中的数据以标准格式的大型数据集的形式保存，借助可视化组件和工具实现归档网页存储数据的可视化分析。如日本的WARC项目对每年所馆藏归档的网页主题数量、归档网页数量、存档文件大小、文件归档总量进行可视化统计分析，并以细粒度分类统计的形式对归档保存的网页格式类型，如图片、文本、pdf文件、xls文件等的存档资源占比情况进行统计分析，同时还对采集的目标网站及归档网页存储站点的类别进行可视化分类标识，并从采集和保存的政府网站网页中选取出一些访问频率较高的存档网页，以图表的形式展示其近期访问利用的情况，并可以通过基于时间的URL索引扫描机制，将归档保存的不同类别的网页数据以团簇的形式可视化显示[2]。PANDORA项目以可视化图表的形式为用户提供当月、上个月的归档网页数据总量及其主题分类等详情，以及每月归档网页访问增长量的统计数据等[3]。此外，英国的网络存档项目综合采用基于内容的导航机制、时序机制和空间机制，利用Phrase-usage、Tag Cloud、3D wall、D3.js等数据可视化工具为用户提供了“专题收藏”资源的可视化导航服务，并利用数据分析工具按归档时间、来源机构、网站域名等对归档存储的网页资源的主题分类、格式类型、网页存档版本等信息进行了统计分析，使归档网页的存储数据得到了直观、生动的显示[4]。

(2)归档网页资源内容的可视化分析

面对海量的网页归档数据，为了帮助用户快速发现所需的归档网页信息，并能够从中获取所需的关键信息与精准知识，荷兰阿姆斯特丹大学负责的“网络存档检索工具”项目开发的Web Artist(Web Archive Temporal Information

---

① 黄新平，王萍．国内外近年Web Archive技术研究与应用进展[J]．图书馆学研究，2016(18)：30-35+19.

② 杨云鹏．日本国立国会图书馆互联网资源存档研究与启示[J]．数字图书馆论坛，2021(1)：24-31.

③ 马雨晴．用户需求导向的政府网站网页存档资源服务策略研究[D]．长春：吉林大学，2021.

④ UK Web archive [EB/OL]．[2021-10-21]．http：//www.webarchive.org.uk/ukwa/.

Search Tools)工具，综合利用了语义聚类、关联挖掘、统计预测，以及主题分类映射、复杂网络分析、时间序列分析等方法，对归档网页资源内容进行智能筛选、全面集成和量化分析，按照不同的主题、层级和粒度进行多维度的可视化分析，包括归档网页资源语料库的词频统计、不同归档网页文本之间的关键词共现矩阵、归档网页文本内容的主题演化等，并通过 Google Spreadsheet、Timeline、Gephi 等可视化工具将其以交互式的时间轴、知识图谱等形式直观呈现出来①，让用户在不需要了解整个网页文本内容的情况下，就能够快速掌握归档网页的核心内容和关键信息。

① Hugo C. Huurdeman，Anat Ben-David，Thaer Sammar. Sprint methods for Web archive research［EB/OL］.［2021-10-28］. http：//dl. acm. org/Citation. cfm? id=2464513.

第6章 政府网站网页云归档管理平台的原型系统设计与实现

基于前文的政府网站网页“档案云”模型、“云归档”流程及归档资源“云端”利用服务的研究内容，根据云计算服务体系结构，参照国内相关的行业规范、信息安全标准及国际通用的OAIS参考模型，提出政府网站网页云归档管理平台的逻辑体系与架构方案，在此基础上，设计并实现政府网站网页云归档管理平台的原型系统。

6.1 政府网站网页云归档管理平台的逻辑体系与架构

云计算作为一种新型的IT服务资源，应用日益广泛，它所采用的集约化、虚拟化、分布式计算等绿色节能技术，以及即插即用、动态架构、智能运作的服务方式，能高效低成本地实现政府网站网页的在线归档和集成管理①。本研究将“云计算”创新性地应用到政府网站网页的长期保存中，发挥其技术、管理与成本优势，突破原有的网络资源归档管理平台建设模式，从方案应当具备可模仿、可复制的需求出发，提出政府网站网页云归档管理平台的逻辑体系与体系架构方案。

① 王萍，黄新平，陈为东，等．政府网站原生数字政务信息云归档模型及策略研究[J]．情报理论与实践，2016，39(4)：60-65.

6.1.1　平台的逻辑体系

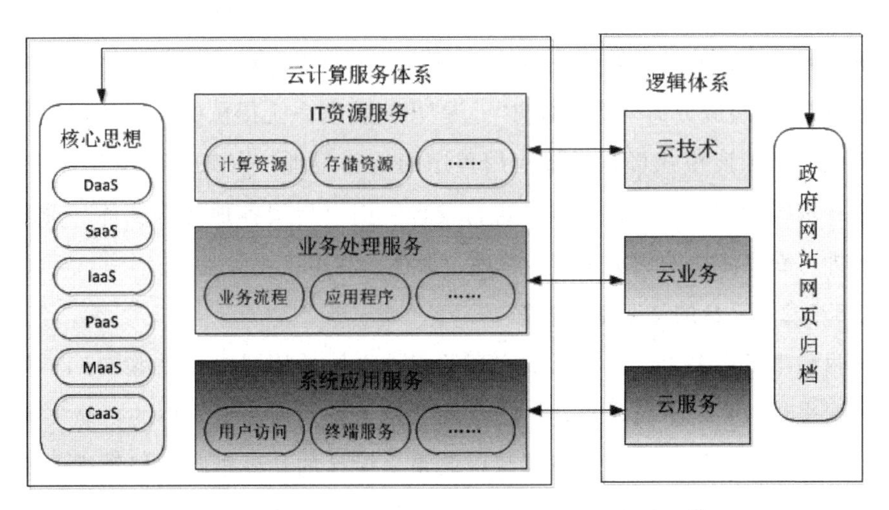

图 6.1　政府网站网页云归档管理平台的逻辑体系①

(1)云技术。利用虚拟化技术和分布式资源调度程序将服务器、存储设备、网络设备、安全防护设备等硬件资源连接起来，并进行逻辑分割，形成可以动态管理、统一调度的“资源池”，通过物理资源的集成共享，为政府网站网页归档业务流程的实现提供所需的计算、存储、服务等 IT 资源。进而通过整合政府网页归档所需的基础设施、平台及软硬件资源，使归档工作专注于网页采集、数据管理、资源存储、访问利用等业务操作和管理，而非归档系统的构建和维护，实现政府网站网页归档系统的云端部署与自由访问。

(2)云业务。参照电子文件归档的相关标准规范，对政府网站网页归档的业务流程进行拆分和封装，使业务流程具备可复制、可重组和可迁移的特性。在此基础上，采用基于弹性部署的云计算业务处理中间件及其提供的 API 接口，通过数据交互、资源共享、动态拓展、智能运作等方式实现政府网站网页归档相关应用程序的整合，并对云技术支撑的网页采集管理、元数据管理、保存策略管理、数据安全管理、访问利用管理等业务逻辑实施协同管理，从而实现政府网站网页归档流程的业务协同与云端处理。

① 黄新平．基于云计算的政府网站网页在线归档管理平台构建研究[J]. 北京档案，2019(12)：16-20.

(3)云服务。对政府网站网页归档的体系结构与业务流程进行解构、标准化，在云技术与云业务支持下，重塑政府网站网页归档的资源组织、流程部署和管理方式，使其可以实现按需弹性调度和分配。同时通过构建面向终端服务的浏览器/服务器模式，解决“云端”用户获取系统提供的各项业务功能服务问题。基于该模式可将系统应用程序的流程管理、资源分配、业务处理、数据存取等操作集中在云业务层进行处理。用户利用各种终端设备，通过浏览器即可获得相应的网页采集、管理、保存、利用等业务服务。

6.1.2 平台的体系架构方案

目前学术界关于云环境下数字资源归档系统的构建主要借鉴 OAIS 模型的分层思想对系统进行设计[①②③]，这种思路是按照 OAIS 模型的功能实体与云计算服务体系结构之间的逻辑映射关系来设计的。该思路的层级维度比较清晰，可较为系统地反映数字资源归档过程中各个环节的功能要素与业务流程。在实践层面，国外已经有存储机构将云计算应用到网络资源的长期保存中，并构建了相应的网络服务平台，Fedorazon、DuraCloud 是其中两个有代表性的项目，这些平台利用云环境下的各种服务资源实现了网络存档资源的实时归档、全程控制、长期存取及创新服务功能，主要包括采集、保存、访问、再利用和云分享等。这些理论研究与实践探索成果为平台的体系架构提供了重要参考与指导。

在以上研究内容的基础上，根据云计算服务体系结构，参照国内外相关的行业标准规范，结合上述政府网站网页云归档管理平台的逻辑体系，设计如图 6.2 所示的政府网站网页云归档管理平台的体系架构方案[④]。

---

① 刘淮．政府网络信息存档策略研究及系统实现[J]. 中国档案，2017(12)：60-61.

② Yan Han. Cloud storage for digital preservation：optimal uses of Amazon S3 and Glacier[J]. Library Hi Tech，2015，33(2)：261-271.

③ Mcleod J，Gormly B. Using the cloud for records storage：issues of trust[J]. Archival Science，2017，17(2)：1-22.

④ 黄新平．基于云计算的政府网站网页在线归档管理平台构建研究[J]. 北京档案，2019(12)：16-20.

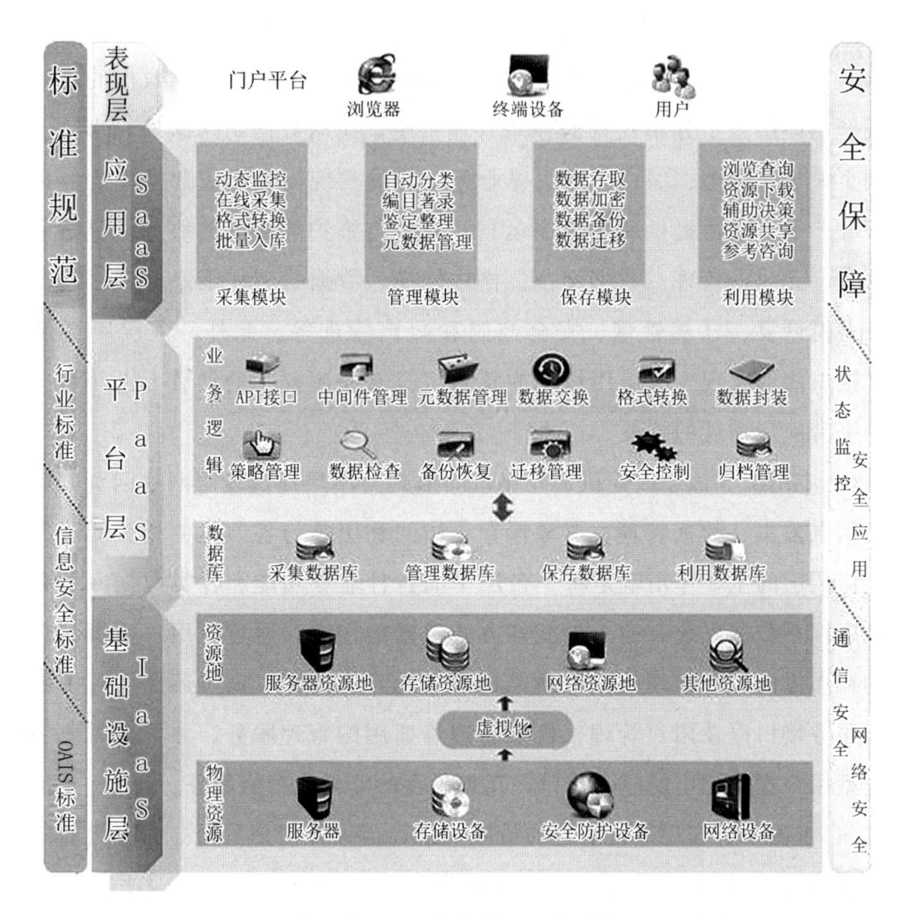

图 6.2　政府网站网页云归档管理平台的体系架构方案

(1)基础设施层。作为平台建构的基础，基础设施层主要提供政府网站网页在线归档各业务流程所需的网络、计算、存储等 IT 资源。该层利用虚拟化技术对现有的物理设备资源进行逻辑分割，形成可管理、可调度的虚拟 IT 资源，从而将一台服务器上的资源，合理分配给多个虚拟服务器，通过物理资源的共享提高平台的整体运作效率，保障平台应用层各类应用程序的最佳运行状态。同时由于操作系统与硬件环境相互独立，使得隶属于不同操作系统的虚拟机，可以在相同的物理环境下独立运行，从而方便各节点资源的全面互联与统一调度管理，以实现较高的计算性能，满足政府网页在线归档不断增长的计算与存储需要。

(2)平台层。该层作为整个平台的核心部分，包含数据库与业务逻辑两个部分。为了有效应对政府网站网页存档面临的海量存储及存档数据的高效存取问题，该层基于分布式数据存储管理系统，应用数据访问组件，为政府网站网页采集、管理、保存、利用等业务功能的实现提供相应数据库的数据存取服务。平台层还提供应用程序运行、监管与维护等相关的服务，包括中间件管理、元数据管理、数据交换、格式转换、数据封装、策略管理、数据检查、备份恢复、迁移管理、安全控制和归档管理等。此外，该层所提供的API接口能够实现现有应用程序的整合以及新应用程序的加载，进而可支撑整个平台应用功能的扩展。

(3)应用层。该层以人机交互接口的形式为用户提供政府网站网页归档涉及的信息采集、数据管理、资源保存、访问利用等与各项业务相关的服务内容。应用层的主要作用就是将平台层中的各种业务功能和各类数据库中存储的政府网页数据以统一的人机交互方式呈现给用户，通过为用户提供简单便捷的操作界面，方便用户获取所需的服务信息。同时，该层还提供可扩展的应用服务接口以及用户管理、权限管理等通用的管理服务，并根据需要为不同类型用户提供相应的应用接口，实现平台的差异化功能服务。

(4)表现层。表现层是平台的最后一层，也称作门户平台。它直接面向用户提供各类 Web 服务，用户可以利用各种联网的终端设备登录平台门户网站，通过浏览器即可在权限允许的范围内直接访问平台应用层提供的各种服务，获取平台层数据库中存储的信息。而且与传统的网络平台不同，该平台的表现层可以利用云计算高效的数据处理能力，将复杂的计算交由云端处理，极大降低了平台对终端设备的要求，用户所使用的访问设备只需具备简单的交互功能即可获得快速的平台服务响应，从而能够让用户拥有良好的访问体验。

6.2 政府网站网页云归档管理平台的原型系统设计

以上研究着重从理论上探讨了政府网站网页云归档管理的理论框架与技术方案，为了实现政府网站网页云归档管理理论与方法的落地生根，还需要选择合适的开发工具，设计和实现接近实用程度的原型系统，将政府网站网页云归档管理的方法范例化、标准化，使得本研究提出的政府网站网页云归档管理理论框架和方法体系具有实际可操作性。其中，政府网站网页云归档管理平台的原型系统设计主要包括系统功能模块的设计、系统流程的设计及系统数据库表的设计。

6.2.1　系统功能模块的设计

与传统的数字资源长期保存系统一样，政府网站网页云归档管理平台也同样具备采集、管理、保存、利用等基本业务功能[①]，如图 6.3 所示。

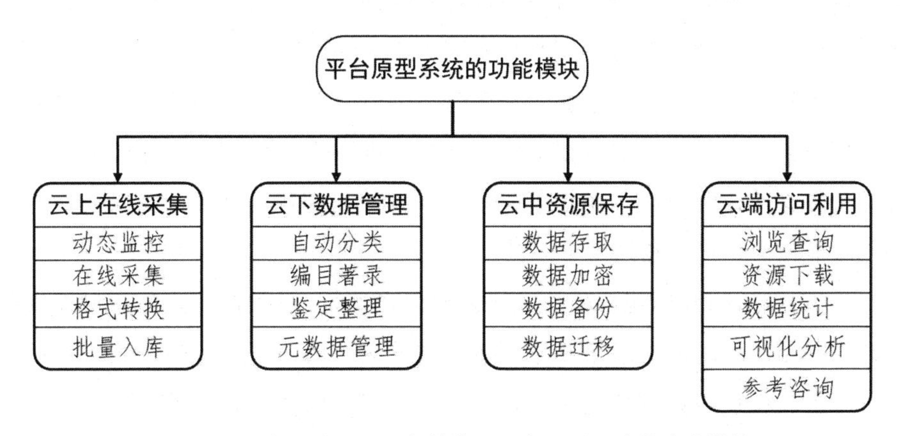

图 6.3　政府网站网页云归档管理平台原型系统的功能模块

(1)云上在线采集功能模块。该模块利用能够兼容多种数据格式的云端数据采集接口，基于一站式云服务模式，在线完成对政府网站上的文本、图像、音频、视频等不同类型网页资源的采集任务，对采集获取的网页资源进行统一格式转换处理，将其批量保存到采集数据库中。该模块通过新增监控与变动监控实时更新获取目标政府网站的最新数据，确保网页采集的质量。同时采用数据加密、安全传输协议等方法保证网页传输安全，确保网页数据真实、完整、可信和可用。

(2)云下数据管理功能模块。该模块主要包括内容管理与元数据管理两大功能。其中内容管理的功能是对云端在线采集获取的各类政府网页进行线下

① 黄新平．基于云计算的政府网站网页在线归档管理平台构建研究[J]. 北京档案，2019(12)：16-20.

的分类、著录、标引、编目、鉴定、整理，即按照设定的分类方案，对采集获取的海量政府网页进行自动分类，然后将添加元数据描述信息的政府网页保存到相应的管理数据库。元数据管理的功能则是通过确定元数据元素以及元数据的格式，明确政府网页内容、结构、背景和管理过程等信息与元数据之间的关系，在相关元数据之间建立联系，实现元数据信息的序化组织，确保政府网页信息能够长期可利用。

(3)云中资源保存功能模块。该模块基于云存储动态易扩展的技术特性，通过调用云存储服务端的应用程序，对其存储集群中相应数据库进行数据的插入、删除、修改等操作，实现对海量政府网页资源的实时动态归档保存。此外，该模块还具备存储数据的云备份、云迁移等功能，能够根据存储数据的更新情况，利用云存储数据加密、云端数据隔离访问、完整性验证及可用性保护等方法，定期进行存储数据的在线备份和迁移等处理，确保云环境下归档政府网页数据的长期安全保存。

(4)云端访问利用功能模块。该模块以浏览器/服务器方式为用户提供归档政府网站网页的云端利用服务。通过该模块，用户可以使用浏览器直接访问云平台，在权限许可的范围内，查询、浏览、批量下载所需的归档政府网站网页数据，并能够利用辅助决策的数据挖掘、数据分析等功能，实现对归档网页信息的在线统计分析与深度挖掘。同时为了实现归档政府网站网页资源的开放共享和高效利用，该模块为用户之间及用户与管理员之间提供了在线交流的机制，进而实现资源共享、参考咨询等多种服务方式。

6.2.2 系统流程的设计

平台的目标用户是系统管理人员和普通用户，其中系统管理人员主要负责政府网站网页在线归档中的网页采集、数据管理与资源保存等业务环节的操作管理，以及对系统的管理。对应以上的系统功能模块设计，系统流程设计主要包括网页采集管理、归档数据管理、云存储管理、系统管理等 4 个功能模块。在网页采集管理模块中，系统管理人员可以对目标政府网站进行动态监测，对更新的政府网站网页进行实时在线采集，将采集的网页进行统一的格式转换处理后，将其批量存入网页采集数据库中；在归档数据管理模块中，系统管理人员可以对政府网站网页归档元数据进行管理，为前端用户对归档资源的访问利用设置不同的检索方式，同时可以根据元数据中的分类及保管期限等元素内容来实现归档网页按主题、按题材、按年度、按来源机构的分类整理，并可以完成单个网页数据或批量网页数据的鉴定处置；在云存储管理模块中，系统管理人员可以对归档的网页数据包进行云端的数据加密、数据备份与数据迁移等操作，实现归档网页资源的长期安全保存；在系统管理模块中，系统管理人员可以对平台用户的角色、访问权限及用户登录信息、用户的留言信息等进行管理。结合系统的功能模块设计，确定系统管理人员的系统流程，如图6.4所示。

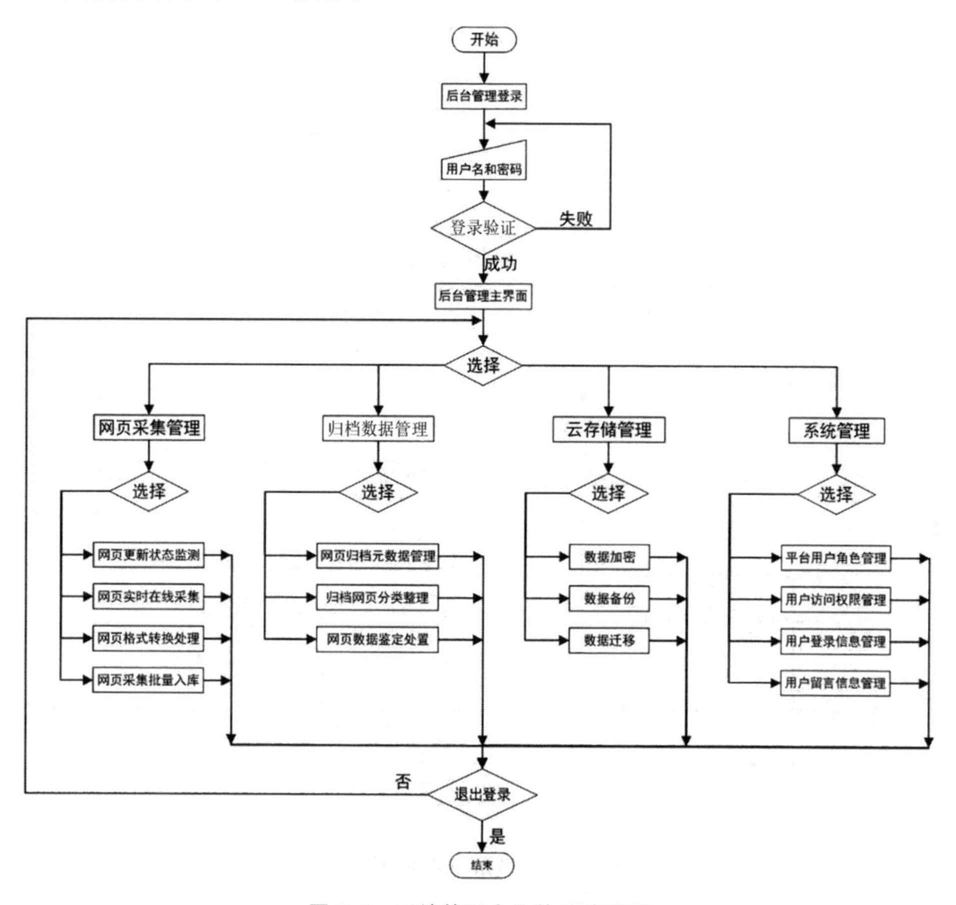

图6.4　系统管理人员的系统流程

平台的普通用户为包括社会公众及企事业单位、科研机构、政府部门人员等在内的前端用户，这些普通用户主要是对归档保存的政府网站网页资源进行访问利用。用户可以通过信息检索、专题分类、主题分类、地区导航等形式浏览查询归档的政府网站网页及其原始网页内容，并对所需要的归档网页进行单个或批量的下载。同时，用户还可以利用系统提供的归档网页数据挖掘与分析功能，对归档的网页数据进行文本内容分词、关键词提取、词云分析、主题著录，以及归档网页数据的统计、关键词共现网络等可视化分析。此外，用户还可以通过在线留言、RSS订阅服务等参考咨询方式获取所需的归档网页资源。结合系统的功能模块设计，确定普通用户的系统流程如图6.5所示。

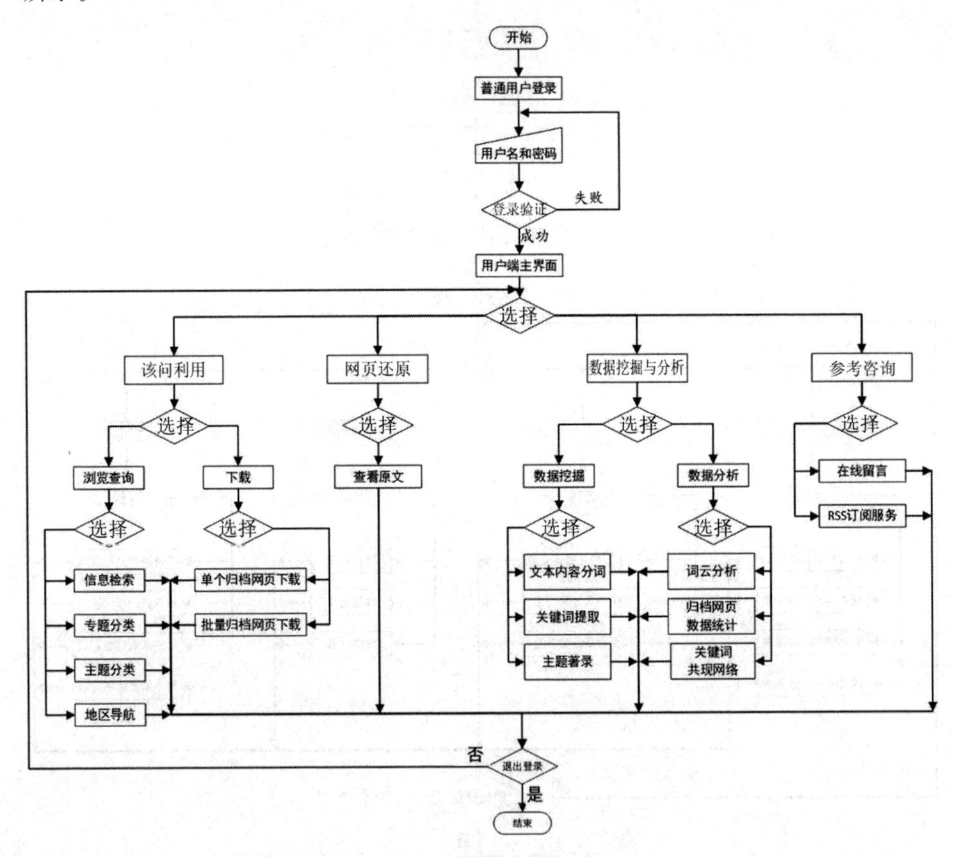

图6.5　普通用户的系统流程

6.2.3　系统数据库表的设计

系统数据库表是平台原型系统实现数据库操作的重要基础，数据库表的设计是否合理对整个系统的运行效率具有重要影响。政府网站网页云归档管理平台的原型系统以关系型数据库作为后台数据库，在具体的系统数据库表结构和内容的设计上，遵循确保不同数据库表数据的一致性和整体性，减少数据结构的冗余，提高数据库的数据存取效率等原则。根据上述的平台原型系统功能模块设计和系统流程设计，明确系统各功能模块对应的系统流程所涉及的实体对象的数据需求，以此确立数据库表的实体数据关系。然后，将抽象的实体数据关系转换成关系型数据库中的关系模式，即用逻辑结构数据表来表示抽象的实体数据关系，从而完成平台原型系统数据库表的设计。依据系统流程数据需求分析中的实体数据关系，政府网站网页云归档管理平台原型系统各功能模块的实现需要依靠建立如表6.1所示的17个逻辑结构数据库表，各数据库表的具体内容设计如图6.6所示。

表6.1　平台原型系统的数据库表结构

序号	表名	描述
1	userinfo 用户信息表	用于记录用户的用户名、密码、邮箱、联系电话等信息
2	crawl 网页采集源信息表	用于记录网页采集源、采集状态、更新状态等信息
3	webinfo _ temp 网页采集信息表	用于记录爬虫采集获取的网页标题、发布机构、发布时间、关键词、主题分类、网页内容等信息
4	webinfo 网页管理信息表	用于记录网页归档元数据中的标题、发布机构、日期、关键词、分类、原文、信息来源、出处、文档格式、保管期限等信息
5	webinfo _ copy 网页保存和备份信息表	用于记录网页归档元数据中的标题、发布机构、日期、关键词、分类、原文、信息来源、出处、文档格式、保管期限、云存储等信息
6	data _ result 数据分析信息表	用于记录网页文本数据分析的统计结果等信息
7	message 在线留言表	用于记录用户反馈、留言内容、联系方式等信息

续表

序号	表名	描述
8	select _ opt 选择操作表	用于记录用户选择操作的网页数据，便于网页数据批量下载和网页还原操作
9	administrative _ district 行政区表	用于记录网页发布机构所属的行政区域和对应的网页内容等信息
10	monographic 专题表	用于记录网页所属专题栏目的专题名称和相应网页内容等信息
11	lda lda 分析表	用于记录网页文本数据生成的 lda 主题等数据信息
12	abst 摘要表	用于记录网页文本数据分析的摘要、文本信息
13	co _ net 共现网络表	用于记录网页文本数据的关键词共现网络、边、点等信息
14	keywords 关键词	用于记录网页文本数据处理的关键词等信息
15	wordcloud 词云表	用于记录网页文本数据处理生成的词云表内容等信息
16	log 日志表	用于记录平台用户登录与操作日志信息
17	session 缓存表	用于记录数据库操作的缓存数据等信息

图 6.6　平台原型系统的数据库表设计

6.3　政府网站网页云归档管理平台的原型系统实现

在完成云环境下虚拟化和集约化基础设施、应用程序共享平台、浏览器/服务器模式搭建的基础上，平台的原型系统实现需要解决开发技术方案的选择、关键技术的应用、系统主要功能模块的开发及系统的运行测试等关键问题。

6.3.1　系统开发的技术解决方案

为了保证平台原型系统的稳定性、兼容性及可扩展性，参考相关网络系统开发的技术方案，平台原型系统开发采用 Java＋Python＋MySQL 的集成开发环境，以及基于MVC框架模式和云服务器的B/S体系架构的技术方案。

(1)Java＋Python＋MySQL开发环境的搭建。Windows操作系统下的Java＋Python＋MySQL作为目前比较流行的一种开发网络应用系统的开源软件组合，具有安装简单、配置灵活、功能完善、安全稳定等优势，使用该软件组合所搭建的集成环境进行网络应用系统的开发是一个非常理想的选择。其中，Java作为当前IT领域应用最为广泛的网络编程语言之一，具有封装、继承、多态等特点，利用它能够快速、高效地开发出可移植、可扩展、执行效率高的Web应用程序。Python作为当前的主流编程语言，具有丰富的第三方函数库，而且有多种接口与数据库进行连接，可以高效地进行海量数据的分析与处理。MySQL数据库具有体积小、安全性好、运行速度快、操作简单等优点，它能很好地满足Java、Python网络编程对多用户、多线程、重负载等性能的要求。

通常，利用Java＋Python＋MySQL开发环境搭建Web系统，还涉及Web服务器、软件包、数据库软件及相应的集成开发环境。对于Web服务器，在混合采用Java和Python进行Web系统开发的环境下，多采用Nginx、uWSGI等Web服务器来实现HTTP解析与反向代理服务。而IDEA和PyCharm分别作为Java、Python编程开发的集成开发环境，应用非常广泛。除此之外，Web系统的前端开发还需要用到网页设计工具、脚本编辑工具及网页素材制作工具等，考虑到Vue作为一个能够构建数据驱动的Web界面的渐进式技术框架，可以大大提高Web系统前端开发的效率，而且能够很好地支持网页脚本编辑工具WebStorm，二者在技术上具有可融性，基于以上分析，确定平台原型系统开发所需要的软件配置环境如表6.2所示。

表6.2 平台原型系统开发所需要的软件配置环境

开发环境	具体配置
Web服务器	Nginx、uWSGI
数据库管理系统	MySQL数据库
Java编程工具	IDEA集成开发环境

续表

开发环境	具体配置
Python 编程工具	PyCharm 集成开发环境
网页设计工具	Vue
网页脚本编辑工具	WebStorm
网页素材制作工具	Photoshop、Firworks 等
浏览器	IE8.0 及以上版本

(2)基于 MVC 框架模式的技术路线。MVC(Model-View-Controller)即模型—视图—控制器模式，它是当前设计和开发网络应用系统的主流框架模式，该模式将业务处理与前端的交互及后台的数据处理相互分离，并将整个网络应用系统的工作流程划分为模型、视图及控制器三层，具体如图 6.7 所示[①]。

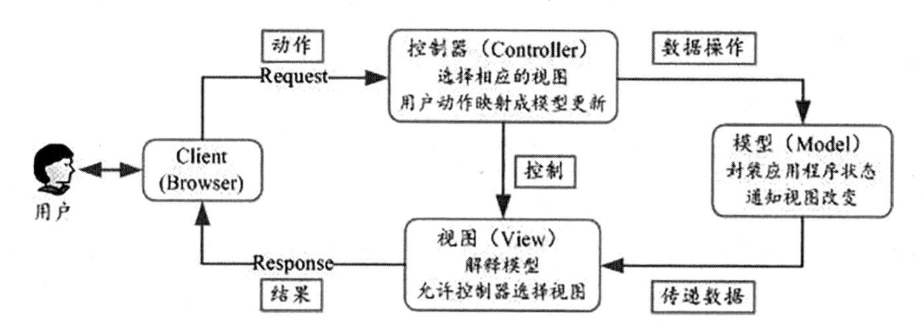

图 6.7　基于 MVC 框架模式的系统工作流程

①模型层。该层作为整个框架中最核心的部分，其中封装了用于表示网络应用系统的业务规则、业务逻辑、业务流程，以及系统的应用程序、数据库操作、数据处理等内容，当模型层接收到控制器的数据操作等业务请求时，其内部状态会发生改变，通过传递数据的形式触发视图层及时刷新视图，并反馈给前端交互的用户。②视图层。视图即是前端用户与网络应用系统进行交互的界面，该层主要用于处理客户端界面显示的问题，它在控制器的控制

① 黄新平．中职生职业生涯规划网络教育平台的设计与开发[D]．长春：吉林大学，2014．

下，对模型层传递的数据进行解析，将其转换为客户端浏览器可以识别的网页格式，输出到用户的客户端。③控制器层。该层作为整个框架的控制中心，用来处理用户的操作与访问请求，并通过控制模型和视图将具体的结构反馈给用户，即当控制器接收到用户的请求时，它能调度模型中相应的业务程序去处理用户的请求，并控制视图为用户反馈模型层处理后传回的业务数据[①]。

平台原型系统的开发之所以采用基于 MVC 框架模式的技术路线，主要是考虑到了其具有的如下优势[②③]：①便于程序的维护与修改。MVC 框架所包含的三个模块在功能上是相互独立的，其中某个模块所对应的功能需求发生改变时，在对相应模块的程序代码进行修改时，不会影响其他两个模块的功能效果。②增加程序的可重用性。MVC 框架模式所采用的业务处理与数据访问相互隔离的机制，可以实现多个视图共享一个模型的效果，这样就可以在很大程度上增加系统应用程序的可重用性。③提高系统的开发效率。在 MVC 框架模式中，利用控制器来对相应的模型和视图进行动态匹配就可以达到系统数据访问与业务处理的效果，这样只需要设计一个功能完善的控制器就能实现整个网络应用系统的正常运行，从而可降低系统开发的工作量，提高整个系统的开发效率。

(3)基于云服务器的 B/S 体系架构。云服务器 ECS(Elastic Compute Service)是一种简单高效、处理能力可弹性伸缩的云计算服务[④]。通过在云服务器 ECS 上简单配置实例，就可以将 Web 系统开发和运行所需的数据库、应用程序及 Web 服务器等快速高效地搭建起来，同时它支持 Hadoop 分布式计算，可以在保证海量存储空间、高存储性能的前提下，为云端的 Hadoop 集群提供更高的网络性能，并且可以利用其 GPU 计算型实例，实现基于

---

① Wojciechowski J, Sakowicz B, Dura K, et al. MVC model, struts framework and file upload issues in web applications based on J2EE platform[C]// Modern Problems of Radio Engineering, Telecommunications & Computer Science, International Conference. New York: Institute of Electrical and Electronics Engineers, 2004: 342-345.

② 霍福华. Web 前端 MVC 框架的发展方向以及意义[J]. 软件工程, 2019, 22(4): 3.

③ 任文静. 基于 MVC 模式数字媒体资料存储共享系统设计[J]. 电子设计工程, 2020, 28(4): 5.

④ 云服务器 ECS[EB/OL]. [2021-07-11]. https://help.aliyun.com/document_detail/25367.html.

TensorFlow等框架的海量数据快速高效处理分析功能①。基于此，本研究在传统Web系统架构所采用的B/S(即浏览器/服务器)结构模式的基础上，采用基于云服务器ECS的B/S体系架构模式，如图6.8所示。该模式由显示层、业务逻辑层、数据服务层三层结构组成，各层之间在功能上相互独立，通过具体的接口进行交互。在该模式下，业务逻辑层中的云服务器ECS集中了整个系统的管理、数据库操作、数据处理分析等工作，也就是说，Web应用程序的数据访问、业务处理等工作都由云服务器ECS来进行处理。这样不仅简化了用户端的操作，使系统能够为更多的用户所使用，而且大大提高了Web系统的开发与运行效率。

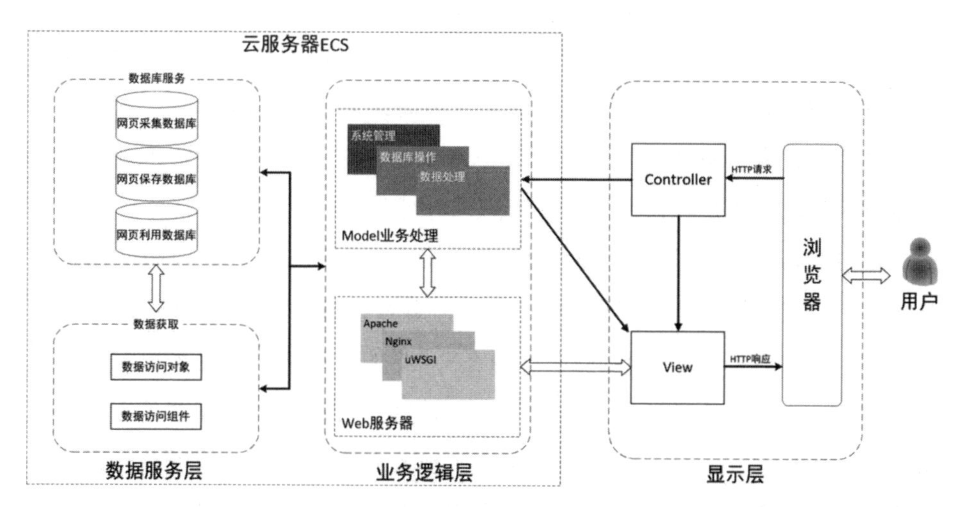

图6.8　基于云服务器的B/S体系架构模式

6.3.2　系统开发关键技术的应用

系统开发所用到的关键技术主要包括网页动态监控采集技术、网页还原技术、Elasticsearch全文搜索引擎技术、TensorFlow深度学习框架技术等。

(1)网页动态监控采集技术。网页采集是实现政府网站网页归档的首要环节，如何高效采集高质量的网页是本研究要解决的关键问题。针对该问题，

---

① 云服务器ECS的应用场景[EB/OL]. [2021-07-11]. https://help.aliyun.com/document_detail/25371.html? spm=5176.22414175.sslink.3.364d55d6WyEsTq.

本研究在采用阿里云提供的云服务器 ECS 的基础上，利用其中的云监控(Cloud Monitor)服务[①]，来实现对网页数据的实时监控，掌握目标政府网站的最新动态，并通过自定义的网页新增监控与站点变动监控机制，实时更新获取目标政府网站网页的最新数据。然后，基于 Hadoop 的分布式网络爬虫技术，采用基于 Hadoop 的分布式计算框架和 HDFS 分布式文件系统，调用相应的网络爬虫接口，并通过云服务器的控制台实现政府网站网页的分布式采集，进而在提高网页采集质量的同时，有效解决传统网络爬虫网页采集效率低、可扩展性差等问题。

(2)网页还原技术。为了解决用户访问政府网站网页所遇到的网页数据丢失、网页无法链接或网页不能正常显示的问题，本研究将综合应用 HTML 重写、超链接重写、Proxy URL 技术方法来实现某个时间节点内归档政府网站网页的重现，并利用网页重定向、域名重定向以及“URL＋时间戳”的技术方式恢复归档政府网站网页原有的超链接情景，将归档保存的网页内容以其原有的样貌展现给用户，让用户拥有访问原始网页一样的体验[②]。

(3)Elasticsearch 全文搜索引擎技术。Elasticsearch 作为一个分布式、动态可扩展的搜索和分析引擎，可以快速、高效、精准地检索和分析海量数据[③]。由于政府网站网页归档是一项动态工作，归档的政府网站网页数量规模持续增长，为了实现对海量动态增长的归档网页资源的快速高效检索，本研究选择 Elasticsearch 全文搜索引擎作为实现政府网站网页归档资源检索接口的重要技术支撑，并采取索引技术来实现浏览查询服务，确保用户利用系统提供的检索功能时，可以快速、准确地找到所需的归档资源。

(4)TensorFlow 深度学习框架技术。TensorFlow 是由 Google 开发的一款面向 Python 实现深度机器学习的程序包，其中包含卷积神经网络、RNN 和 LSTM 等各种神经网络模型，也是一个采用数据流图进行数值计算的开源

---

① 云监控[EB/OL].[2021-07-11]. https://help.aliyun.com/document_detail/35170.html?spm=5176.22414175.sslink.9.eee77ad1KeKP7m.

② 黄新平，王萍．国内外近年 Web Archive 技术研究与应用进展[J]. 图书馆学研究，2016(18)：30-35＋19.

③ 张建中，黄艳飞，熊拥军．基于 Elastic search 的数字图书馆检索系统[J]. 计算机与现代化，2015(6)：5.

软件库，利用它可以大大降低深度机器学习，尤其是深度神经网络的开发成本和开发难度[①②]。本研究采用基于TensorFlow深度学习框架的卷积神经网络及其高效的分布式并行计算方法，实现对海量归档政府网站网页数据的处理与分析，包括网页文本内容的自然语言处理，如文本内容分词、自动摘要生成、关键词提取、词云分析、主题著录，以及网页文本内容关键词共现网络的可视化分析等。

6.3.4 系统主要功能模块的实现

基于上述的MVC框架模式的技术路线，将平台原型系统开发项目结构划分为模型层、视图层和控制层三部分。模型层中通过Java编程用于处理系统各业务功能模块对后台MySQL数据库操作的具体模型定义；视图层中主要通过Vue技术框架和WebStorm脚本编辑完成，用于显示Web页面的内容；控制层中为各功能模块的实现提供由Java和Python编程实现的主要程序文件，其中Java编程用于实现前端与后台的交互处理，Python编程实现的是基于深度学习框架TensorFlow对海量的网页文本数据进行分析与处理。以上三部分各自独立，模型层、控制层二者与视图层之间通过Web服务器进行交互，而模型层与控制层之间通过接口实现彼此之间的通信，它们共同实现网页采集、数据管理、资源保存、访问利用这4个系统的核心功能模块。

(1)网页采集功能模块的实现。在调研各级应急管理部门政府网站网页资源类型、分布、结构等特点的基础上，以国家应急管理部、各省市的应急管理厅和应急管理局网站为目标网站，将其作为网页采集源。利用上述分布式网络爬虫技术对这些目标网站的《政务公开》《应急专题》等栏目中发布的通知公告、政策法规、政府文件、政策解读、人事信息、政府采购、计划规划、统计数据、建议提案办理、应急预案、典型案例等网页资源进行全面定题采集。同时采用云监控服务对目标网站的更新状态进行动态监控，实时采集捕获其中有更新的网页。对采集获取的网页按照所设计的元数据著录描述方案进行统一的格式转换和结构化处理后，批量导入云服务器中的采集数据库中，

---

① 章敏敏，徐和平，王晓洁，等．谷歌TensorFlow机器学习框架及应用[J]. 微型机与应用，2017，36(10)：3.

② Abadi M . TensorFlow：learning functions at scale [J]. Acm Sigplan Notices，2016，51(9)：1-1.

完成对目标政府网站的网页采集，平台原型系统网页采集功能模块的主界面如下图 6.9 所示。

图 6.9　平台原型系统网页采集功能模块的主界面

(2)数据管理功能模块的实现。采集数据库中的网页存在元数据描述信息不完整、资源分类体系不完善、保管期限信息空缺等问题。本模块实现了网页归档的元数据管理功能，可依照所提出的政府网站网页归档元数据方案，检查网页归档元数据描述信息是否齐全，并通过对归档网页标注主题、题材、年度、来源机构等资源分类信息，完成归档网页在云服务器管理数据库中的细粒度自动分类。在此基础上，通过在归档网页元数据中添加必要的保管期限等元数据描述信息，完成归档网页的数据鉴定整理。其中，平台原型系统数据管理功能模块中网页归档的元数据管理与数据鉴定的示例分别如图 6.10 和图 6.11 所示。

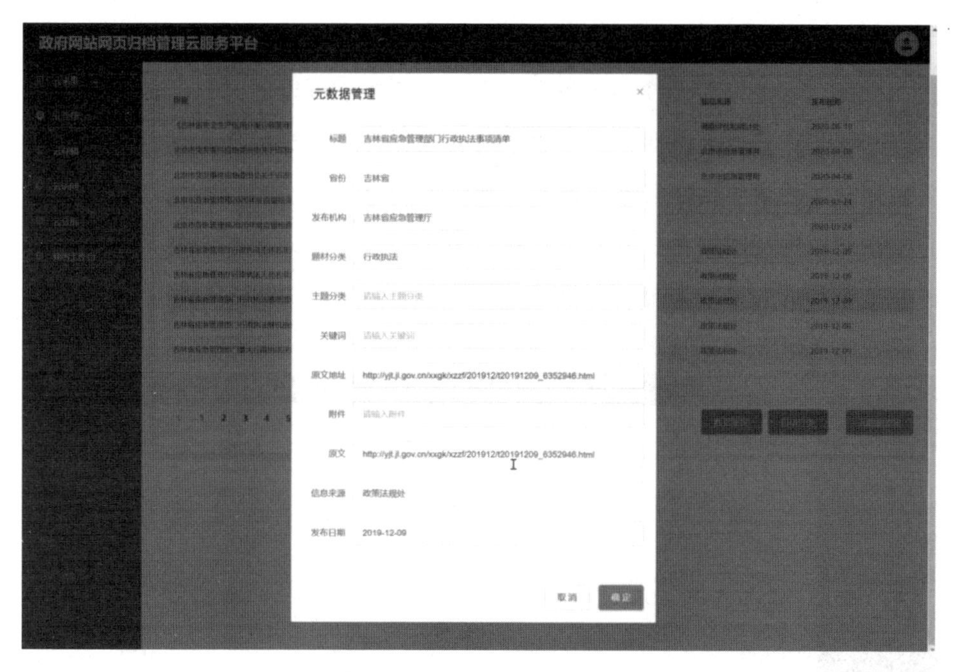

图 6.10　网页归档的元数据管理示例

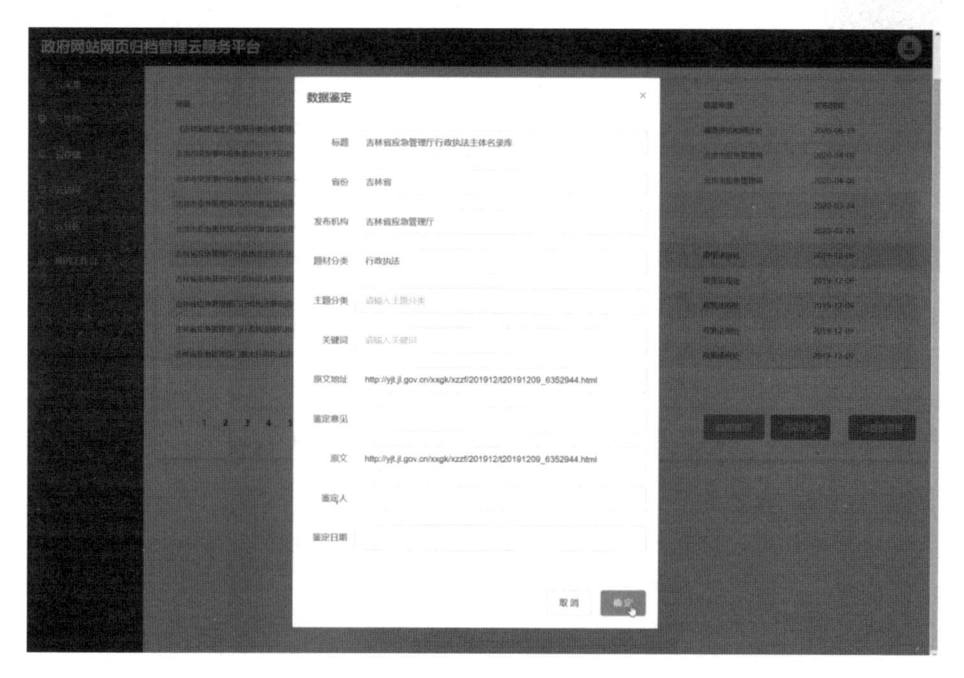

图 6.11　网页归档的数据鉴定示例

(3)资源保存功能模块的实现。该功能模块主要是利用云服务器ESC提供的云存储、云备份与云迁移机制来实现的。其中，可以通过数据加密操作实现归档网页在云服务器保存数据库中的安全保存，通过数据备份操作可以利用云服务器的快照功能实现归档网页数据的完整备份，通过数据迁移操作可以实现归档网页数据在其他云服务器中的“异地”备份。平台原型系统资源保存功能模块的主界面如图6.12所示。

图6.12　平台原型系统资源保存功能模块的主界面

(4)访问利用功能模块的实现。基于Elasticsearch全文搜索引擎技术，参照政府网站网页归档元数据方案设计检索目录，实现了归档网页资源的浏览查询功能，并提供普通检索和高级检索两种模式，其中普通检索支持主题和关键词检索，高级检索可以通过标题、内容、题材、时间、来源机构等进行组配检索。此外，还提供了专题检索、内容分类、地区导航等浏览查询服务方式(见图6.13)，并允许用户对所需要的归档网页有选择地进行批量下载(见图6.14)，同时支持用户通过查看原文的形式获取原始网页内容(见图6.15)。

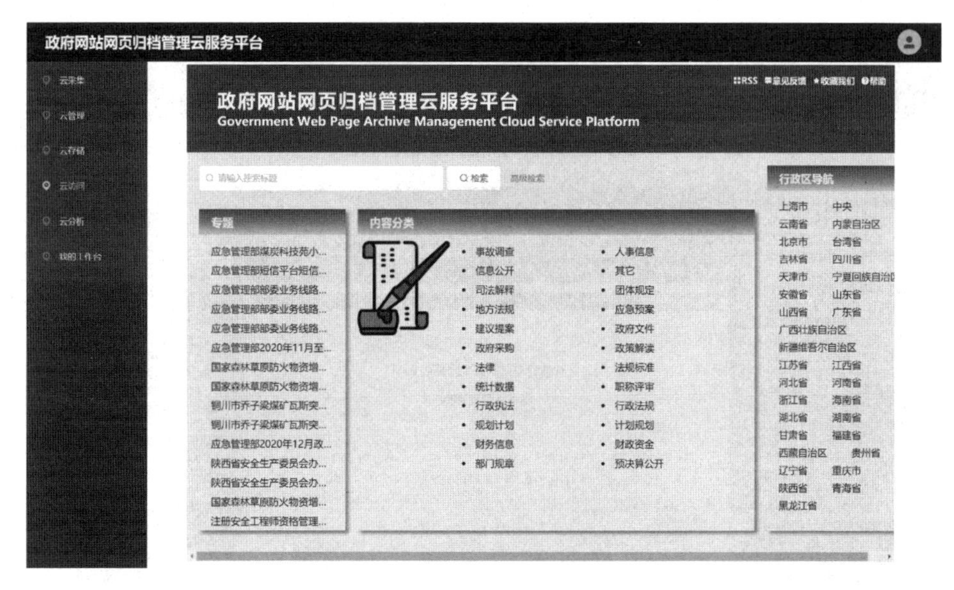

图 6.13　平台原型系统归档网页资源浏览查询功能的主界面

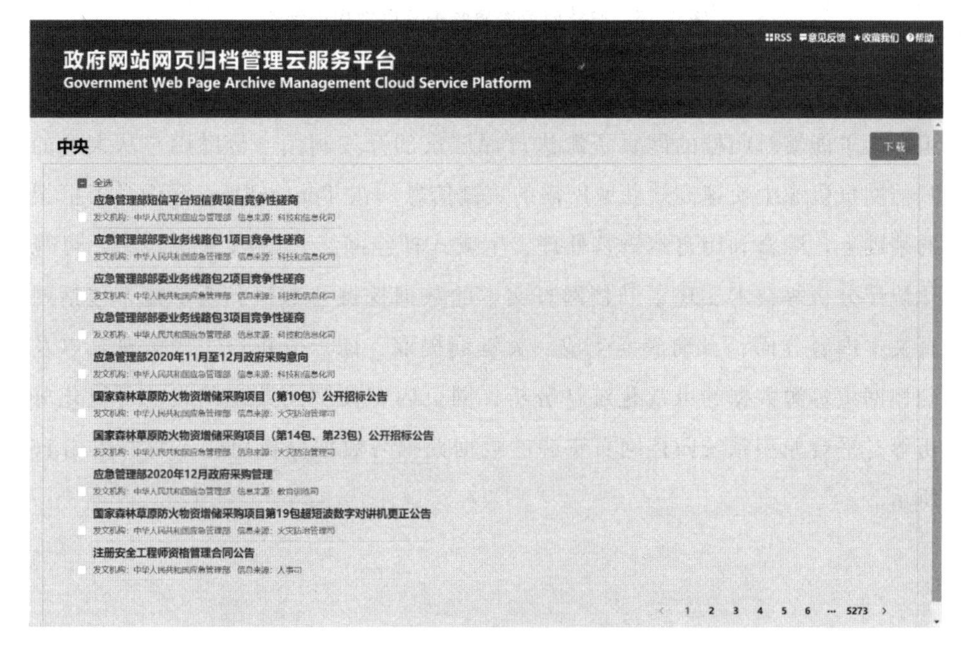

图 6.14　归档网页资源的批量下载功能示例

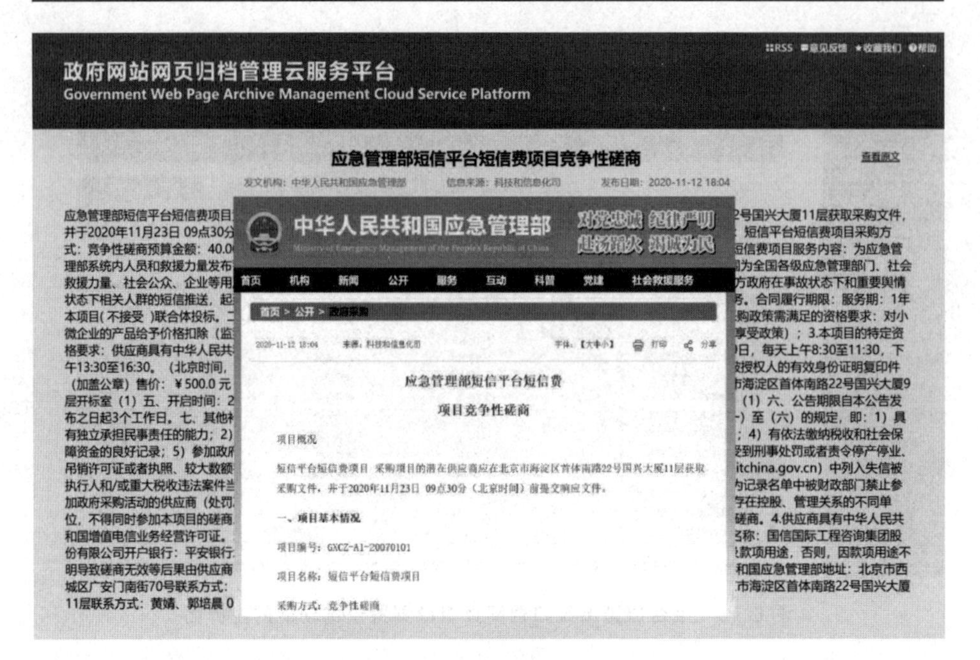

图 6.15　归档网页资源的查看原文功能示例

另外，由于很多归档的网页资源内容主题不明确，缺少关键词等特征标识，为了能够对归档的网页资源进行深层次的开发利用，帮助用户从大量的归档网页资源中快速高效获取所需的关键信息，在 TensorFlow 深度学习框架的基础上，综合利用自然语言处理、生成式神经网络、LDA 主题模型、可视化统计分析等技术实现了归档网页文本的数据挖掘与数据分析功能，包括网页文本内容分词、自动摘要生成、关键词提取、词云分析、主题著录，以及归档网页资源数据的可视化统计分析、网页内容关键词共现网络的可视化分析等。平台原型系统归档网页资源的数据挖掘与数据分析功能界面如图 6.16 所示。

图 6.16　归档网页资源的数据挖掘与数据分析功能界面

①网页文本内容分词功能。文本分词是实现文本内容数据挖掘和分析的基础，由于 Jieba 分词工具整体分词效果好，在 Python 环境下使用较为广泛，而且可以在精确模式、全模式和搜索引擎模式三种模式下实现词性的标注和新词发现，因此，通过 Python 编程调用 jieba 分词包和自定义词典实现对归档网页文本内容的高精度分词功能，不仅可以把网页文本中的句子以最精确的方式切开，还可以通过扫描整个分词语料库中的所有词语，对其中有歧义的分词能够进行很好的处理。对于分词结果，可以词性标注统计的形式导出。归档网页文本内容分词功能示例如图 6.17 所示。

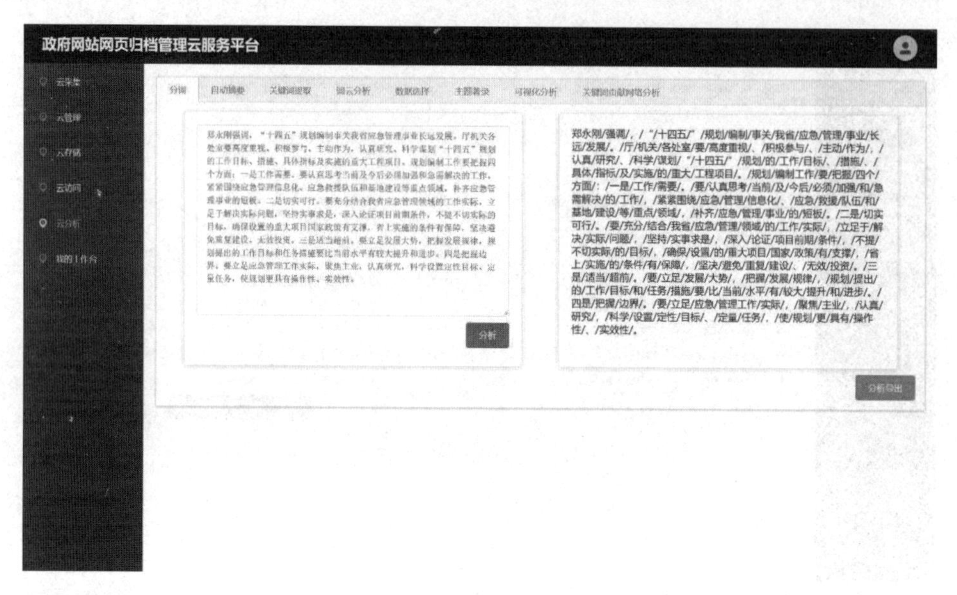

图 6.17　归档网页文本内容分词功能示例

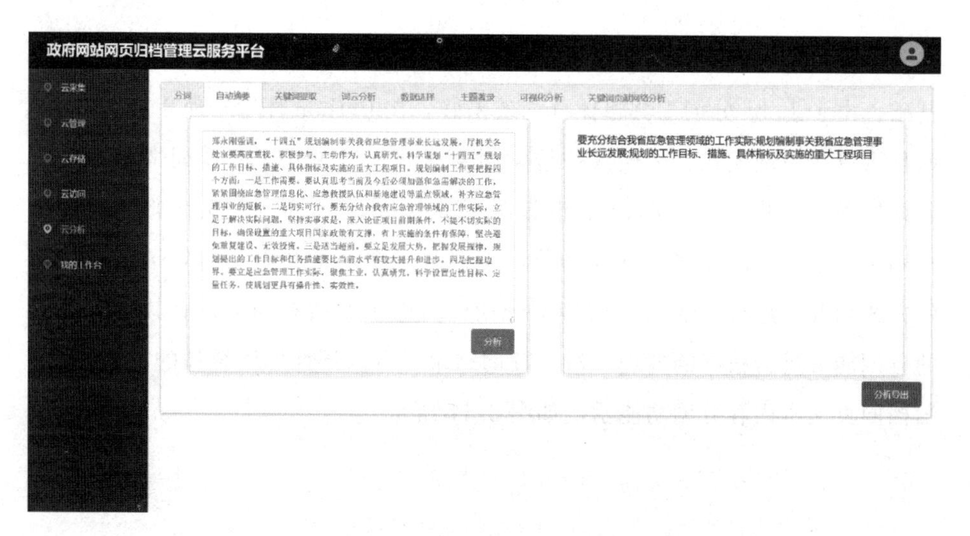

图 6.18　归档网页文本内容自动摘要生成功能示例

②自动摘要生成功能。利用生成式神经网络模型，通过深度机器学习，不断提高神经网络模型表征、理解、生成文本的能力，从而实现一种接近人工识别的精准方式自动生成文本摘要功能，相应的功能示例如上图 6.18 所示。使用自动摘要生成功能，用户就可以在不阅读整个网页文本内容的情况下，快速了解和掌握归档网页的大概内容和关键信息。

③关键词提取功能。图模型是一种用网络图的形式来表示概率分布的技术，一个归档网页文本就可以用一个以词语为节点、词语之间的关系为边的网络图。采用图模型技术，按单词或短语把归档网页文本内容划分为若干组成单元，各单元之间的共现关系构成边，形成归档网页文本的网络图，并将其中具有重要作用的词或者短语作为关键词，实现归档网页文本内容关键词的提取。基于图模型实现归档网页文本内容关键词提取的功能示例如图 6.19 所示。

图 6.19　归档网页文本内容关键词提取功能示例

④词云分析功能。在实现归档网页文本内容分词和关键词提取功能的基础上，基于词频统计方法，对文本分词后的词频进行统计，过滤掉低频词汇，将其中的关键词和高频词汇以特定图像的形式展示出来，具体功能示例如图 6.20 所示。

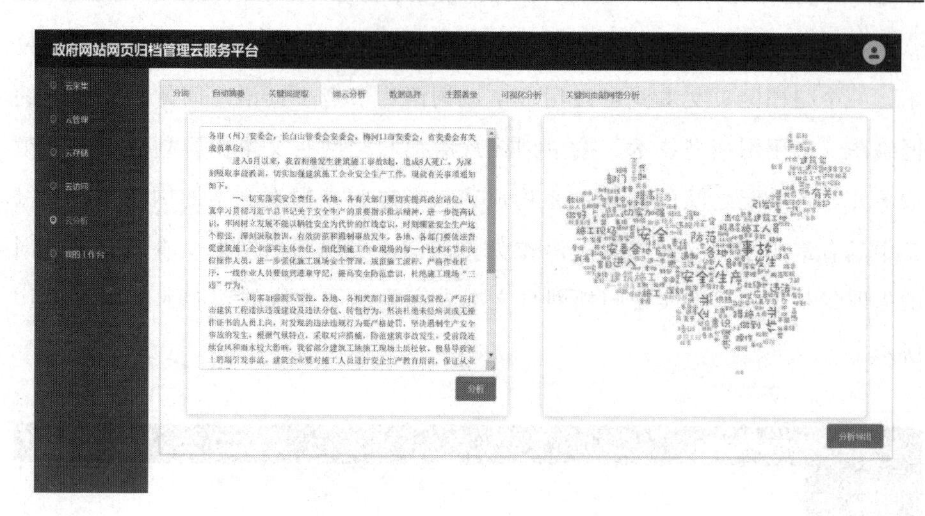

图 6.20　归档网页文本内容词云分析功能示例

⑤主题著录功能。基于 Python 的机器学习进行 LDA 主题建模，实现机器对归档网页文本内容主题的发现与自动识别，完成对相应归档网页内容的主题著录，从而方便用户对某一主题归档网页资源的快速获取，同时也可以帮助用户对大量归档网页内容，如一些政策文件的主题演化等进行分析。归档网页文本主题著录功能示例如图 6.21 所示。

图 6.21　归档网页文本主题著录功能示例

⑥可视化统计分析功能。为方便用户对归档网页资源的外部属性特征的了解，利用数据统计可视化展示工具实现了对归档网页资源的发布时间及题材类型的可视化统计分析功能，具体的功能示例如图 6.22 所示。利用该功能，用户可以快速地获取所选择相应归档网页资源的时间分布与题材类型分布情况。

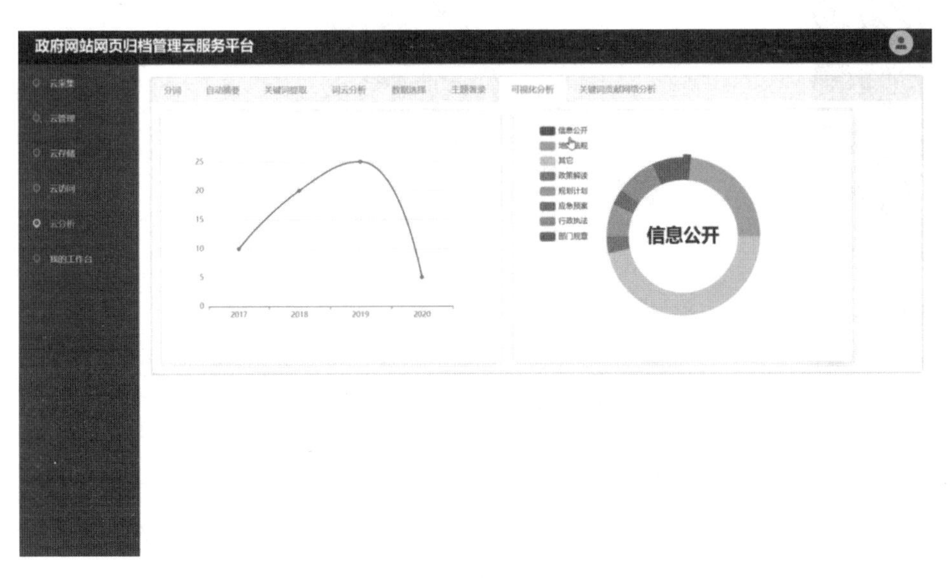

图 6.22　归档网页资源的可视化统计分析功能示例

⑦关键词共现网络分析功能。主题著录识别的关键词或主题词都不是孤立存在的，一个词的出现会伴随着另外一词的出现，共词分析可以通过统计一组主题词两两出现在同一个文本中的次数，发现这些词之间的亲疏关系。利用关键词共现网络分析方法，建立归档网页资源关键词共现矩阵，将关键词共现关系以知识图谱的形式呈现，实现归档网页资源关键词共现网络分析功能，具体功能示例如图 6.23 所示。通过关键词共现网络中的中心性指标来分析归档网页资源的核心主题，从而帮助用户快速了解相应归档网页资源所关注的重点内容。

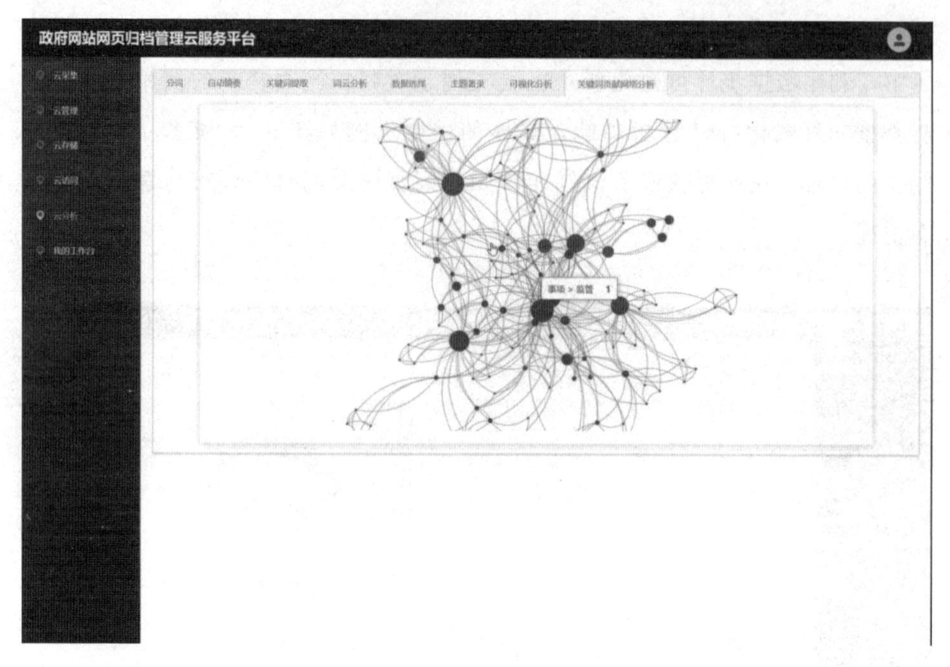

图 6.23　归档网页资源的关键词共现网络分析功能示例

6.3.5　系统的运行测试

通过测试可以发现平台原型系统运行中的缺陷，验证平台原型系统所实现的功能是否完整或者存在逻辑上的错误，以及平台原型系统的运行是否稳定可靠等。为实现平台原型系统的各项业务功能，确保系统最终能够稳定地运行，平台原型系统从开发到最后实现依次进行了系统单元测试、系统集成测试、系统有效性测试。

(1)系统单元测试。系统单元测试的目的在于检测系统每个单独的业务功能模块在逻辑功能上是否存在缺陷和错误，通过单元测试来确保系统的每个功能模块都可以作为一个独立的单元能正确执行相应的业务功能逻辑。平台原型系统在单元测试中主要存在函数参数传递不正确、全局变量设置错误、部分代码编写错误等问题，后来均通过修改和调试相应的程序源代码得以解决。

(2)系统集成测试。与系统单元测试不同，系统集成测试的目的在于检测整个系统各功能模块整合在一起后是否存在相应的程序结构或系统上的错误，确保把所有的业务功能集成之后，系统能够按具体业务流程正常运行。在完成平台原型系统所有功能模块的开发后，进行了系统集成测试，在测试过程中主要存在系统参数设置不正确、数据库表设计不规范、数据操作查询出现错误等问题，后来应用断点跟踪调试的方法，逐一解决了存在的问题。

(3)系统有效性测试。在完成以上的单元测试和集成测试的基础上，还需要通过系统有效性测试来按照系统流程检测平台原型系统的各项业务功能是否完整，系统的负载性能等是否可靠。平台原型系统的有效性测试主要从功能测试、性能测试、可用性测试及安全性测试这几方面进行，具体的测试结果如表6.3所示。从系统有效性测试结果来看，平台原型系统在功能上完整，性能上可靠，系统的可用性与安全性良好。

表6.3　平台原型系统的有效性测试结果

测试类别	测试内容	测试结果
功能测试	数据表单测试	提交的数据内容能被正确地处理
	页面链接测试	页面链接正常，不存在无效的链接
性能测试	页面交互测试	页面交互响应时间不超过3秒
	负载测试	在一个局域网内，大量用户同时访问系统，系统响应时间正常
可用性测试	界面导航测试	导航直观，设计规范
	界面布局测试	界面友好，布局合理
	用户体验测试	符合用户习惯，用户体验良好
安全性测试	用户登录测试	用户名、密码都正确才能成功登录
	用户登出测试	用户登出后需要重新登录
	Cookie测试	基于Cookie的用户身份验证可靠

第7章 政府网站网页云归档管理的实现机制

政府网站网页云归档管理并不是单纯的理论问题，也并非单一的技术和方法问题，而是一项面向海量政府网站网页采集、保存与开发利用的系统的实践工程项目，其中涉及资源获取、标准制定、技术开发、知识产权、推广应用等诸多的问题。因此，很难依靠某个机构来完成，需要多个机构的共同参与，根据分工不同，该工程项目的实践主体包括政府部门、档案机构、开发运营商等。它们相互协作，在相应的实施策略驱动与条件保障下，共同完成政府网站网页云归档管理这一系统的实践项目。

7.1 政府网站网页云归档管理的实践主体

政府网站网页云归档管理实践项目的实施涉及政府部门、档案机构、开发运营商三个参与主体，三者之间的关系如图7.1所示。这些机构通过分工协作，共同开展项目的各项工作，从而通过合理分工与资源共享，降低项目实施和运维的成本，使效益最大化[①]。

---

① 黄新平．基于集体智慧的政府社交媒体文件档案化管理研究[J]．北京档案，2016(11)：12-15.

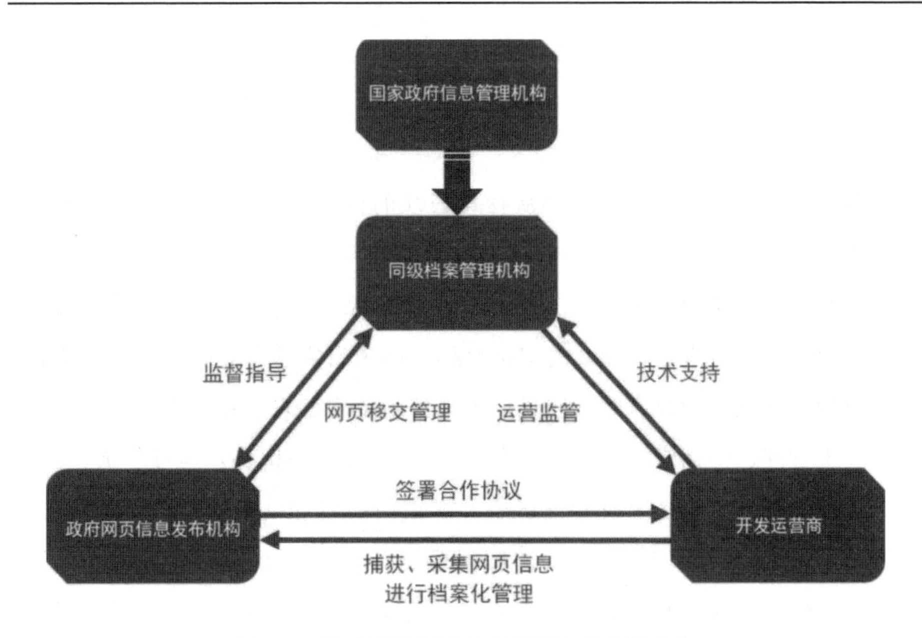

图 7.1　政府网站网页云归档管理的实践主体

7.1.1　政府部门

政府网站网页资源是项目实施所依赖的基础资源，包括政府部门通过其门户网站发布的一些在日常政务管理过程中生成的原始文件或历史记录，如政府文件、政策法规、政务公报、规划计划、统计数据、绩效信息等，以及社会公众以政府门户网站为载体，参与“网络问政”所形成的网络民意、提案建议、政策反馈意见等。政府部门作为这些信息资源的所有者，能够在整个信息生命周期内对其进行管理与控制。因而，政府部门在政府网站网页云归档管理实践项目的开展中，具有不可替代的主导性作用。同时，由于政府部门更了解这些网页信息的产生背景与内容结构，因而，在对这些基础资源的采集保存、开放共享，以及对不同类型政府网站网页资源的档案属性与保存利用价值的鉴定与识别上也具有不可替代的作用。此外，由于政府网站网页资源采集、保存和利用涉及网页资源形成者、保存者、利用者等多方利益，在具体的网页采集与保存、资源共享等活动中有可能会出现各方权益上的矛盾。因此，作为项目实施的领导和监督主体，政府部门需承担起宏观组织和相互协调的责任，主导建立政府网站网页云归档保存机制，负责开展政府网站网页云归档管理工作相关政策的制定，并指导和监督档案机构、开发运营商各项工作的开展。

7.1.2 档案机构

政府网站网页云归档管理是从社会公众的信息需求出发，获取政府网站网页中有价值的信息进行长期保存并最终提供给社会公众使用。按照流程，包含政府网站网页资源的收集、整理、存储、保护、利用等环节。档案机构作为专门的信息管理机构和文化记忆机构，是项目实施的责任主体。一方面，档案机构在实现海量政府网站网页资源采集与鉴定整理、数据存储方案设计、数据安全管理、归档资源开发利用等方面具有天然的优势，通过形成包括方案、标准、规范、程序、技术等诸多要素在内的管理框架体系，可为实现政府网站网页云归档管理提供必要的制度环境。另一方面，政府网站网页云归档管理工作的专业性较强，对工作人员的专业素养要求较高。而档案机构人才储备多，且工作人员具备丰富的档案理论知识与实践操作能力，以及高水平的计算机能力，这些是其他实践主体所不具备的，档案机构拥有的专业技能人才是确保政府云网页网站归档管理工作顺利开展的必备条件。档案机构借助其完善的专业人员配备和资金支持，参照其在电子文件归档管理方面成熟的业务流程，可以实现政府网站网页在捕获、处理、归档、存储、利用等流程环节的标准化操作。

7.1.3 开发运营商

近年来，政府通过购买服务的方式来开展“云”平台建设的实践也逐渐得到国家的鼓励和支持，如《“十三五”国家政务信息化工程建设规划》中指出要形成“政府＋市场、平台＋系统”的工程管理新模式[①]，政府网站网页云归档的数据集中管理、存储与维护也可以直接由云服务运营商负责，这就需要具备技术优势的云服务运营商提供相应的技术解决方案，满足政府网站网页归档管理的需求。因此，为了使政府网站网页云归档管理的理论框架与方法体系具有实际可操作性，还需要根据政府网站网页云归档管理需求分析与服务功能定位，依靠具备技术优势的开发运营商、云服务商等第三方机构提供相应

① 刘越男．大数据政策背景下政务文件归档面临的挑战[J]．档案学研究，2018(2)：107-114.

的应用程序共享平台、浏览器/服务器模式搭建等技术解决方案，并在政府机构的指导下，按照档案部门提供的政府网站网页云归档业务流程及各项标准规范，明确各业务流程实现需要的技术、方法、标准、模式，从系统硬件架构、软件运行框架、系统功能模块设计、系统开发等方面设计和实现政府网站网页云归档管理 IT 平台，为档案部门在线开展政府网页资源的采集、管理、保存、利用等各项业务，以及为不同类型用户获取政府网站网页云归档资源的利用服务提供云平台支撑。

7.2　政府网站网页云归档管理的实施策略

政府部门、档案机构、开发运营商等多元主体的参与为政府网站网页云归档管理实践项目的开展提供了保障。然而，多主体参与过程中，可能会存在职责不明、标准不规范和不统一等混乱无序的问题。因此，在项目实施的过程中还应当通过建立多元合作的组织协作机制，协同高效开展工作，确保各项工作的有序进行。此外，政府网站网页云归档管理实践项目的实施还应当解决云归档技术研发、云端网页采集与管理质量控制、云环境下知识产权风险规避等问题。与此同时，社会意识的提升是维系政府网站网页资源长期保存和持续开发利用的动力源，因此还应不断提高社会公众对政府网站网页云归档价值的认知，使社会公众参与到政府网站网页云归档管理中来，更好地发挥政府网站网页云归档资源的社会利用价值，进而通过提升全社会的网页归档意识，实现项目成果的推广应用，使项目成果能够在更大范围内惠及社会公众，最大限度地发挥其社会价值。

7.2.1　建立多元协作的组织机制

如上所述，政府网站网页云归档管理实践项目是一项持续而复杂的工程，需要耗费大量的人力、物力与财力，单靠某个机构难以完成，需要多个机构与组织的共同参考，协同解决项目实施面临的各种问题。结合国内实际情况，可以政府部门为主导，档案机构为责任主体，吸纳那些对政府网站网页资源归档和开发利用的重要性有足够认识、有意向参与这项公益事业，而且开发技术有保障的云服务商、开发运营商，开展政府网站网页云归档管理实践项目的各项工作。

(1)主导者：政府部门。政府部门作为发布、管理政府网站网页资源的主体，应当发挥引导作用。通过完善相关政策法规，做好政府网站网页发布的统筹规划与宏观调控工作，推动各类政府网站网页资源的采集、保存和开放共享，同档案管理部门一起制定政府网站网页云归档管理的实施方案，推动政府网站网页馆藏资源的建设，以及政府网站网页云归档资源服务与档案馆其他馆藏资源服务的深度融合。

(2)责任主体：档案机构。对政府网站网页资源进行有序归档和开发利用，为政府部门、企事业单位、社会公众等提供所需的信息服务，是档案机构的职责所在。同时，制定统一规范的政府网站网页云归档流程涉及的采集、整理、生成、归档、管理、利用等业务标准，有助于政府网站网页云归档工作的顺利实施，也有利于归档管理系统的标准化、规范化建设。因此，作为项目实施的责任主体，档案管理部门应该发挥自身在政府网站网页资源采集、管理、保存、开发、利用等方面的优势，通过制定科学合理的政府网站网页资源采集、序化组织、长期保存策略与方案，制定统一的政府网站网页云归档的标准规范，以及云环境下政府网站网页云归档的业务流程、功能框架和标准体系，在云服务商和开发运营商提供的相应技术实现方案的支持下，与政府部门分工协作，实现政府网站网页云归档管理实践项目的分工有序进行。

(3)信息技术提供者：开发运营商。云服务商和网络平台开发运营商具备技术上的优势，拥有专业的技术人才及先进的技术和设备。网站平台开发运营商提供的网页数据采集、云存储等技术可为政府网站网页采集与保存提供重要的技术支撑。此外，与静态的数字资源不同，政府网站网页资源具有深层次的复杂结构，而且网页信息动态增长，其海量性、复杂性及技术依赖性强等特点导致开展政府网站网页资源采集与保存时面临诸多技术难题，因此具备技术优势的云服务商和网络平台开发运营商需要在技术上改革创新，开发智能化的网页采集与存档工具，提供功能完善的云存储服务机制，提高政府网站网页采集与保存的效率和质量，为政府网站网页的云归档管理提供重要的技术支撑。

总之，政府网站发布的海量网页信息由于网络的不稳定性和网页信息动态增长、分享与转载导致其更新频繁，且重复、无序的网页内容较多，给采集和保存工作带来了巨大的困难和挑战，因此，单靠某个机构难以完成海量多源分布的政府网站网页资源的采集与长期保存。国内可以参考和借鉴国外网络存档实践项目所采用的分布式协作组织机制，由政府机构、档案管理部门、云服务商及网络平台开发运营商等多个组织机构合作，通过分工协作，在各司其职和运用自身已有资源的基础上联手协作、协同攻关，共同推动政府网站网页云归档管理实践项目的实施，从而通过分担责任、降低风险，使效益最大化[①]。

7.2.2　实现归档技术的开发创新

在政府网站网页云归档管理过程中，归档技术的研发占据重要地位。技术方案的选用对于政府网站网页采集与保存的质量，以及归档资源的访问利用率等具有重要的影响。因此，各主体在协作开展政府网站网页云归档管理项目的实践过程中，需加强云计算技术的创新应用，以及归档管理过程中涉及的网页采集、归档保存、存档资源开发利用等关键技术的研发和创新。

(1)加强云计算技术的创新应用。云计算作为一种新兴的绿色 IT 服务模式，允许用户便捷地按需获取共享、可配置的计算资源池，能够在降低成本的同时实现大量计算资源的快速分配与分发，是节约 IT 支出的重要手段之一。云存储技术具有存储架构易扩展、支持非结构化数据的海量存储、高性能、稳定等优势，并能够利用其提供的动态网络存储、语义存储、分布式存储等存储机制来实现海量数据的高效安全存取[②]，这为政府网站网页的长期可存取问题的解决提供了新的方案。本研究将云计算、云存储技术创新性地应用到政府网站网页的云归档管理中，发挥其技术、管理与成本优势，突破原有的网络资源归档管理平台建设模式，构建政府网站网页云归档管理平台的原型系统，所取得的研究成果可以为项目实施中相关技术标准的制定与归档技术方案的研发提供参考和借鉴。

(2)开发智能化的网页采集工具。政府网站网页资源多属于深层网的范畴，承载网页资源的站点结构复杂，具有海量性、技术依赖性强等特点，这

① 张卫东，黄新平．面向 Web Archive 的社交媒体信息采集——基于 ARCOMEM 项目的案例分析[J]．情报资料工作，2017(1)：94-99.

② 陶水龙．档案数字资源云备份策略的分析与研究[J]．档案学通讯，2012(4)：12-16.

些特点导致政府网站网页的采集面临诸多问题，如对动态持续增长网页信息的实时采集，以及对丰富的网页结构、情景信息的有效获取等，而传统的针对浅层网的网页采集方法不能有效解决这类网页的采集问题。从当前网络资源归档项目实践情况来看，目前我国采用的网络采集工具大多数只能根据超链接的关联来获取浅层网页的资源，很少有专门针对深层网页进行采集的，因此，开发新的方法和工具来实现政府网站网页资源的采集，是国内开展政府网站网页云归档管理实践工作要突破的一个重要技术问题。国外网络存档项目研发的 ARCOMEM Crawler①、Archive Social② 等智能化网络资源采集工具所实现的技术创新与突破可以为国内政府网站网页采集工具的开发提供参考和借鉴，可以考虑以国外智能的网络爬虫工具为“蓝本”，结合实际需求，对现有网络资源采集方法和工具进行优化改进，设计并实现面向我国政府网站网页采集与保存的智能爬虫工具。

(3)制定统一规范的归档技术标准。政府网站网页云归档管理实践项目的开展涉及一些技术标准、规范和体系等，如信息采集策略、元数据方案、存储架构、长期保存技术体系等。本研究提出的政府网站网页“云归档”技术实现方案中涉及的基于 Hadoop 的政府网站网页分布式并发采集策略、本体驱动的政府网站网页归档的元数据方案、政府网站网页归档的云存储体系架构方案、满足云存储动态扩展需求的政府网站网页保存型元数据方案，以及基于区块链技术的云存储数据安全保存策略等，对政府网站网页云归档管理实践项目中归档管理方法及技术方案的选择与统一规范具有重要的参考价值。

(4)优化网络存档资源的开发利用方法。实现网络存档资源的利用是开展政府网站网页云归档管理的最终目的。本研究提出的综合应用多媒体信息检索、智能检索、网页重现、Web 数据挖掘、数据可视化等先进的信息技术手段来实现政府网站网页归档资源“云端”利用服务，包括基于多媒体信息检索和智能检索技术的浏览查询功能、网页重现功能，基于 Web 数据挖掘的归档网页价值挖掘功能、归档网页的数据可视化分析功能的实现方法，对政府网

① Vassilis Plachouras, Florent Carpentier, Muhammad Faheem, et al. ARCOMEM crawling architecture [J]. Future Internet, 2014(3): 518-541.

② Archive Social [EB/OL]. [2021-10-27]. http: //archivesocial. com/.

站网页云归档管理实践项目实施中存档资源开发利用方法及技术实现框架的选择与设计具有很好的借鉴意义。

7.2.3　加强归档内容的质量控制

在政府网站网页云归档管理实践项目的开展过程中，既要重视对归档技术的研发，也需加强对归档内容的质量控制。鉴于政府网站网页具有的追溯凭证、决策参考与科学研究等保存利用价值，归档内容的质量决定了政府网站网页的保存利用价值能否得到充分的发挥，因此，在政府网站网页云归档管理实践项目的实施过程中，需加强对归档内容的质量控制，最大限度地保障政府归档网页归档资源的真实性、完整性、可靠性、可用性。参考和借鉴电子文件质量全程控制的思路与方法[①]，结合政府网站网页云归档管理的流程，将归档内容的质量控制贯穿于网页采集、数据管理、资源保存与访问利用的各个环节。

(1)网页采集的质量控制。政府网站网页归档是通过持续采集政府网络资源达到对不断变化的网络进行保存的目的，信息采集既是政府网站网页归档的起点，也是政府网站网页归档管理的基础[②]。只有在网页采集阶段对目标网站进行甄选，提高采集网页的质量，才能实现有意义的政府网页归档保存。政府网页归档保存的信息采集对象是域名中含有“gov.cn”的政府网站，为确保政府网站网页的采集质量，需要对目标网站进行评价，将那些信息规模大、原生性信息多、更新频繁的政府网站选定为采集对象[③]。同时，随着Web技术的不断发展，针对当前Web技术应用情况，还应适时调整和更新政府网站网页采集的技术、方法与策略，以达到提高政府网站网页采集质量和采集效果的目的。

(2)数据管理的质量控制。对政府网站网页资源进行高质量采集后，为方便后续的资源存储和访问利用，还需要对采集好的网页数据做进一步的加工整理和内容管理。考虑到电子文件归档管理阶段的质量控制主要是对电子文

---

① 于红焱．电子文件质量控制研究[D]．郑州：郑州航空工业管理学院，2017.

② 刘兰，吴振新．Web Archive信息采集流程及关键问题研究[J]．情报理论与实践，2009，32(8)：113-117.

③ 李宗富，黄新平．基于5W2H视角的政府网站信息存档研究[J]．档案学通讯，2016(2)：68-72.

件内容的鉴定整理，包括内容的识别及内容的可用性判断①。因此，在数据管理阶段，同样需要对待归档的政府网站网页内容的质量进行鉴定处理，其中内容的识别就是确保实现政府网站网页长期可存取的元数据、保存策略等信息要素齐全；内容的可用性判断即通过人工干预来对政府网站网页的形成背景、内容质量、重要程度等属性特征进行全面分析，并根据保管期限表对要归档的政府网站网页标记相应的鉴定标识。

(3)资源保存的质量控制。资源保存是实现政府网站网页归档的重要阶段，也是对归档内容进行质量控制的关键环节。与静态的数字资源存储不同，政府网页资源结构复杂且动态增长，其复杂性、动态性、技术依赖性强等特点对高质量存储管理提出了挑战，它更依赖能够满足海量归档网页资源的动态存储需求及长期可访问要求的长久保存策略和相应的存储架构②。因此，在长久保存策略的设计上，可根据政府网站网页归档资源的类型和结构，有针对性地选择数据加密、检测、备份、迁移、仿真、封装等相结合的长期保存技术策略，确保政府网站网页归档资源的安全性、完整性、可靠性及长期可用性。在存储架构的选择上，可以引入云存储技术，利用云存储服务端提供的数据备份、容灾处理、数据加密等安全保障机制，实现对海量政府网站网页资源的实时动态存储和长期安全保存。

(4)访问利用的质量控制。访问利用是政府网页归档的最终目标和价值所在。因此，对政府网页归档的用户获取和服务环节进行有效的质量控制是非常有必要的。其中，在归档资源的访问利用中，信息检索是实现政府网站网页归档资源访问利用的重要“接口”，因此，对访问利用的质量控制就主要体现在如何提升归档网页资源的检索质量与检索效率。目前，由于搜索引擎的爬行范围有限、政府网页内容结构复杂、归档网页版本的动态变化等原因，使用传统的链接结构分析方法来评价网页的质量，并依此对检索的网页进行排名，容易导致一些含有用户所需信息的页面排名靠后而难以被用户获取的问题。因此，需要对用户获取所需归档信息的搜索引擎进行优化。譬如，可

① 屠跃明．电子文件的生命周期与质量控制[J]．档案与建设，2008(11)：8-10.

② 黄新平．基于集体智慧的政府社交媒体文件档案化管理研究[J]．北京档案，2016(11)：12-15.

以借鉴哈佛大学图书馆网络资源保存服务项目的做法，该项目将存档资源从时间、地点、类型、主题等不同角度，对同一个资源集合进行重新组合，并按加权排名的全文检索方法对资源进行检索，检索结果默认按相关性展示，最相关的排在最前面，以便用户迅速地找到所需的网络存档资源[①]。

7.2.4 完善知识产权的保护措施

在网络环境下，网络资源具有易取得、易分享、易复制等特点，这使得互联网在高效分享信息资源的同时，带来了知识产权保护的严重问题[②]，同样政府网站网页归档管理在采集、保存与访问利用中都面临网络知识产权保护的问题。针对这一问题，需要从法律层面，通过建立政府网站网页资源的呈缴制度，健全《中华人民共和国著作权法》(以下简称《著作权法》)及相关法条，以及完善著作权“合理使用制度”等举措来规避政府网站网页归档管理中所面临的知识产权风险。

(1)建立政府网站网页资源的呈缴制度。呈缴制度即是从国家或者地方层面规定的，为了实现对相应出版物的完整收集和保存，出版者向指定机构呈缴一定份数的最新出版物的制度[③]。呈缴制度最早只是应用于纸质出版物，然而，随着信息技术的不断发展，信息资源的种类越来越多，尤其是数字资源、网络资源的出现给呈缴制度带来了新的挑战。目前，国外已经把政府网站网页等在内的网络资源纳入呈缴制度的范围当中，并明确规定了网页保存中的所有权及网络存档资源的访问利用权利等[④]。因此，结合国内的实际情况，参考国外的做法，为了更好地推动政府网站网页归档工作，实现网页呈缴与网页归档的有效衔接，可以通过如下具体措施来建立和完善政府网站网页资源的呈缴制度：①明确网页呈缴制度的细节，包括政府网站网页资源呈缴的主体、客体，以及网页资源呈缴的内容、格式等标准，方便档案管理部门开展

---

① 张耀蕾．哈佛大学图书馆网络资源保存服务项目的研究和启示[J]．图书馆建设，2015，247(1)：88-92.

② 谭九生，高俊宽．网络信息资源建设中的知识产权问题[J]．图书馆理论与实践，2005(6)：36-39.

③ 姜晓曦，冷熠．我国数字出版物呈缴现状及其制约因素分析[J]．图书馆建设，2016(8)：32-36.

④ 裴佳越．IIPC网页归档管理工作实践及其对我国的启示[J]．大学图书情报学刊，2021，39(4)：87-91.

政府网站网页的呈缴归档工作；②健全网页呈缴机制，包括对网页采集权、网页保存所有权，以及归档网页访问利用权利的合理设计，对用户(使用者)、政府网页信息发布机构(呈缴者)、档案机构(管理者)进行区分，赋予不同主体不同的使用权限；③强化网页呈缴的规范制度。档案管理部门作为政府网站网页归档的责任主体，可以参照档案管理部门的电子文件移交与接收制度，对呈缴过程中网页资源的收集、呈缴、接收、管理等环节进行统一规划与安排，提高政府网站网页归档工作的规范性。

(2)健全《著作权法》及相关法条。“网络资源享有著作权，属于《著作权法》保护的范畴”这一理念已经获得世界各国《著作权法》的认可，政府网站作为一系列网页资源的集合，同样受到《著作权法》的保护，其著作权所有者即是发布网页信息的政府机构。在对政府网站网页信息进行采集和保存时，档案馆等信息保存机构有时会面临侵犯政府网站著作权的风险①。尽管我国出台了《信息网络传播权保护条例》《中华人民共和国著作权法》等一系列法律条文，但是针对网络归档问题还缺少有针对性的条款。考虑到我国现行的《中华人民共和国著作权法》也为著作权集体管理组织的合法性提供了法律支持，确认了著作权集体管理组织的有效性和法律地位②。因此，可仿效数字图书馆进行作品数字化时的做法，建立并完善著作权集体管理制度鼓励政府机构加入法定的著作权集体管理组织，由著作权集体管理组织代替政府机构与保存机构签订合作协议，并向保存机构发放著作权授权许可，同时监督和检查政府网站网页信息的传播利用情况，在必要的时候还可以行使诉讼权。在这种情况下，档案馆等信息保存机构可以实现和著作权集体管理组织的直接对接，无须与相应的政府机构来确认网页归档的权限和流程，进而节约沟通时间，降低归档成本。与此同时，档案馆等政府网站网页保存机构还可以积极推进与政府机构的合作，通过签订协议、规定双方权责的方式明确权益，避免网页归档保存中可能遇到的知识产权纠纷问题。

(3)完善著作权“合理使用制度”。网络资源归档保存中涉及归档数据的备

---

① 何欢欢．政府网站信息资源保存体系研究[D]．武汉：武汉大学，2010.

② 胡康生．中华人民共和国著作权法释义[M]．北京：法律出版社，2002.

份、迁移、仿真等操作，这些是政府网站网页存档面临的一个重要的知识产权风险问题。此外，对于需要获取和使用政府网页归档信息资源的社会公众来说，完善我国著作权的“合理使用制度”是帮助其有效规避侵权风险的重要措施。目前，对“合理使用制度”做出明确界定和要求的国家较少，通过调研发现，我国著作权中的“合理使用制度”与网络存档资源访问利用的现实需求还不能完全匹配。因此，应加快完善著作权的“合理使用制度”，使之能够符合网络信息归档的实践需求。具体而言，可以从以下三方面进行完善：①拓宽版权技术保护措施的应用范围。由于在对政府网页资源进行归档保存的过程中需要进行归档数据的备份、仿真、迁移等操作，难免会遇到版权技术保护措施的应用问题[①]。因此，还需要将政府网站网页资源长期保存中涉及的版权技术保护措施纳入著作权的“合理使用制度”。②将临时复制纳入合理使用的范围。用户在对政府网站网页归档资源的访问利用过程中会涉及临时复制问题，因此，我国《著作权法》应当对该问题做出明确的规定，可以仿效国外的因素主义模式设定一些因素来扩大政府网站网页归档资源临时使用的范围，将符合特定条件的，在某种情形、状态下的临时复制认定为合理使用的范畴，譬如将不具备商业性质用途的政府网站网页归档资源临时复制确认为合理使用等[②]。③扩大信息网络传播权的合理使用范围。在网络环境下，目前国内信息网络传播权的合理使用范围整体还比较小，这不利于政府网站网页归档资源的充分利用。因此，可以适当扩大信息网络传播权的合理使用范围，让网络归档资源的获取与利用服务能够打破时空的限制，社会公众通过网络访问相应的网络归档系统或IT平台即可获得和利用所需的网络存档资源。

7.2.5　提升网页归档的社会意识

社会公众对于网络归档资源的价值认识已经成为网络存档实践项目开展成功与否的重要标志，而公众参与是提升网页归档社会意识的重要途径[③]。目前，国内政府网站网页归档和开发利用的社会意识整体不高，除却公众自身的文化素养、知识程度、信息需求、参政意识等方面的主观因素外，还在于政府部门、档案管理机构等相关部门宣传、推广的外在影响力不足。如何发

① 徐中阳．数字资源长期保存中的知识产权问题研究[D]．太原：山西大学，2018.

② 徐中阳．数字资源长期保存中的知识产权问题研究[D]．太原：山西大学，2018.

③ 张江珊．美国社交媒体记录捕获归档的思考[J]．档案学研究，2016(4)：119-123.

挥集体智慧，让更多的社会公众参与政府网站网页归档工作中，是当前政府部门和档案管理机构要思考的重要问题。对政府网站网页归档管理而言，社会公众可以参与政府网站网页的采集工作，发挥集体智慧的作用，帮助档案管理部门从海量的政府网站网页中选择出有保存价值的网页[①]。对此，可以借鉴美国国家档案与文件署官方网站开展的“公民档案员”项目[②]，提倡国家档案馆等有影响力的文化记忆机构积极建立公众号，如微信公众号等，鼓励公众参与政府网站网页归档管理的采集工作，按照“明确政府网站网页信息采集主题→利用微信公众号宣传→社会公众自发参与相关主题网页资源的征集与内容评价→负责机构有选择地优先采集重要网页信息→对反映集体记忆、社会感知的政府网站网页资源长期保存”的流程，利用群众的智慧和力量决定采集哪些有保存价值的政府网站网页，从而将政府网站网页资源采集与保存转变为基于社会意识和社会驱动的存储模式[③]。

7.2.6 开展项目成果的推广应用

政府网站网页云归档管理实践项目的实施目的在于使其项目成果即政府网站网页云归档管理网络平台(以下简称平台)能够在更大范围内被信息需求者和社会所发现、所认知、所使用。因此，作为项目实施主体的档案机构应利用多种渠道、多种技术，基于更广的服务网络、更多的合作关系来不断地扩大平台的影响力，以增加社会公众对其认知度与利用率，推动项目成果的广泛推广与应用。其中可通过以下几个途径来实现项目成果的推广应用。

(1)提供多元化服务方式。政府网站网页信息与公众的生活息息相关，公众需要的除了政府网站网页归档资源以外，对各种精准化、个性化服务也有强烈需求，因此，项目实施所搭建的网络平台应能够针对不同用户群体的服务需求，基于不同的应用场景，通过构建一个全过程、多维度的归档资源访问利用服务匹配机制，满足用户个性化、精准化、智能化的信息需求，并将用户所需的归档资源以分类导航、知识图谱等可视化形式提供给用户。同时

---

① 黄新平．基于集体智慧的政府社交媒体文件档案化管理研究[J]．北京档案，2016(11)：12-15.

② 赵屹，陈晓晖，方世敏．Web2.0应用：网络档案信息服务的新模式——以美国国家档案与文件署(NARA)为例[J]．档案学研究，2013(5)：74-81.

③ Elena Demidova，Nicola Barbieri，Stefan Dietze. Analyzing and enriching focused semantic web archives for parliament applications [J]. Future Internet，2014(3)：433-456.

还可以通过获取用户对归档资源服务利用功能应用的反馈情况，来不断优化服务内容与服务方式，从而通过为社会公众、企事业单位、研究机构、政府部门等提供丰富的政府网站网页归档资源利用服务功能，扩大平台在公众中的影响力，增强社会公众对平台使用的黏性。

(2)促进资源与服务的共享。为了适应网络的快速发展与政府网站网页归档资源共享的需要，项目实施主体在推广项目应用成果时，还应以开放的理念、先进的技术来推动平台资源与服务的"云端"共享。譬如，可以利用关联开放数据技术将平台承载的归档资源与服务以关联数据的形式发布到不断扩大的数据网络中，使其能方便地为更多人所访问和利用。同时可尝试通过应用程序接口这样一种当前被广泛采用的技术途径，基于现有的资源和服务，让其像搭积木一样自由组合，构建新的应用，将发布的政府网站网页归档关联数据资源嵌入用户的信息环境，即支持用户利用开放的应用程序接口(API)将获取的关联数据集嵌入各种移动App、网站App、社交网络平台、网络社区等具体的应用服务中，为用户提供泛在化归档数据应用服务。

(3)加强与政府部门的合作。政府网站网页资源的特点决定了政府部门是档案管理部门在进行项目实施过程中最重要的合作伙伴，政府部门不仅是政府网站网页归档管理的重要参与主体，同时也是归档资源利用服务的重要目标对象。因此，应注重针对政府部门进行的宣传推广，加强与政府信息公开职能部门的沟通合作，面向政府决策过程及其归档信息需求，通过对多来源、多类型的政府网站网页归档资源进行深度的数据挖掘和处理分析，产生新的集成化归档资源对象，为决策者提供所需的关键信息与精准知识，推动政府决策能力的提升，发挥平台在辅助政府决策过程中的功能，从而不断提高政府对平台的关注度和依存度。

7.3　政府网站网页云归档管理的保障机制

在管理学科相关研究中，"保障"常常是从政策、法规、技术、人才、资金等方面去促进或维护某个项目的开展和实施。同样对政府网站信息资源知识融合实践项目的实施而言，也需要一系列软硬件条件的支持和保障，其中包括国家层面的档案主管部门进行自上而下的顶层设计所给予的政策支持、政府部门和档案机构制定的归档标准规范、开发运营商提供的云归档技术保障，以及从项目实施到运营推广所需的资金保障与人才保障等。

7.3.1 政策保障

保障机制的建立首先需要以政策为导向，国家政策法规的出台会对政府网站网页云归档管理项目实践工作的开展产生较大的影响。政府网站网页云归档管理政策的制定来源于实践，对实践工作的开展具有重要的指引作用。要实现政府网站网页云归档管理实践项目的建设，需要从国家层面制定一系列的宏观政策，来指导政府网站网页云归档管理工作的开展。我国作为单一制国家，长期以来形成的金字塔式权力结构具有明显的自顶向下的层级化特征，即由上级政府出台的政策，通过逐级的政策落实和政策执行等方式，便可迅速扩散到下级政府及相关部门。因此，在国家层面制定相关政策，可以在全国范围内产生一种自上而下的层级扩散效应①。

在早期，我国政府对网络存档工作的重视程度还不够，缺少相应的政策法规保障，直到近些年才陆续有相关的政策法规出台，2016 年 11 月，中共中央办公厅、国务院办公厅印发的《国家电子文件管理“十三五规划”》中要求“推进政府网页及电子邮件、音视频等电子文件归档”②。2017 年 5 月，国务院办公厅发布了《政府网站发展指引》的通知③，要求各级政府网站做好网页归档工作，要对有价值的原网页进行归档处理，确保归档后的网页能够正常访问。随后，为实现我国各级政府网站，以及各国有企业、中央企业等网站网页的永久保存，国家档案局不断加快推进《网站网页归档指南》等相关行业标准的制定工作④。经过长时间的探索和实践，相关行业标准 DA/T80-2019《政府网站网页归档指南》已于 2019 年 12 月由国家档案局发布，该指南对政府网站网页归档的归档原则、归档范围、责任主体、保管期限、收集时间、收集内容、归档格式、整理和移交接收方式等做出了明确规定，是指导当前国内政府网

---

① 王延安，宋斌斌，章文光．基于央地关系的中国创新治理政策过程研究[J]. 新视野，2021(4)：68-74.

② 袁焕磊，杨中营，林晓京．网站网页资源归档研究——以北京市档案信息网为例[C]//中国档案学会. 2019 年全国青年档案学术论坛论文集. 北京：中国文史出版社，2019：19-28.

③ 中华人民共和国国务院．国务院办公厅关于印发政府网站发展指引的通知[EB/OL]. [2021-11-17]. http：//www. gov. cn/zhengce/content/2017-06/08/content _ 5200760. htm.

④ 李明华．在全国档案局长馆长会议上的工作报告[EB/OL]. [2021-11-17]. http：//www. saac. gov. cn/news/2018-01/22/content _ 219103. htm.

站网页归档管理的重要标准规范。在国家层面一系列政策文件的推动下，我国政府网站网页归档工作的序幕被拉开，北京市档案局、宁波市档案局、自然资源部信息中心、国家电网江苏省电力有限公司4家单位作为国家档案局网站网页资源归档试点单位，率先开展了政府网站网页归档的实践探索①，并由此制定了相应地方层面的政府网站网页归档管理的政策法规等保障机制。从相关的实践情况来看，政府网站网页云归档管理实践项目的建设，需要国家层面主管部门进行自上而下的顶层设计。在我国，政府网站网页归档管理工作由国家档案局领衔，各地政府网站网页归档管理工作同样由各地的档案局(馆)主导。因此，对我国而言，无论是否由相关主管部门来主导政府网站网页云归档管理实践项目的开展，这项实践项目的建设，都需要得到国家以及地方档案管理部门的政策支持和引导。

7.3.2 标准规范保障

标准是项目开展所依据的准则与规范，在实践中，人们通常以某一类技术概念或规范经验的综合成果为基础来制定一种标准文件用来指导某项业务活动，以实现业务活动的标准化与规范化。在政府网站网页云归档管理实践中尤其需要标准来进行规范。标准规范为政府网站网页云归档管理工作的顺利开展提供了依据和宏观指导，是实现网络存档工作规范化和科学化的重要保障。依据标准规范涵盖的内容，通常可以将网络存档标准规范划分为两类：一类是综合性的，这类标准规范涉及网络存档的各个环节，是对网络存档工作进行多方面规范和宏观引导的标准体系；另一类是具体性的，此类标准规范的内容主要针对网络存档工作中某一具体环节，对相应环节的标准规范等进行详细的规定，具有很强的实践指导性②。参考网络环境下相关数字资源长期保存所涉及的标准规范③，对于政府网站网页云归档管理而言，其标准规范可以细分为一般技术标准、元数据标准和系统标准。

(1)一般技术标准。一般技术标准是指在政府网站网页云归档管理过程中

---

① 中华人民共和国国家档案局．网站网页资源归档试点工作启动[EB/OL]．[2021-11-19]．https：//www.saac.gov.cn/daj/daxxh/201807/b7ee27b2500a4a3cbda3c8cb5a787bda.shtml.

② ACQ web archive[DB/OL]．[2021-11-21]．http：//www.loc.gov//devpol/.pdf.

③ 周耀林，李丛林．我国非物质文化遗产资源长期保存标准体系建设[J]．信息资源管理学报，2016，6(1)：38-43+51.

政府网站网页资源的采集、分类、编目、鉴定、存储方面的业务操作技术标准规范，以及数据保存格式、云存储、数据安全保护的技术标准规范，主要包括网页采集技术标准、网页资源长期保存技术标准、网页数据安全存储规范、网页资源保存格式标准及保存载体选择标准、云存储架构技术标准等。国家档案局等相关部门所制定的电子文件归档管理的相关技术标准，以及国家标准化管理委员会发布的云存储相关技术标准可以为政府网站网页云归档管理涉及的一般技术标准的制定提供重要的参考与借鉴，具体如表7.1所示。

表7.1 政府网站网页云归档管理的一般技术标准

标准名称	可参考的标准
网页采集技术标准 网页资源长期保存技术标准 网页数据安全存储规范 网页资源保存格式标准 网页资源保存载体选择标准 云存储架构技术标准 ……	《归档文件整理规则》(DA/T22－2000) 《电子文件归档与管理规范》(GB/T18894－2002) 《基于XML的电子公文格式规范》(GB/T19667.1－2005) 《公务电子邮件归档与管理规则》(DA/T32－2005) 《文件交换标准一业务需求规范》(BRS) 《电子文件归档光盘技术要求和应用规范》(DA/T 38－2008) 《基于文件的电子信息的长期保存》(GB/Z 23283－2009) 《文献管理长期保存的电子文档文件格式》 《版式电子文件长期保存格式需求》(DA/T47－2009) 《电子文件归档与电子档案管理规范》 《电子文件存储与交换格式版式文档》 《信息和文献WARC文件格式》(GB/T33994－2017) 《政府网站网页归档指南》(DA/T80—2019) 《政务服务事项电子文件归档规范》 《基于文档型非关系型数据库的档案数据存储规范》 《OFD在政府网站网页归档中的应用指南》(GB/T39677－2020) 《云存储技术与标准》 ……

(2)元数据标准。元数据作为一种特殊类型的数据，即描述其他数据的“数据”，包括数据的内容、质量、覆盖范围、管理方式、所有者等属性，具

有资源描述、查找、定位、记录、组织、互操作、保存等功能，是实现信息资源有序组织与高效管理的重要手段。目前，国内外应用比较广泛的描述型元数据方案主要有都柏林核心元数据DC、美国国会图书馆提出的机器可读目录MARC、电子档案著录常用的EAD标准，以及其他的WETS、MODS、RSLP、PICS、TEI等标准，其中在政府信息资源管理领域应用比较多的元数据标准主要有政府信息定位服务GILS元数据标准和在DC基础上扩展形式的DC-government等元数据标准 。结合政府网站网页资源的特点、资源内容描述及云存储环境下资源归档保存的实际需要，参照以上国际通用的政府信息资源元数据标准和国内《政务信息资源目录体系》中的政府信息资源元数据标准，以及国家档案局发布的《政府网站网页归档指南》中提出的政府网站网页归档资源描述的元数据标准规范等来制定上述政府网站网页云归档管理所涉及的元数据方案，具体如表7.2所示。

表7.2　政府网站网页云归档管理的元数据标准

标准名称	可参考的标准
网页采集元数据标准 网页归档元数据标准 网页著录元数据标准 网页鉴定元数据标准 网页保存元数据标准 ……	DC、EAD、MARC、RSLP、GILS、TEI GILS和DC-government 《信息与文献文件管理元数据第1部分：原则》(ISO23081－1) 《信息与文献文件管理元数据第2部分：概念及实施》(ISO 23081－2) 《政府信息资源元数据标准》(GB/T 21063.3－2007) 《基于XML的电子文件封装规范》(DA/T48－2009) 《文书类电子文件元数据方案》(DA/T46－2009) 《信息与文献－文件管理过程－文件元数据》(GB/T26163.1－2010) 《政务信息资源目录体系》中的政府信息资源元数据标准(GB/T 21063.1－2007) 《政府网站网页归档指南》中政府网站网页归档资源描述的元数据标准规范 ……

(3)系统标准。系统标准是指为保证政府网站网页云归档管理各业务流程的顺利进行和各业务流程之间实现无缝衔接而制定的标准。政府网站网页云

归档管理系统标准是保证政府网站网页资源采集、管理、保存、利用各环节互操作的基础，贯穿于政府网站网页云归档管理的整个生命周期，对于实现政府网页资源的长期保存具有重要作用。政府网站网页云归档管理的系统标准主要是指政府网站网页长期保存系统标准，即参照数字资源长期保存领域的OAIS标准、电子文件全程管理系统标准等制定的涉及政府网站网页资源采、管、存、用等全部流程的，系统的、规范的长期保存系统标准，具体如表7.3所示。

表7.3　政府网站网页云归档管理的系统标准

标准名称	可参考的标准
政府网站网页长期保存的系统标准 ……	国际通用的OAIS标准 《电子文件管理系统通用功能需求》(GB/T29194－2012) 《电子文件全程管理系统测评规范》 ……

7.3.3　技术保障

政府网站网页云归档管理平台的实现依赖于云环境下的网页采集、元数据管理、数据安全保存、信息检索、网页还原、数据处理、数据挖掘、信息可视化等技术。简言之，网络环境下的政府网站网页云归档管理平台建设具有很强的技术依赖性，从网页资源采集、处理、序化表示、长期安全保存到服务利用的任何一个环节都需要有相应的技术支撑。技术的先进与否，直接关系到平台建设与利用的程度和效果。因此，要确保平台的实现，关键是要构建起实现政府网站网页云归档管理的技术保障体系，并依此设计和实现满足政府网站网页资源采集与结构化处理、数据管理、资源保存、利用服务等一系列功能的系统功能模块。

此外，广义的技术保障还涉及硬件设备、软件资源等基础设施，以及应用程序共享平台的构建等问题。其中基础设施的构建可以采用云计算等先进技术，基于分布式计算和虚拟化技术将服务器、存储设备、网络设备等物理资源连接起来，并进行逻辑切分，形成相应的虚拟资源池，通过物理资源共享，实现IT资源“公共设施化”，完成虚拟化和集约化基础设施层的构建，为政府网站网页云归档管理的实现提供所需的存储、计算、处理等IT服务；应用程序共享平台的构建可以采用基于信息共享、服务交互模式提供的API接口，通过数据共享、信息转换、动态架构、智能运作等方式实现政府网站网页云归档管理涉及的网页资源采集和预处理、数据管理、资源保存、利用服务等应用功能模块的整合，同时借助元数据管理、策略管理、安全管理、服务管理等业务逻辑对新增应用程序进行有效控制，解决平台应用服务功能的扩展问题。

7.3.4　资金保障

政府网站网页云归档管理工作是一项长期的系统工程，其中每个环节都需要人力、物力和财力投入，而人力和物力投入归根结底又表现为财力的支持。因此，充足的资金保障是政府网站网页云归档管理实践项目顺利展开的重要保障。目前，包括政府网站网页在内的网络资源存档实践项目的资金来源主要是国家的财政拨款以及相关基金组织，资金来源是否有保障对于政府网站网页云归档工作的成效起着决定性的作用。如前文所述，政府网站网页资源采集与保存是一项持续而复杂的实践工程，其中涉及经费支持、技术开发、资源配置、人员管理、政策保障等诸多问题，很难依靠某个机构单独完成，需要多个机构共同参与。未来，政府网站网页归档参与机构的合作对象将会进一步扩大，调动更广泛的社会力量参与，是政府网站网页归档工作的发展趋势。在我国，国家档案管理部门作为政府网站网页云归档管理实践项目的实施主体，应承担主要责任，联合相关部门和单位，积极争取获得稳定、充足的政府财政资金支持，同时还应该进一步加大政府网站网页归档工作的社会宣传力度，健全面向基金组织与商业机构的社会捐助机制，拓宽资金的来源渠道，以保障政府网站网页归档工作的稳定发展。

7.3.5　人才保障

人才是各项活动的主体，也是活动开展的关键控制者，政府网站网页云归档管理实践项目的开展离不开人力资源保障。长期以来，由于受传统被动式档案管理服务模式的影响，档案机构工作人员的业务技能和知识结构比较单一，政府网站网页云归档管理这一新的实践课题给档案机构工作人员提出新的挑战，要求相关人员不仅要具有专业的档案管理知识和素养，同时还要兼备基本政务知识并掌握一定的先进信息技术使用技能。因此，只有打造一支综合素质高、专业能力强的人才队伍才能有效推动政府网站网页云归档管理项目的整体建设以及项目支撑平台的运行维护。

围绕政府网站网页云归档管理项目实践这项工作，在人才培养工作上应重点考虑一下两个方面：一方面，政府网站网页云归档管理平台建设和运维所需的综合素质人才培养。政府网站网页云归档管理涉及档案学、信息管理学、计算机科学、系统科学等多个学科领域，相应的平台建设也需要依靠具备不同学科领域知识的专业人才队伍。为了推动政府网站网页云归档管理平台的整体建设与运行维护，还应着力加强培养熟悉云计算等信息技术且具备档案管理知识的复合型专业人才队伍，逐步建立政府网站网页云归档管理平台与运维的技术团队，为平台的运行维护与推广应用等提供必要的人才保障。另一方面，档案管理部门信息服务人才培养。档案部门向公众提供归档资源的信息服务是由来已久的工作职责，也是档案部门的优势。但是，由于政府网站网页云归档管理与网络技术和网络环境有着密切的联系，导致政府网站网页归档资源利用服务方式与档案馆馆藏的档案资源利用服务方式有所不同。因此，在相应的归档资源利用服务人才培养上，就要对其服务理念与服务观念进行转变，并注重从政务知识培训、云归档技术培训等方面提升档案管理部门信息服务人员的业务素养与服务能力，确保在进行政府网站网页云归档管理的业务操作过程中，以及面向“云端”的用户提供政府网站网页归档资源的访问利用服务过程中能够体现档案管理人员的专业素养。

第8章　研究总结与展望

8.1　研究总结

本研究面向政府网站网页归档保存与开发利用问题，以电子政务环境下各级政府网站上发布的具有永久保存和利用价值的网页记录为研究对象，综合应用文献与案例调研法、专家咨询法、系统建模法、实证研究法等研究方法，梳理总结国内外网页存档相关研究现状与实践发展动态，结合政府网站网页长期可获取的现状调查情况，分析政府网站网页归档的必要性与可行性，提出政府网站网页归档的命题。在此基础上，应用OAIS模型、Web归档生命周期模型、文件生命周期理论、文件连续体理论等，以及“云计算”思想对政府网站网页归档管理研究的理论基础进行了阐释，明确了政府网站网页“档案云”模型构建的理论与实践依据，并以此分别从逻辑和功能两个维度构建政府网站网页“档案云”模型。然后，根据模型的结构与功能划分，以云计算环境下的网页采集、元数据管理、动态存储、数据安全保护、信息检索、网页重现、Web数据挖掘、数据可视化等技术为支撑，探索政府网站网页“云归档”的解决方案，以及政府网站网页归档资源“云端”利用服务的实现方法，并设计与实现政府网站网页云归档管理平台的原型系统，以应急管理部门政府网站网页采集、保存与利用为例，对系统的各功能模块进行实际应用。最后，从实践主体、实施策略与保障机制等方面提出了政府网站网页云归档管理的实现机制。本研究的主要观点与内容总结如下。

(1)政府网站网页归档的动因分析与命题提出

近年来，我国政府信息公开工作进展迅速，越来越多的政务信息通过政府门户网站发布。政府网站网页作为互联网时代政府行政过程的真实记录，具有重要的追溯凭证、决策参考与科学研究价值。然而，由于网络资源的易消失性、动态不稳定性，大量以“孤本”形式存在的政府网页会因网站的整合迁移、改版更新等操作面临“丢失”“无法链接”“无法显示”的风险。通过对全国86个应急管理部门政府网站网页长期可获取的现状调查发现，政府网站网页更新频繁，这些网站每月都有更新的比例将近一半。调查的各政府网站并不能保证每一条网页链接都有效，有些网站在访问时存在无效链接、链接失效，如Page Not Found 404错误、原网址格式不匹配、提示内容在不断整理修复中等问题。面对政府网站网页长期可获取存在的风险与实际问题，实现政府网站网页长期保存在技术、法律、社会、学术等层面上具有重要的现实意义，因此，非常有必要开展政府网站网页归档工作。

为推动政府网站网页归档工作的顺利开展，2017年5月，国务院办公厅发布了《政府网站发展指引》的通知，要求各级政府网站做好网页归档工作，要对有价值的原网页进行归档处理，确保归档后的网页能够正常访问。2018年1月，全国档案局长馆长会议工作报告中指出要启动国家政府网站网页存档工作，实现我国各级政府网站，以及各国有企业、中央企业等网站网页的永久保存。2019年12月，国家档案局发布《政府网站网页归档指南》，用来指导国家机关及其档案部门规范开展网页归档工作，促进实现政府网站网页的有序归档和长期保存。这些政策文件和标准规范为当前政府网站网页归档工作的开展提供了依据和宏观指导，是实现政府网站网页归档工作规范化和科学化的重要保障。此外，为了保存互联网上的“人类记忆”，从20世纪90年代开始，便有许多国家的政府部门，以及图书馆和档案馆等文化记忆机构陆续开展了包括政府网站等在内的各类网络信息资源长期保存的实践探索，并涌现出了一批有代表性的实践项目，积累了丰富的实践经验，这为国内政府网站网页归档工作的开展提供了重要的参考与借鉴。

政府网站网页归档的命题提出应从系统视角出发，在界定政府网站网页归档内涵的基础上，根据政府网站网页所具有的区别于一般网络资源的公共性、权威性、机构隶属性、层次性、地域性、专题性、多样性等特殊属性，明确政府网站网页归档的特征，并以解决政府网站网页长期可存取问题为目的，在用户信息服务需求驱动下，分析政府网站网页归档的业务功能需求，科学设计政府网站网页归档的流程与体系结构，以归档业务流程为纽带，应用网络资源归档保存采用的工具、技术和方法将政府网站网页归档过程涉及的网页采集、数据管理、资源保存、访问利用等环节有条不紊地串联，形成一个不断持续演化改进的政府网站网页资源保存与信息服务体系，最终实现具有历史追溯、数据挖掘、决策参考等多重利用价值的政府网站网页的长期可存取。

(2)政府网站网页"档案云"模型构建

云计算作为一种新兴的IT服务模式，能够高效率、低成本地实现政府网站网页的在线归档、集成管理和有效利用。本研究从档案管理的视角出发，将"云计算"引入政府网站网页归档管理中，借鉴和利用"云计算"的思想理念与方法技术，以OAIS模型、Web归档生命周期理论模型、文件生命周期理论、文件连续体理论等为支撑，参考和借鉴云计算环境下数字资源长期保存、电子档案管理等相关领域的实践研究成果，从逻辑框架和功能框架两个维度创新性地构建政府网站网页"档案云"模型。

在逻辑框架维度，将政府网站网页"档案云"的逻辑结构划分为体制云、设施云、资源云、技术云、业务云、服务云6朵关联"云"，它们以"云计算"为重要支撑，遵循相应的体制机制与标准规范，对政府网站网页归档所需的各类云设施、云资源、云技术等进行合理分配与调度使用，充分发挥"云计算"的各项优势，实现云环境中政府网站网页归档业务流程的网络化和自动化，最终为目标用户提供政府网站网页归档资源的"云端"全方位利用服务。在功能框架维度，将政府网站网页"档案云"的功能结构划分为云计算、基础资源、业务活动、服务应用等4个核心部分，不同部分的结构要素之间以政府网站网页归档的业务流程为导向，通过归档业务流和应用服务流来实现相互联系与内部协同。该框架能够系统地反映出云计算、基础资源、业务活动、服务应用4个部分及其结构要素之间动态的协同作用机理。框架中各构成要素之间的协同运作机理形成了一个动态演化的系统，该系统以政府网站网页资源为基础，应用云计算思维、方法和技术，沿着政府网站网页归档管理的主线，实现从基础资源层的“输入”，到云计算层的“驱动”，再到业务活动层的“转化”，最后到服务应用层的“输出”与“反馈”。

(3)政府网站网页“云归档”的流程及实现方案

由政府网站网页“档案云”模型可知，政府网站网页“云归档”即利用云环境中各种IT技术和资源对政府网站网页进行归档保存的过程，按照流程，包含采集、分类、著录、鉴定、存储等主要阶段，不同阶段目标的实现需要不同的技术方法支撑。针对其中的网页采集、数据管理、长期保存与安全保护等关键问题，本研究综合利用基于云计算的分布式存储、并行计算、海量数据处理、虚拟化技术，以及网络爬虫、元数据管理、云存储、区块链等技术和方法，提出了政府网站网页“云归档”的技术实现方案。

①网页采集。将域名中含有“gov.cn”，且具有保存价值的政府网站作为采集对象，以Google的PageRank算法和IBM的HITS算法为政府网页重要性评价的技术支撑，参考和借鉴美国“北卡罗来纳州政府网站档案馆”项目所制定的“网站宏观评估计分表”，对待采集的政府网站进行评价，根据评价结果来设定其采集频率。在此基础上，以云环境下Hadoop分布式计算框架为支撑，在其集群环境中，采用基于HDFS和MapReduce技术的分布式及并行计算的功能，利用网络爬虫工具，按主题对选定的目标政府网站中的网页信息进行完整性自动采集的同时，使用人工干预的方法对政府网站信息进行甄别，从中选择一些有证据价值、历史价值、文化价值以及研究价值的政府网页信息资源，对其进行有针对性的深层次频繁采集，从而实现政府网站网页全面而深入的采集。

②数据管理。政府网站网页归档的数据管理核心是元数据管理，参考现有的一些元数据与本体结合方法，提出了本体驱动的政府网站网页归档的元数据方案。该方案将XML规范作为定义元数据的标准，为政府网站网页的分类、著录、鉴定等提供丰富的语义描述信息，同时利用XML标准的可扩展机制来解决云环境下政府网站网页归档元数据的动态扩展问题，从而有效实现政府网站网页云归档的数据组织与管理。具体而言，在政府网站网页归档元数据的分类核心元素中添加了主题分类、题材分类、时间分类、机构分类等

属性修饰词，以此实现相应主题下不同题材的网页专栏信息能够按年度、来源机构(地区、职能)进行细粒度的分类管理；在政府网站网页归档元数据方案的基础上，复用DC标准中的表示信息、管理、保存等相关元素，对描述政府网站网页归档数据包的元数据方案进行扩展，形成政府网站网页归档著录标准；基于上述的政府网站网页归档元数据方案及著录标准，实现对网页内容的完整性识别与可用性判断，同时参照国家档案局发布的《政府网站网页归档指南》中对保管期限的规定设计政府网站网页归档保管期限表，完成对归档网页保管期限的处置。

③资源保存。首先，采用基于HDFS分布式云存储技术方案来实现政府网站网页归档资源的长期保存，根据政府网站网页归档的云存储体系结构，以及云存储环境下政府网站网页资源长期保存的实现机制，参照数字资源长期保存的元数据方案，设计满足云存储动态扩展需求的政府网站网页保存型元数据方案。其次，按照《OFD在政府网站网页归档中的应用指南》的标准，将OFD文件格式作为统一的政府网站网页归档保存文件格式，来实现政府网站网页的归档保存。最后，参考和借鉴电子文件长期保存的技术策略，采用标准化、备份、迁移、封装等技术策略来维护归档政府网站网页的“四性”。

④数据安全保护。本研究创新性地将区块链技术应用到政府网站网页归档的数据安全保护中，提出一种基于区块链技术的云存储数据安全保存策略。一方面，结合政府网站网页云归档流程，设计基于区块链的政府网站网页归档数据安全保护流程，旨在形成权威可信、长期保存、安全共享的政府网站网页归档数据安全体系。另一方面，利用区块链去中介化的思想，在云计算环境下，对政府网站网页进行分布式采集与管理，构建政府网站网页归档数据安全保护技术框架，发挥区块链技术在安全评估、数据加密、可信性认证、信息安全传输等方面的优势，确保云计算环境下归档政府网站网页数据能够在整个生命周期内以安全可靠、真实可信的形式永久保存。

(4)政府网站网页归档资源“云端”利用服务及其实现方法

基于文献与网络资源调研，对国际上一些典型的政府网络存档项目的归档资源应用的情况进行梳理，总结和分析了当前政府网络归档资源利用服务的主要方式。调研发现，在政府网络归档资源利用服务方面，绝大多数项目提供了基本的资源检索与浏览服务，一些项目提供了归档网页的页面还原与资源整合服务，也有少数项目应用 Web 数据挖掘、可视化分析等技术和方法对海量政府网络归档资源进行了深层次的数据挖掘利用，并提供了相应的归档数据可视化分析服务。此外，伴随着网络技术的不断发展，新兴的网络多媒体技术、语义网络技术、动态交互网络技术及大数据网络技术等应用日益广泛，这些技术的应用对政府网络资源的采集与保存提出了挑战，同时也促使政府网络归档资源的开发利用在向新的领域延伸。如何在现有的网络存档资源利用服务方式的基础上，实现网络归档资源的智能化语义检索、动态深层网页的还原、海量归档资源的数据挖掘与知识发现等将成为政府网络归档资源利用服务的重要发展方向。

在明确当前政府网络存档资源利用服务的主要方式的基础上，结合政府网站网页归档的特点，设计政府网站网页存档资源用户需求分析调查问卷，重点对社会公众、企事业单位工作人员、科研机构工作人员及政府部门工作人员进行问卷调查，识别不同用户群体对政府网站网页归档资源利用服务的功能需求。根据调查结果统计分析发现，绝大多数调查对象认为非常有必要提供如下政府网站网页归档资源的利用服务方式，包括一站式信息检索服务、多元化浏览服务、在线参考咨询服务、网站还原与网页重现服务、数据可视化分析服务、知识组织与知识发现服务、个性化与精准化服务等。

针对用户对政府网站网页归档资源利用服务功能的需求，以“以人为本”的服务目标为导向，结合泛在服务(TaaS)的“云服务”理念，综合应用多媒体信息检索、智能检索、网页重现、Web 数据挖掘、数据可视化等先进的信息技术手段来实现政府网站网页归档资源“云端”利用服务，包括基于多媒体信息检索和智能检索技术的浏览查询功能、网页重现功能、基于 Web 数据挖掘的归档网页价值挖掘功能、归档网页的数据可视化分析功能等，为社会公众、研究机构、政府部门等不同类型的用户提供丰富的政府网站网页归档资源利用服务功能，以满足用户多元化的利用需求。

(5)政府网站网页云归档管理平台的原型系统设计与实现

基于政府网站网页“档案云”模型、“云归档”流程及归档资源“云端”利用服务实现方法的研究内容，根据云计算服务体系结构，参照国内相关的行业规范、信息安全标准及国际通用的OAIS参考模型，突破原有的网络资源归档管理平台建设模式，从方案应当具备可模仿、可复制的需求出发，提出政府网站网页云归档管理平台的逻辑体系与架构方案。在此基础上，设计并实现政府网站网页云归档管理平台的原型系统，将政府网站网页云归档管理的方法范例化、标准化，使得本研究所提出的政府网站网页云归档管理理论框架和方法体系具有实际可操作性。

政府网站网页云归档管理平台的原型系统设计主要包括系统功能模块的设计、系统流程的设计及系统数据库表结构的设计。与传统的数字资源长期保存系统一样，政府网站网页云归档管理平台也同样具备采集、管理、保存、利用等基本业务功能，平台原型系统的功能模块设计包括云上在线采集功能、云下数据管理功能、云中资源保存功能及云端访问利用功能等功能模块。平台的目标用户是系统管理人员和普通用户，其中系统管理人员主要负责政府网站网页在线归档中的网页采集、数据管理与资源保存等业务环节的操作管理，以及对系统的管理。平台的普通用户为包括社会公众及企事业单位、科研机构、政府部门人员等在内的前端用户，这些普通用户主要是对归档保存的政府网站网页资源进行访问利用。结合系统的功能模块设计，确定系统管理人员和普通用户的系统流程；根据系统功能模块和系统流程设计，明确了系统各功能模块所涉及的实体对象的数据需求，依据数据需求分析中所涉及的实体对象及其对应的数据关系，系统功能实现需要建立用户信息表、网页采集源信息表、网页采集信息表、网页管理信息表、网页保存和备份信息表、在线留言表及各种数据分析信息表等17张逻辑结构数据表。

在完成云环境下虚拟化和集约化基础设施、应用程序共享平台、浏览器/服务器模式搭建的基础上，平台的原型系统实现需要解决开发技术方案的选择、关键技术的应用、系统主要功能模块的开发及系统的运行测试等关键问题。为了保证系统的稳定性、通用性及可扩展性，综合各种考虑，系统开发采用基于MVC框架模式的Java+Python+MySQL网络应用系统开发环境下的云服务B/S体系架构的技术方案。系统开发所用到的关键技术主要包括网页动态监控采集技术、网页还原技术、Elasticsearch全文搜索引擎技术、TensorFlow深度学习框架技术等。基于以上技术方案和关键技术，以应急管理部门政府网站为网页采集源，分别实现了支持动态监控、格式转换和批量导入的网页采集功能；支持元数据管理、自动分类、鉴定整理的数据管理功能；支持数据加密、数据备份、数据迁移的资源保存功能；支持普通检索和高级检索，以及专题检索、内容分类、地区导航等浏览查询服务，批量下载、网页还原、数据挖掘与数据分析的访问利用功能。最后，为实现系统的各项功能需求，确保系统最终能够稳定地运行，系统从开发到实现依次进行了单元测试、集成测试、有效性测试。各项测试结果表明系统在功能上完整，系统运行上可靠，满足各项需求。

(6)政府网站网页云归档管理的实现机制

政府网站网页云归档管理并不是单纯的理论问题，也并非单一的技术和方法问题，而是一项面向海量政府网站网页采集、保存与开发利用的系统的实践工程项目，其中涉及资源获取、标准制定、技术开发、知识产权、推广应用等诸多的问题。因此，很难依靠某个机构来完成，需要多个机构的共同参与，根据分工不同，该工程项目的实践主体包括政府部门、档案机构、开发运营商等，它们相互协作，在相应的实施策略驱动与条件保障下，共同完成政府网站网页云归档管理这一系统的实践项目。

具体而言，政府网站网页云归档管理实践项目的实施涉及政府部门、档案机构、开发运营商三个参与主体。这些参与主体通过分工协作与资源共享，建立多元协作的组织机制，从而降低项目实施和运维成本，使效益最大化。此外，政府网站网页云归档管理实践项目的实施还应当解决云归档技术研发、云端网页采集与管理质量控制、云环境下知识产权风险规避等问题，进而通过提升全社会的网页归档意识，实现项目成果的推广应用。同时为了确保政府网站网页云归档管理实践项目的顺利开展，相关的参与主体还应当寻求或提供一系列软硬件条件的支持和保障，其中包括国家层面的档案主管部门进行自上而下的顶层设计所给予的政策支持、政府部门和档案机构制定的归档标准规范、开发运营商提供的云归档技术保障，以及从项目实施到运营推广所需的资金保障与人才保障等。

8.2　研究展望

本研究从档案管理的视角出发，综合运用档案学、信息管理学、计算机科学、系统科学等多门学科的理论方法，从更广泛的视域探索云环境下政府网站网页归档保存及其开发利用的理论框架与实现方法。从理论和技术层面强化对政府网站网页集成管理的顶层设计，并对其中涉及的政府网站网页采集、元数据方案、云存储、浏览查询、网页重现、数据挖掘与分析等若干问题和关键技术进行了研究，取得了一些初步的研究成果。但随着研究的深入，发现还存在许多问题尚未解决，有待进一步的研究，下面对将来的研究工作进行阐述。

(1)需要对政府网站网页云归档及其利用服务实现方法的优化进行研究。本研究提出的政府网站网页云归档及其利用服务实现方法是一个综合性的方案，涵盖了实现政府网站网页云归档管理的理论、技术和方法。由于对政府网站网页云归档的实际流程以及运行环境等存在理想化的情况，这在某些细节上影响了所提出的云归档管理解决方案的适用性和可操作性。另外由于实验环境有限，对所设计的政府网站网页云归档与利用服务实现方法的实验测试还不够充分，对一些技术问题还没有充分地展开研究，譬如，提出的政府网站网页定题采集实现方法在效果方面，与传统方法相比有了较大程度的提高，但是相应的方法在效率方面却不尽如人意。因此，继续优化和完善政府网站网页云归档及其利用服务实现方法，为政府网站网页云归档管理提供完善的、可借鉴的理论支持和解决方案是下一步需要重点研究的问题。

(2)需要对政府网站网页归档资源的知识服务机制及其实现方法进行研究。政府网站网页归档的最终目标是为社会公众、研究机构、政府部门等提供丰富的归档资源利用服务功能，而在面向知识共享与知识服务的社会发展中，政府网站网页归档资源的利用服务，内容上应由信息层面向知识层面深化，并将不断转变和提升为用于解决用户实际问题的知识服务。本研究仅局限于政府网站网页归档资源的浏览检索、网页还原、数据挖掘与可视化分析等信息服务功能实现方法的探索上，因此，还应当在此基础上进行归档资源的知识服务机制研究，实现面向不同目标用户的政府网站网页归档资源的知识服务。在归档资源知识服务功能的具体实现上，可以参考和借鉴图书情报学领域在知识服务研究中积累的丰富研究成果，例如专题知识库、知识融合服务、情境感知服务、语义知识检索服务等，这些成果可以应用到政府网站网页归档资源的知识服务实现方法研究中去，形成一套具有特色的政府网站网页归档资源知识服务体系。本研究将进一步对该方向展开深入探索。

(3)需要对政府网站网页云归档管理平台原型系统功能的完善进行研究。本研究主要侧重于政府网站网页云归档管理技术方案与实现方法的探索上，政府网站网页云归档管理平台的实现作为一项系统性工程，在研究过程中，尽管初步实现了政府网站网页云归档管理平台的原型系统，但由于人力、资金和技术等方面的限制，平台原型系统所采集保存的政府网站网页数量规模较小，系统的数据管理功能与资源保存功能还比较简单，提供的归档资源访问利用服务也仅仅是浏览检索、数据统计分析等基础应用，还无法满足实际应用中的复杂需求，因此，尚未完全实现面向实际应用的政府网站网页云归档管理网络服务平台。在未来的研究中，将会采集更加全面和多源的政府网站网页，进一步对平台原型系统的数据管理与资源保存功能等模块进行扩展和完善，并结合更多的归档资源实际应用场景来探索其更高层次的利用服务实现方法，以达到实际应用的目的。

参考文献

中文文献

[1]2020年北京市政府信息公开工作年度报告[EB/OL].[2021-06-07].http://www.beijing.gov.cn/gongkai/zfxxgk/gknb/202103/t20210316_2308409.html.

[2]2020年国家统计局政府信息公开工作报告[EB/OL].[2021-06-07].http://www.stats.gov.cn/xxgk/gknb/tjj_gknb/202101/t20210129_1812885.html.

[3]2020年青海省政府信息公开工作年度报告[EB/OL].[2021-05-06].http://www.qinghai.gov.cn/xxgk/xxgk/zwgkzfxxgknb/n2020/szf/202103/t20210331_183308.html.

[4]2020年上海市政府信息公开工作年度报告[EB/OL].[2021-05-06].https://www.shanghai.gov.cn/nw12344/20210127/dc2f6946248e4f5082
644e0a17037633.html.

[5]WARC文件格式标准[EB/OL].[2021-10-05].https://max.book118.com/html/2017/0908/132606759.shtm.

[6]《OFD在政府网站网页中的应用指南》发布[EB/OL].[2021-10-29].https://www.nbdaj.gov.cn/yw/bddt/202101/t20210107_34084.shtml.

[7]《政务信息资源目录体系》国家标准[DB/OL].[2021-09-23].http://www.changzhou.gov.cn/upfiles/327136497560271/20130419/20130419025513_69666.pdf.

[8]蔡维德,郁莲,王荣,等.基于区块链的应用系统开发方法研究[J].软件学报,2017,28(6):1474-1487.

[9]曾子明,万品玉.基于主权区块链网络的公共安全大数据资源管理体系研究[J].情报理论与实践,2019,42(8):110-115+77.

[10]陈近,文庭孝.基于云计算的图书馆大数据服务研究[J].图书馆,2016(1):52-56+68.

[11]陈劲松.欧盟数字图书馆云计划 Europeana Cloud 研究[J].新世纪图书馆,2015(10):84-87.

[12]陈黎,李志蜀,琚生根,等.基于 SVM 预测的金融主题爬虫[J].四川大学学报(自然科学版),2010,47(3):493-497.

[13]陈雯峭.我国政府网站信息资源开发利用的现状与思考[J].图书情报论坛,2006(3):3.

[14]程妍妍.电子文件管理理论的最新研究成果之一——国际电子文件生命周期模型[J].档案学研究,2008(4):45-49.

[15]程妍妍.基于 OAIS 的云数字档案馆功能结构模型研究[J].档案学研究,2019(4):124-130.

[16]仇壮丽,许冬玲.归档网络信息选择策略的影响因素研究[J].档案学研究,2011(3):63-66.

[17]戴建陆,范艳芬,金涛.中文网络信息资源长期保存策略研究[J].情报科学,2015,33(11):34-38.

[18]翟秀丽.我国政府门户网站中政务信息资源整合研究[D].郑州:郑州大学,2011.

[19]董晓莉,李杉.数字资源长期保存混合云平台技术分析[J].图书馆工作与研究,2018(8):50-56.

[20]范海虹.构建能源物资数据资源共享云平台——基于数据即服务(DaaS)技术[J].工业技术创新,2021,08(1):1-6+58.

[21]范雪峰.地方政府网络参政平台建设研究——以西安政府网站的政治参与功能为例[J].新西部,2017(18):20-21.

[22]冯朝胜,秦志光,袁丁.云数据安全存储技术[J].计算机学报,2015,38(1):150-163.

[23]付鸿鹄,吴振新.分布式数字资源保存系统与技术架构研究[J].国家图书馆学刊,2015,24(2):82-88.

[24]高建秀,吴振新,孙硕.云存储在数字资源长期保存中的应用探讨[J].现代图书情报技术,2010(6):1-6.

[25]高建秀,吴振新.数字资源协作保存网络研究[J].图书馆学研究,2010(23):26-31+25.

[26]高婷,白如江.基于 OutbackCDX 的增量式 Web 信息采集研究[J].山东理工大学学报(社会科学版),2020,36(4):99-105.

[27]葛婷,蒋卫荣.基于"大档案观"理念的网络信息资源档案化保存[J].中国档案,2016(2):64-65.

[28]宫宇峰,朱晓红.虚拟存储技术的网络化实现及应用[J].情报科学,2006,24(4):588-591.

[29]谷俊,翁佳,许鑫.面向情报获取的主题采集工具设计与实现[J].图书情报工作,2014(20):91-99.

[30]顾品浩.基于综合档案馆视角的政府网络信息存档组织机制研究[D].天津:天津师范大学,2014.

[31]关于积极推进“互联网+”行动的指导意见 [EB/OL]. [2021-07-27]. http://www.xinhuanet.com/politics/2015-07/04/c_1115815942.htm.

[32]郭红梅,张智雄.欧盟数字化长期保存研究态势分析[J].中国图书馆学报,2014(2):120-127.

[33]郭红梅,张智雄.欧盟数字化长期保存研究现状[J].图书情报工作,2014(8):122-127.

[34]郭娟.云计算在数字档案馆建设中的应用研究[J].城建档案,2012(8):85-86.

[35]郭晓云.网络资源归档标准 WARC 及其应用研究[J].中国档案,2020(12):78.

[36]过仕明.PageRank 技术分析及网页重要性的综合评价模型[J].图书馆论坛,2006(1):80-82.

[37]韩俊.政府门户网站信息构建及评价研究[D].杭州:浙江大学,2008.

[38]何欢欢.政府网站信息资源保存体系研究[D].武汉:武汉大学,2010.

[39]何嘉荪,叶鹰.文件连续体理论与文件生命周期理论——文件运动理论研究之一[J].档案学通讯,2003(5):60-64.

[40]何正军,金波.云计算与数字档案馆建设新机遇[J].档案与建设,2015(12):4-8.

[41]洪娜,张晓林.格式迁移实施方式及其关键技术[J].图书情报工作,2008, 52(12):111-114+98.

[42]胡吉颖,吴振新,谢靖,等.构建面向 WARC 文档的全文索引系统[J].现代图书情报技术,2016(5):91-98.

[43]胡康生.中华人民共和国著作权法释义[M]. 北京: 法律出版社,2002.

[44]胡伟.基于 PageRank 算法的主题爬虫研究与设计[D].武汉:武汉理工大学,2012.

[45]黄萃.政策文献量化研究[M]. 北京: 科学出版社,2016.

[46]黄华坤.省级国土资源档案云平台的研究与设计[J].档案管理,2014(6):41-43.

[47]黄清芬.用户信息需求探析[J].情报杂志,2004,23(7):38-40.

[48]黄霄羽.文件生命周期理论在电子文件时代的修正与发展[J].档案学研究,2003(1):6-9.

[49]黄新平,黄萃,张韫麒,等.面向决策的政府网站信息资源领域知识融合服务模型研究[J].图书情报工作,2018,62(23):6-13.

[50]黄新平,王洁.面向 Web Archive 的政府网站网页专题知识库构建研究[J].图书馆学研究,2021(15):64-70.

[51]黄新平,王萍,李宗富.政府网站原生数字政务信息资源馆藏建设研究[J].图书馆工作与研究,2017(6):87-92.

[52]黄新平,王萍.国内外近年 Web Archive 技术研究与应用进展[J].图书馆学研究,2016(18):30-35+19.

[53]黄新平.基于集体智慧的政府社交媒体文件档案化管理研究[J].北京档案,2016(11):12-15.

[54]黄新平.基于区块链的政府网站信息资源安全保存技术策略研究[J].图书馆,2019(12):1-6.

[55]黄新平.基于云计算的政府网站网页在线归档管理平台构建研究[J].北京档案,2019(12):16-20.

[56]黄新平.欧盟 FP7 社交媒体信息长期保存项目比较与借鉴[J].图书馆学研究,2019(17):2-9.

[57]黄新平.政府网站信息资源多维语义知识融合研究[D].长春:吉林大学,2017.

[58]黄新平.中职生职业生涯规划网络教育平台的设计与开发[D].长春:吉林大学,2014.

[59]黄新荣,曾萨.网页归档推进策略研究——基于网页归档生态系统视角[J].图书馆学研究,2018(16):63-70+16.

[60]黄新荣,庞文琪,王晓杰.云归档——云环境下新的归档方式[J].档案与建设,2014(4):4-7.

[61]黄雪梅,李白杨.基于领域本体的特定领域 Web Archive 构建[J].图书馆学研究,2015(9):13-18.

[62]霍福华.Web 前端 MVC 框架的发展方向以及意义[J].软件工程,2019,22(4):3.

[63]姜晓曦,冷熠.我国数字出版物呈缴现状及其制约因素分析[J].图书馆建设,2016(8):32-36.

[64]经渊,郑建明.基于 SaaS 的社会数字文化一体化门户服务模型研究[J].情报科学,2016,34(9):31-35.

[65]康虹,王敏.从知识管理视觉整合政府网络信息资源的模型[J].情报杂志,2006,25(5):126-128.

[66]李华,吴振新,郭家义,等.Web Archive 发展历程与发展趋势研究[J].现代图书情报技术,2009,174(1):2-8.

[67]李连,朱爱红,苏涛.一种改进的基于向量空间文本相似度算法的研究与实现[J].计算机应用与软件,2012,29(2):282-284.

[68]李明华.在全国档案局长馆长会议上的工作报告[EB/OL].[2021-02-27].https://www.saac.gov.cn/daj/yaow/201904/2d342fff80f845709782fd0 23b925536.shtml/.

[69]李佩蓉,李姗姗,付熙雯.政务数据区块链备份:逻辑、架构与路径[J].浙江档案,2021(3):21-23.

[70]李莎莎.增量式Web信息采集与信息提取系统的研究与实现[D].武汉:武汉理工大学,2011.

[71]李亚男.政府网站文件云存储管理研究[D].长春:吉林大学,2017.

[72]李亚楠.基于区块链的数据存储应用研究[D].北京:北京交通大学,2018.

[73]李宗富,黄新平.基于5W2H视角的政府网站信息存档研究[J].档案学通讯,2016(2):68-72.

[74]连志英.一种新范式:文件连续体理论的发展及应用[J].档案学研究,2018(1):14-21.

[75]梁蕙玮,萨蕾.公共图书馆政府公开信息共建共享研究[M].北京:国家行政学院出版社,2013.

[76]梁艳丽,凌捷.基于区块链的云存储加密数据共享方案[J].计算机工程与应用,2020,56(17):41-47.

[77]廖敏秀.论我国政府网站政务信息资源建设[D].湘潭:湘潭大学,2006.

[78]廖思琴,周宇,胡翠红.基于云存储的政府网络信息资源保存型元数据研究[J].情报杂志,2012,31(4):143-147+152.

[79]廖思琴.基于云存储的政府Web资源长期保存存档策略研究[D].绵阳:西南科技大学,2012.

[80]林颖,吴振新,张智雄.Web Archive存档策略分析[J].现代图书情报技术,2009(1):16-21.

[81]刘合翔.政府网站信息资源利用的可视化分析与评价[J].情报科学,2018,36(9):136-141+152.

[82]刘兰,吴振新,向菁,等.网络信息资源保存开源软件综述[J].现代图书情报技术,2009(5):11-17.

[83]刘兰,吴振新.Web Archive信息采集流程及关键问题研究[J].情报理论与实践,2009,32(8):113-117.

[84]刘兰,吴振新.网络存储信息采集方式研究[J].图书馆杂志,2009,28(8):28-31.

[85]刘兰.Web Archive的内涵、意义与责任、发展进程及未来趋势[J].图书馆建设,2014(3):28-34+38.

[86]刘乃蓬,张伟.档案管理模式下网络信息资源长期保存的研究[J].中国档案,2012(9):66-68.

[87]刘启华.基于LDA和领域本体的竞争情报采集研究[J].情报科学,2013(4):51-55+62.

[88]刘炜.基于语义分析的主题信息采集技术研究[D].武汉:武汉理工大学,2009.

[89]吴硕娜,黄新荣.Web归档生命周期模型的发展研究[J].数字图书馆论坛,2018(10):41-45.

[90]刘向,王伟军,李延晖.云计算环境下信息资源集成与服务系统的体系架构[J].情报科学,2014,32(6):128-133.

[91]刘悦如,余育仁,韦成府,等.图书馆界的"大数据"——欧盟SCAPE项目工具简述[J].上海高校图书情报工作研究,2016,26(3):5.

[92]刘越男,张一锋,吴云鹏,等.区块链技术与文件档案管理:技术和管理的双向思考[J].档案学通讯,2020(1):4-12.

[93]刘越男.大数据政策背景下政务文件归档面临的挑战[J].档案学研究,2018(2):107-114.

[94]刘淮.政府网络信息存档策略研究及系统实现[J].中国档案,2017(12):60-61.

[95]柳英.英国法定呈缴制度的起源与发展[J].国家图书馆学刊,2015,24(6):5.

[96]吕琳,魏大威.互联网信息长期保存中可视化分析技术应用研究[J].图书馆,2018(5):17-23.

[97]马宁宁,曲云鹏.中外网络资源采集信息服务方式研究与建议[J].图书情报工作,2014,58(10):85-89+116.

[98]马雨晴.用户需求导向的政府网站网页存档资源服务策略研究[D].长春:吉林大学,2021.

[99]聂勇浩,张炘.基于区块链的电子证据保全模式研究——以广州互联网法院为例[J].档案学研究,2021(5):28-36.

[100]聂云霞,肖坤,何金梅.基于区块链技术的可信电子文件长期保存策略探析[J].山西档案,2019(4):76-82.

[101]宁波档案.2019年全市档案工作总结[EB/OL].[2021-07-28].https://www.nbdaj.gov.cn/zw/jhzj/202004/t20200415_29506.shtml.

[102]宁波市出台《办法》规范政府网站网页归档管理 拓展电子文件管理新领域[EB/OL].[2021-07-30].https://www.nbdaj.gov.cn/yw/bddt/201810/t20181030_5843.shtml.

[103]宁波市市场监管局(知识产权局).标准化助力我市档案工作数字化转型 [EB/OL].[2021-07-30].http://scjgj.ningbo.gov.cn/art/2021/4/15/art_1229135352_58934922.html.

[104]牛力,韩小汀.云计算环境下的档案信息资源整合与服务模式研究[J].档案学研究,2013(5):26-29.

[105]欧亮,朱永庆,何晓明,等.云计算技术在泛在网络中的应用前景分析[J].电信科学,2010,26(6):61-66.

[106]庞景安.Web 信息采集技术研究与发展[J].情报科学,2009(12):1891-1895.

[107]裴佳越.IIPC 网页归档管理工作实践及其对我国的启示[J].大学图书情报学刊,2021,39(4):87-91.

[108]彭小芹,程结晶.云计算环境中数字档案馆服务与管理初探[J].档案学研究,2010(6):71-75.

[109]钱毅.基于 OAIS 的数字档案资源长期保存认证策略研究[J].档案学研究,2018(4):72-77.

[110]钱毅.我国可信电子文件长期保存规范研究[J].档案学通讯,2014(3):75-79.

[111]秦超.本体元数据设计、提取及应用[D].南京:南京大学,2014.

[112]秦颖.云存储环境下网络信息的归档保存研究[J].兰台世界,2016(9):35-37.

[113]任文静.基于 MVC 模式数字媒体资料存储共享系统设计[J].电子设计工程,2020,28(4):5.

[114]任彦冰,李兴华,刘海,等.基于区块链的分布式物联网信任管理方法研究[J].计算机研究与发展,2018,55(7):1462-1478.

[115]任志纯,李恩科,李东.穆尔斯定律及其扩展[J].情报杂志,2002,21(11):39-40.

[116]徐尚珊,王岩."云存储+智能终端"的档案管理模式初探[J].山西档案,2013(6):52-55.

[117]宋世昕.基于区块链和 IPFS 的去中心化电子存证系统的研究与实现[D].北京:北京工业大学,2019.

[118]孙红蕾,郑建明.互联网信息资源长期协作保存机制研究[J].图书馆学研究,2017(10):20-25+10.

[119]孙敏杰,吴振新,孙志茹.网络信息资源保存的编目方法与系统研究[J].数字图书馆论坛,2009(7):12-16.

[120]孙茜.Web2.0 的含义、特征与应用研究[J].现代情报,2006(2):69-70+74.

[121]孙坦,黄国彬.基于云服务的图书馆建设与服务策略[J].图书馆建设,2009(9):1-6.

[122]谭海波,周桐,赵赫,等.基于区块链的档案数据保护与共享方法[J].软件学报,2019,30(9):2620-2635.

[123]谭九生,高俊宽.网络信息资源建设中的知识产权问题[J].图书馆理论与实践,2005(6):36-39.

[124]陶水龙.基于云计算的区域性数字档案馆建设研究[J].中国档案,2013(2):4.

[125]陶水龙.档案数字资源云备份策略的分析与研究[J].档案学通讯,2012(4):12-16.

[126]田雪筠.网络竞争情报主题采集技术研究[J].图书与情报,2014(5):132-137.

[127]屠跃明.电子文件的生命周期与质量控制[J].档案与建设,2008(11):8-10.

[128]汪传雷,朱绍平,万一荻,等.基于Web3.0的物流信息平台社区模型构建研究[J].情报理论与实践,2016,39(7):127-135.

[129]汪静.Europeana发展现状及启示[J].数字图书馆论坛,2017(3):46-53.

[130]王斌.基于Ontology和元数据的电子政务信息资源整合的应用研究[D].太原:太原理工大学,2011.

[131]王芳,史海燕.国外Web Archive研究与实践进展[J].中国图书馆学报,2013,39(2):36-45.

[132]王萍,黄新平,陈为东,等.政府网站原生数字政务信息云归档模型及策略研究[J].情报理论与实践,2016,39(4):60-65.

[133]王萍,黄新平,张楠雪.国外Web Archive资源开发利用的途径及趋势展望[J].图书馆学研究,2015(23):43-49.

[134]王萍,黄新平.基于关联开放数据的数字文化资源语义融合方法研究[J].图书情报工作,2016,60(12):29-37.

[135]王少康,章建方,等.基于OFD的网页电子文件管理系统设计与实现[J].信息技术与标准化,2016(9):47-50.

[136]王世慧,杜伟.云计算环境下图书馆IT服务向IaaS迁移探析[J].图书馆理论与实践,2012(8):10-13.

[137]王熹.网站文件归档问题的若干思考[J].中国档案,2017(10):68-69.

[138]王亚宁,齐玉东,等.基于本体的军用元数据模型研究[J].计算机技术与发展,2011(4):227-230.

[139]王延安,宋斌斌,章文光.基于央地关系的中国创新治理政策过程研究[J].新视野,2021(4):68-74.

[140]王知津.知识组织理论与方法[M].北京:知识产权出版社,2009.

[141]王志梅,杨玉洁,范超英,等.网络环境下用户信息需求研究[J].图书情报工作,2004(7):90-92+113.

[142]我向总理说句话 [EB/OL].[2021-06-08].https://liuyan.www.gov.cn/2020wxzlsjh/index.htm.

[143]吴鹏,强韶华,苏新宁.政府信息资源元数据描述框架研究[J].中国图书馆学报,2007(1):66-68.

[144]吴振新,张智雄,孙志茹.基于数据挖掘的 Web Archive 资源应用分析[J].现代图书情报技术,2009(1):28-33.

[145]吴振新,张智雄,谢靖,等.基于 IIPC 开源软件拓展构建国际重要科研机构 Web 存档系统[J].现代图书情报技术,2015(4):1-9.

[146]夏义堃.图书馆政府信息资源开发利用功能的定位与实施[J].情报资料工作,2011,32(1):72-75.

[147]向菁,吴振新,司铁英,等.国际主要 Web Archive 项目介绍与评析[J].国家图书馆学刊,2010(1):64-68.

[148]向菁,吴振新,孙志茹.基于 Web Archive 的网页重现方法及应用研究[J].数字图书馆论坛,2009,62(7):17-21.

[149]肖秋会.电子文件长期保存:理论与实践[M].北京:社会科学文献出版社,2014.

[150]谢玉雪,等.我国政府网页归档的问题与策略[J].山西档案,2021(2):79-88.

[151]徐飞,郑秋生,高艳霞.基于云存储的网页归档方案的研究[J].计算机时代,2017(4):21-24+28.

[152]徐中阳.数字资源长期保存中的知识产权问题研究[D].太原:山西大学,2018.

[153]许彬.基于增强型类 PageRank 算法的搜索引擎的研究与设计[D].武汉:武汉理工大学,2014.

[154]薛四新.云计算环境下电子文件管理的实现机理[J].档案学通讯,2013(3):65-66.

[155]颜海.网络环境下用户信息需求变革与规律探讨[J].情报杂志,2002,21(1):44-46.

[156]杨道玲.Web 资源采集与保存研究[D].武汉:武汉大学,2005.

[157]杨道玲.中文 Web 档案馆建设构想[J].图书情报知识,2006(2):28-34.

[158]杨肖.基于主题的互联网信息抓取研究[D].杭州:浙江大学,2014.

[159]杨云鹏.日本国立国会图书馆互联网资源存档研究与启示[J].数字图书馆论坛,2021(1):24-31.

[160]尹锋,彭晨曦,等.网络信息资源的内涵及其相关概念辨析[J].情报杂志,2007,26(10):99-101.

[161]于红焱.电子文件质量控制研究[D].郑州:郑州航空工业管理学院,2017.

[162]余海波.基于区块链的数据分布式存储安全机制研究[D].上海:华东师范大学,2020.

[163]余益民,陈韬伟,段正泰,等.基于区块链的政务信息资源共享模型研究[J].电子政务,2019(4):58-67.

[164]员建厦.基于云存储技术的存储架构模型[J].计算机与网络,2013,39(7):64-67.

[165]袁焕磊,杨中营,林晓京.网站网页资源归档研究——以北京市档案信息网为例[C]//中国档案学会.2019年全国青年档案学术论坛论文集.北京:中国文史出版社,2019:19-28.

[166]云服务器 ECS [EB/OL].[2021-07-11].https://help.aliyun.com/document_detail/25367.html.

[167]云服务器 ECS 的应用场景 [EB/OL].[2021-07-11].https://help.aliyun.com/document_detail/25371.html? spm=5176.22414175.sslink.3.364d55d6WyEsTq.

[168]云归档:是否适应你的应用环境 [EB/OL].[2021-05-09].http://www.dostor.com/article/ 2012-07-19/3779778.shtml.

[169]张芳,郭常盈.基于网站影响力的网页排序算法[J].计算机应用,2012(6):1666-1669.

[170]张建中,黄艳飞,熊拥军.基于 ElasticSearch 的数字图书馆检索系统[J].计算机与现代化,2015(6):5.

[171]张江珊.美国社交媒体记录捕获归档的思考[J].档案学研究,2016(4):119-123.

[172]张力.Web 信息采集技术综述[J].图书馆研究与工作,2011(2):43-46.

[173]张炜,敦文杰,周笑盈.国家数字图书馆网络资源保存的实践与探索[J].数字图书馆论坛,2017(6):32-38.

[174]张卫东,黄新平.面向 Web Archive 的社交媒体信息采集——基于 ARCOMEM 项目的案例分析[J].情报资料工作,2017(1):94-99.

[175]张文馨.基于区块链技术的档案信息管理与共享研究[J].陕西档案,2021(2):27-29.

[176]张耀蕾.哈佛大学图书馆网络资源保存服务项目的研究和启示[J].图书馆建设,2015,247(1):88-92.

[177]张祝杰,李娜,张帆.管窥文件连续体理论与电子文件[J].档案学通讯,2005(4):28-31.

[178]章敏敏,徐和平,王晓洁,等.谷歌 TensorFlow 机器学习框架及应用[J].微型机与应用,2017,36(10):58-60.

[179]章燕华,刘霞.OAIS 参考模型:数字资源长期保存的概念框架[J].浙江档案,2007(3):38-42.

[180]赵慧,刘君.以用户为中心的信息构建与网络治理——信息构建理论视野下的政府网站信息资源“去孤岛化”研究[J].公共管理学报,2013(1):128-136.

[181]赵萌.基于区块链的数据安全访问机制研究与实现[D].西安:西安电子科技大学,2020.

[182]赵屹,陈晓晖,方世敏. Web2.0 应用:网络档案信息服务的新模式——以美国国家档案与文件署(NARA)为例[J].档案学研究,2013(5):74-81.

[183]赵哲.基于区块链的档案管理系统的研究与设计[D].合肥:中国科学技术大学,2018.

[184]政府信息公开主题分类目录 [EB/OL].[2021-08-06].http://govinfo.nlc.gov.cn/cgpio/hyzq/.

[185]中国互联网信息中心. 中国互联网络发展状况统计报告[R].[2021-02-27]. https://www. cnnic. net. cn/NMediaFile/old_attach/P020210203334633480104. pdf.

[186]中国区块链技术和应用发展白皮书 [DB/OL].[2021-10-03].http://sike.news.cn/hot/pdf/12.pdf.

[187]中华人民共和国应急管理部主要职责 [EB/OL].[2021-08-28].https://www.mem.gov.cn/jg/.

[188]中国政府公开信息整合服务平台 [EB/OL].[2021-07-22].https://www.govinfo.nlc.gov.cn.com/ziliao/2015-12/16/c_128536545_3.htm.

[189]中国政府公开信息整合服务平台.政府公开信息元数据著录规则 [EB/OL].[2021-09-03].http://govinfo.nlc.gov.cn/cgpio/hyzq/.

[190]中华人民共和国国家档案局.基于 XML 的电子文件封装规范(DA/T 48-2009) [DB/OL]. [2021-10-07]. https:// www. saac. gov. cn/ daj/hybz/201806/af5bf561f75343f69bf2efb78913a284/files/08d2e2120d134cf58f92 7d9766c6e4b9.pdf.

[191]中华人民共和国国家档案局.网站网页资源归档试点工作启动 [EB/OL].[2021-03-01]. https:// www. saac. gov. cn/daj/daxxh/201807/b7ee27b2500a4a3cbda3c8cb5a787bda.shtml.

[192]中华人民共和国国家档案局.政府网站网页归档指南(DA/T 80—2019) [DB/OL].[2021-03-01]. https:// www. saac. gov. cn/daj/hybz/201912/5e653e193bd747659d78783c8c4c8818/files/a778567bbacd47119ecb115cfe 84e 9a8.pdf.

[193]中华人民共和国国务院.国务院办公厅关于印发政府网站发展指引的通知 [EB/OL].[2021-07-28].http://www.gov.cn/zhengce/content/2017-06/08/content_5200760.htm.

[194]中华人民共和国国务院.国务院关于印发“十三五”国家信息化规划的通知 [EB/OL].[2021-07-28].http://www.gov.cn/zhengce/content/2016-12/27/content_5153411.htm.

[195]周枫,吕东伟,邓晶京,等.OFD格式在档案领域的应用初探[J].档案管理,2018(4):35-37.

[196]周洁.电子文件归档问题研究[D].苏州:苏州大学,2013.

[197]周林兴.Web Archive保存研究:现状、意义与发展策略[J].档案管理,2009(5):26-28.

[198]周鹏.基于联盟区块链的数据安全存储方案设计与应用[D].合肥:安徽大学,2019.

[199]周维彬.网络信息用户的信息需求规律研究[J].情报探索,2008(3):12-14.

[200]周文泓.互联网信息社会化保存的冷思考与热展望[J].图书馆论坛,2020,40(1):87-95.

[201]周秀霞,刘万国,杨雨师.基于云平台的数字资源保存联盟比较研究——以Hathitrust和Europeana为例[J].图书馆学研究,2018(23):52-60.

[202]周耀林,李丛林.我国非物质文化遗产资源长期保存标准体系建设[J].信息资源管理学报,2016,6(1):38-43+51.

[203]周毅.网络信息存档:档案部门的责任及其策略[J].档案学研究,2010(1):70-73.

[204]朱晓峰,苏新宁.构建基于生命周期方法的政府信息资源管理模型[J].情报学报,2005,24(2):136-141.

[205]朱晓峰.政府网站信息资源组织规范研究[J].情报科学,2009,27(11):25-29.

[206]宗校军.中文网页定题采集及分类研究[D].武汉:华中科技大学,2006.

[207]左晋佺,张晓娟.基于信息安全的双区块链电子档案管理系统设计与应用[J].档案学研究,2021(2):60-67.

英文文献

[1]A Survey on Web Archiving Initiatives [DB/OL].[2021-05-23]. https: // core. ac. uk/download/pdf/62687243.pdf.

[2]Abadi M. TensorFlow:Learning Functions at Scale [J].Acm Sigplan Notices, 2016,51(9):1-1.

[3]ACQ Web Archive [DB/OL].[2021-11-21].http://www.loc.gov//devpol/.pdf.

[4]Adam Jatowt, Yukiko Kawai. Journey to the Past: Proposal of a Framework for Past Web Browser [DB/OL].[2021-10-19]. http: // www. dl. kuis. kyoto-u. ac. jp/～adam/ht06.pdf.

[5]AlSum A, Weigle M C, Nelson M L, et al. Profiling Web Archive Coverage for Top-level Domain and Content Language [J].International Journal on Digital Libraries, 2014, 14(3-4):149-166.

[6]Alam M H, Ha J W, Lee S K. Novel Approaches to Crawling Important Pagesearly [J]. Knowledge and Information Systems,2012,33(3):707-734.

[7] Alam S, Nelson M L, Sompel H, et al. Web Archive Profiling Through CDX Summarization [C]// International Conference on Theory and Practice of Digital Libraries. Cham: Springer Cham, 2015: 223-238.

[8] Andreas Rauber, Andreas Aschenbrenner. Uncovering Information Hidden in Web Archives [EB/OL]. [2021-10-23]. http: // mirror. dlib. org/dlib/december02/rauber/12rauber.html.

[9] Announcing the Web Archiving Life Cycle Model [EB/OL]. [2021-07-17]. https: // archive-it.org/blog/post/announcing-theweb-archiving-life-cycle-model/.

[10]Archaeology Data Service [EB/OL]. [2021-10-21]. http: // archaeology dataservice. ac.uk/.

[11]Archive Social [EB/OL].[2021-10-27].http://archivesocial.com/.

[12]ARCOMEM Archivist's Tool [DB/OL].[2021-05-16].http:// www.arcomem.eu/wp-content/uploads/2012/05/D8_1.pdf.

[13]Arcomem Framework v.1.1-SNAPSHOT [DB/OL].[2021-05-26].http://api.arcomem.eu/ArcomemFramework.pdf.

[14]ARCOMEM [EB/OL].[2021-04-20].http: // cordis.europa.eu/project/rcn/97303_en.html.

[15]Askhoj J, Sugimoto S, Nagamori M. Preserving Records in the Cloud [J]. Records Management Journal, 2011,21(3):175-187.

[16]Askhoj J, Nagamori M, Sugimoto S. Archiving as a Service:A Model for the Provision of Shared Archiving Services Using Cloud Computing [C]// Proceedings of the 2011 iConference. New York: Association for Computing Machinery,2011:151-158.

[17]Ashraf M, Shabbir F. Usability of Government Websites [J]. International Journal of Advanced Computer Science & Applications,2017,8(8):163-167.

[18]Banos V, Baltas N, Manolopoulos Y. Blog Preservation: Current Challenges and a New Paradigm [M]. Berlin: Springer Berlin Heidelberg, 2012:16-19.

[19]Beresford P, Pope J. Web Archiving at the British Library: Trials with the Web Curator Tool [J].Ariadne, 2007(52):8.

[20]Blanvillain O, Kasioumis N, Banos V. BlogForever Crawler:Techniques and Algorithms

to Harvest Modern Weblogs [C] // Proceedings of the 4th International Conference on Web Intelligence, Mining and Semantics (WIMS14). New York: Association for Computing Machinery, 2014:1-8.

[21]BlogForever D3.1: Preservation Strategy [DB/OL].[2021-05-11].http://eprints.gla.ac.uk/153538/7/153538.pdf.

[22]BlogForever D4.8: Final BlogForever Platform [DB/OL].[2021-05-18].https://zenodo.org/record/7497/files/BlogForever_D4_8_FinalBlog ForeverPlatform.pdf.

[23]BlogForever Data Model [DB/OL].[2021-06-06].https://zenodo.org/record/7488/files/BlogForever_D2_2WeblogDataModel.pdf.

[24]BlogForever [EB/OL].[2021-04-18].http://cordis.europa.eu/project/rcn/98063_en.html.

[25]Bridging Information Management and Preservation: A Reference Model [DB/OL].[2021-06-08].https://link.springer.com/content/pdf/10.1007%2F978-3-319-73465-1.pdf.

[26]Catherine Andrews. Software as a Service: The Key to Modernizing Governm-ent [EB/OL].[2021-05-16].https://www.govloop.com/software-as-a-service-the-key-to-modernizing-government/.

[27]Chakrabarti S, Punera K, Subramanyam M. Accelerated Focused Crawling through Online Relevance Feedback [C] // Proceedings of the 11th international conference on World Wide Web. New York: Association for Computing Machinery, 2002:148-159.

[28]Chen C, Ping W, et al. Impacts of Government Website Information on Social Sciences and Humanities in China: A Citation Analysis[J].Government Information Quarterly, 2013, 30(4):450-463.

[29]Collecting the Government's Online Documentary Heritage Goes Large Scale [EB/OL].[2021-04-22].https://www.nla.gov.au/stories/blog/web-archiving/2015/02/11/the-australian-government-web-archive.

[30]Combine Crawler [EB/OL].[2021-08-26].http://www.freelancer.com/projects/Combine crawler.html.

[31]Crook E. Web Archiving in a Web 2.0 World [EB/OL].[2021-09-30].https://www.emerald.com/insight/content/doi/10.1108/026404709109 98542/full/html.

[32]Demidova E, Barbieri N, et al. Analysing and Enriching Focused Semantic Web

Archives for Parliament Applications [J].Future Internet, 2014, 6(3):433-456.

[33]Denev D, Mazeika A, et al. The SHARC Framework for Data Quality in Web Archiving [J].The VLDB Journal, 2011, 20(2):183-207.

[34]Donovan L, Hukill G, et al. The Web Archiving Life Cycle Model[DB/OL].[2021-04-11].http://archiveit.org/static/files/archiveit_life_cycle_model.pdf.

[35] DuraCloud Guide [EB/OL]. [2021-09-29]. https://wiki.lyrasis.org/display/DURACLOUDDOC/DuraCloud+Guide.

[36]Duracloud Introduction [EB/OL].[2021-11-18].https://duraspace.org/duracloud/.

[37]DuraCloud [EB/OL].[2021-11-18].https://duraspace.org/duracloud/about/features/.

[38]Edwards J, McCurley K, Tomlin J. An Adaptive Model for Optimizing Performance of an Incremental Web Crawler [C]//Proceedings of the 10th international conference on World Wide Web.New York: Association for Computing Machinery, 2001:106-113.

[39] Elena Demidova, Nicola Barbieri. Analyzing and Enriching Focused Semantic Web Archives for Parliament Applications [J].Future Internet,2014(3):433-456.

[40]End of Term Web Archive [EB/OL].[2021-06-10].https://end-of-term.github.io/eotarchive/.

[41] Erik Hillbom, et al. Applications of Smart-contracts and Smart-property Utilizing Blockchains [DB/OL]. [2021-10-23]. http://publications.lib.chalmers.se/records/fulltext/232113/232113.pdf.

[42]Eschenfelder K R, Beachboard J C, et al. Assessing US Federal Government Websites [J].Government Information Quarterly, 1997, 14(2):173-189.

[43] Fafalios P, Holzmann H, et al. Building and Querying Semantic Layers for Web Archives [C]//Digital Libraries. New York: Institute of Electrical and Electronics Engineers, 2017:1-10.

[44]Finnemann N O, Phil D. Web Archives and Knowledge Organization [J].Knowledge Organization, 2019, 46(1):47-70.

[45]ForgetIT Brochure [DB/OL].[2021-05-17].https://www.forgetit-project.eu/fileadmin/fm-dam/downloads/forgetit_brochure.pdf.

[46]ForgetIT [EB/OL].[2021-04-21].https://cordis.europa.eu/project/rcn/106844_en.html.

[47]FP7 Projects [EB/OL].[2021-04-16].https://data.europa.eu/euodp/en/data/dataset/

cordisfp7projects.

[48]Frank McCown, Joan A. Smith, et al. Lazy Preservation: Reconstructing Websites by Crawling the Crawlers [EB/OL]. [2021-10-13]. http: // dl. acm. org/citation. cfm? id =1183564.

[49]G.K.Zipf. Human Behavior and the Principle of Least Effort: Anintroduction to Human Ecology [M]. Cambridge: Addison-Wesley Press, 1949.

[50]Gibbs—LDA++ [EB/OL].[2021-06-16].http://gibbslda.sourceforge.net.

[51]Gomes D, Costa M, et al. Creating a Billion-Scale Searchable Web Archive [C]//3rd Temporal Web Analytics Workshop.New York: Association for Computing Machinery, 2013: 1059-1066.

[52]Gossen G, Demidova E, Risse T. Analyzing Web Archives through Topic and Event Focused Sub-collections [C]// ACM Conference on Web Science.New York: Association for Computing Machinery, 2016:291-295.

[53]Hiberlink [EB/OL].[2021-10-21].http://www.hiberlink.org/.

[54]Han Meng. Research on E-Government Information Resources Sharing System Based on Cloud Computing [J].Applied Mechanics & Materials, 2014(1):1758-1761.

[55]Hockx-Yu H. Access and Scholarly Use of Web Archives [J].Alexandria, 2014, 25(1-2):113-127.

[56]Huang Xinping. Research on the Cloud Archiving Process and Its Technical Framework of Government Website Pages [C] // International Conference on Communication, Computing and Electronics Systems.Singapore: Springer Singapore, 2020: 369-380.

[57]Hwang H C, Park J S, Lee B R, et al. A Web Archiving Method for Preserving Content Integrity by Using Blockchain [EB/OL].[2021-02-27].https://linkspringer.53yu.com/chapter/10.1007/978-981-15-9343-7_47#citeas.

[58]Huurdeman H C, Ben-David A, et al. Sprint Methods for Web Archive Research [C]// Proceedings of the 5th Annual ACM Web Science Conference.New York: Association for Computing Machinery,2013:182-190.

[59]Huurdeman H C. Adaptive Search Systems for Web Archive Research [C]// Proceedings of the 5th Information Interaction in Context Symposium. New York: Association for Computing Machinery, 2014:354-356.

[60]ICT-Information and Communication Technologies Work Programme [DB/OL]. [2021-

04-23].http://cordis.europa.eu/fp7/ict/docs/ict-wp2013-10-7-2013.pdf.

[61] IIPC General Assembly [EB/OL]. [2021-10-30]. http://netpreserve.org/general-assembly.

[62] International Internet Preservation Consortium [EB/OL]. [2021-09-27]. https://netpreserve.org/.

[63]Internet Archive Archive-It.org [EB/OL].[2021-09-27].https://archive.readme.io/docs#archive-itorg.

[64]Jaap Kamps, Richard Rogers. Web Archive Search as Research [DB/OL].[2021-10-30]. http://netpreserve.org/sites/default/files/attachments/Ben-David.pdf.

[65]James Jacobs, Jefferson Bailey. The End of Term Web Archive: Collecting & Preserving the .gov Information Sphere [EB/OL].[2021-02-21]. http://scholarworks.sjsu.edu/slasc/15/.

[66]Jones S M, Klein M, Weigle M C, et al. Memen to Embed and Raintale for Web Archive Storytelling [EB/OL].[2021-02-23].https://arxiv.53yu.com/abs/2008.00137.

[67] Jong M, Lentz L. Municipalities on the Web: User-Friendliness of Government Information on the Internet [C]// Electronic Government. Lecture Notes in Computer Science. Berlin: Springer Berlin Heidelberg, 2006: 174-185.

[68]Jurik B, Zierau E. Data Management of Web Archive Research Data [C]// Researchers, Practitioners and Their Use of the Archived Web. London: University of London, 2017: 1-9.

[69]Kaarthik Sivashanmugam, Amit Sheth, et al. Metadata and Semantics for Web Services and Processes [DB/OL]. [2021-09-06]. http://lsdis.cs.uga.edu/lib/download/Schlageter-book-chapter-final.pdf.

[70]Kasioumis N, Banos V, Kalb H. Towards Building a Blog Preservation Platform [J]. World Wide Web, 2014, 17(4):799-825.

[71]Katharine Stuart, David Bromage. Current State of Play Records Management and the Cloud [J].Records Management Journal, 2010(2):217-225.

[72]Kats P, et al. Design of Europeana Cloud technical infrastructure [C]// IEEE/ACM Joint Conference on Digital IEEE/ACM Joint Conference on Digital Libraries. New York: Institute of Electrical and Electronics Engineers, 2014: 491-492.

[73]Kawato M, Li L, et al. A Digital Archive of Borobudur Based on 3D Point Clouds [J].

The International Archives of Photogrammetry, Remote Sensing and Spatial Information Sciences, 2021(43):577-582.

[74]Kim S. Factors Affecting State Government Information Technology Employee Turnover Intentions [J].The American Review of Public Administration, 2005, 35(2):137-156.

[75]Kim Y, Ross S, Stepanyan K, et al. Blogforever: D3.1 Preservation Strategy Report [EB/OL].[2021-05-26].https://eprints.gla.ac.uk/153538/.

[76]Krishnamurthy R, et al. Liberating Data for Public Value: The Case of Data.gov [J]. International Journal of Information Management, 2016, 36(4):668-672.

[77]kulturarw3 [EB/OL].[2021-08-26].http://kulturarw3.kb.se/.

[78]Lambert F. Seeking Information from Government Resources: A Comparative Analysis of Two Communities' Web Searching of Municipal Government Web Sites [J]. Government Information Quarterly, 2013,30(1):99-109.

[79]LandsbergenJr D, WolkenJr G. Realizing the Promise: Government Information Systems and the Fourth Generation of Information Technology [J]. Public Administration Review, 2001, 61(2):206-220.

[80]Layne K, Lee J. Developing Fully Functional E-government: A Four Stage Model [J]. Government Information Quarterly, 2001, 18(2):122-136.

[81]Library and Archives Canada [EB/OL].[2021-04-23].http://collectionscanada.ca/.

[82]Library of Congress Web Archive [EB/OL].[2021-10-10]. http://www.loc.gov/websites/.

[83]Liu L, Peng T, Zuo W. Topical Web Crawling for Domain-specific Resource Discovery Enhanced by Selectively Using Link-context [J]. International Arab Journal of Information Technology, 2015, 12(2):196-204.

[84]Living Web Archives [EB/OL].[2021-04-18]. https://cordis.europa.eu/project/rcn/85330_en.html.

[85]Lu L I, Zhang G Y, et al. Research on Focused Crawling Technology Based on SVM [J].Computer Science, 2015(2):118-122.

[86]Masanes J. Web archiving: issues and methods[M]. Web archiving. Berlin: Springer Berlin Heidelberg, 2006:1-53.

[87]Mccown F, Nelson M L. Usage Analysis of a Public Website Reconstruction Tool [C]// ACM/IEEE Joint Conference on Digital Proceedings of the 8th ACM/IEEE-CS Joint

Conference on Digital Libraries. New York: Association for Computing Machinery, 2008: 371-374.

[88]McKemmish S, Upward F H, Reed B. Records Continuum Model [M].Florida: CRC Press, 2017.

[89]Mcleod J, Gormly B. Using the Cloud for Records Storage:Issues of Trust [J].Archival Science, 2017, 17(2):1-22.

[90]Mead D. Shaping a National Consortium for Digital Preservation[C]//Proceedings of the 11th International Conference on Preservation of Digital Objects. Melbourne: IPRES, 2014: 232-234.

[91]Metadata [EB/OL].[2021-06-29].https://en.wikipedia.org/wiki/Metadata.

[92]Mitja Dečman. Problems of Long-term Preservation of Web Pages [J].Knjižnica Revija Za Področje Bibliotekarstva in Informacijske Znanosti, 2011, 55(1):193-208.

[93]Nagin K, Rabinovici-Cohen S, et al. PDS Cloud: Long Term Digital Preservation in the Cloud [C]// 2013 IEEE International Conference on Cloud Engineering (IC2E). New York: Institute of Electrical and Electronics Engineers, 2013: 38-45.

[94]Nakamoto S. Bitcoin: a Peer-to-peer Electronic Cash System [DB/OL].[2021-10-02]. https://bitcoin.org/bitcoin.pdf.

[95]Niu J. Functionalities of Web Archives [EB/OL].[2021-07-17].https://digitalcommons.usf.edu/si_facpub/309/.

[96]North Carolina Department of Cultural Resources Standard for AutomatedWeb Site Capture [EB/OL].[2021-05-20].https://archives.ncdcr.gov/media/28/open.

[97]Notess G R. Government Information on the Internet [J].Library Trends, 2003, 52(2): 256-267.

[98]OAIS Reference Model [DB/OL].[2021-06-23]. https://public.ccsds.org/pubs/650x0m2.pdf.

[99]Pandas [EB/OL].[2021-07-02].http://pandora.nla.gov.au/pandas.html.

[100]PANDORA [EB/OL].[2021-05-13].http://pandora.nla.gov.au/.

[101]Peter Stirling. Web Archives for Researchers: Representations, Expectations and Potential Uses [EB/OL].[2021-10-30]. http://dlib.org/dlib/march12/stirling/03stirling.html.

[102]Phillips M E. Web Archiving Workshop: Tools Overview [DB/OL].[2021-08-17].

https：// digital. library. unt. edu/ark：/67531/metadc28344/m2/1/high _ res _ d/tools _ overview.pdf.

[103]Pirkola A. Real-Text Dictionary for Topic-Specific Web Searching [M].Berlin：Springer Berlin Heidelberg，2012：105-119.

[104]Qi J，Ren Y，Wang Q. Network Electronic Record Management Based on Linked Data [J].Journal on Big Data，2019，1(1)：9.

[105]Qiu J，Song Y，Yang S. Digital Integrated Model of Government Resources under E-Government Environment [C]// International Conference on Internet Technology and Applications.New York：Institute of Electrical and Electronics Engineers，2010：1-4.

[106]Risse T，et al. The ARCOMEM Architecture for Social and SemanticDriven Web Archiving [J].Future Internet，2014，6(3)：688-716.

[107]Ross Harvey，Dave Thompson. Automating the Appraisal of Digital Materials [J]. Library Hi Tech，2010，28(02)：313-322.

[108]Ruest N，Fritz S，et al. From Archive to Analysis：Accessing Web Archives at Scale through a Cloud-based Interface [J].International Journal of Digital Humanities，2021：1-20.

[109]Saad M B，Gançarski S. Archiving the Web Using Page Changes Patterns：a Case Study [J].International Journal on Digital Libraries，2012，13(1)：33-49.

[110]Schafer V，Winters J. The Values of Web Archives [EB/OL].[2021-02-25].https：// linkspringer.53yu.com/article/10.1007/s42803-021-00037-0.

[111]Schlarb S. Big Data in Bibliotheken：Skalierbare Langzeitarchivierung im SCAPE Project [J].Bibliothek Forschung und Praxis，2014，38(1)：124-130.

[112]Spencer A. Past and Present：Using the UK Government Web Archiveto Bridge the Continuity Gap [EB/OL].[2021-10-11].https：// domino. mpiinf. mpg. de/intranet/ag5/ ag5publ.nsf/.

[113]Stancic H，Rajh A，Brzica H. Archival Cloud Services：Portability，Continuity，and Sustainability Aspects of Long-term Preservation of Electronically Signed [J]. The Canadian Journal of Information and Library Science，2015，39(2)：210-227.

[114]Stuart Jeffrey. A New Digital Dark Age? Collaborative Web Tools，Social Media and Long-term Preservation [J].World Archaeology，2012，44(4)：553-570.

[115]Technologies for Living Web Archives [DB/OL].[2021-04-25].https：// cordis.europa.

eu/docs/projects/cnect/7/216267/080/deliverables/001-D610TechnologiesforLiving Web Archivesv10.pdf.

[116]The Consultative Committee for Space Data Systems. OAIS Reference Model [DB/OL].[2021-05-27].https://public.ccsds.org/pubs/650x0m2.pdf.

[117]The NIST Definition of Cloud Computing [EB/OL].[2021-07-17].https://www.nist.gov/publications/nist-definition-cloud-computing.

[118]The Web Archiving Life Cycle Model [EB/OL].[2021-06-14].http://ait.blog.archive.org/learn-more/publications/.

[119]Thomas A, Meyer E T, et al. Researcher Engagement with Web Archives:Challenges and Opportunities for Investment [EB/OL].[2021-05-18].https://papers.ssrn.com/sol3/papers.cfm? abstract_id=1715000.

[120]Thomas Risse, Elena Demidova, et al. The ARCOMEM Architecture for Social and Semantic-Driven Web Archiving [J].Future Internet, 2014, 6(4):688-716.

[121] Tools for a Preservation-Ready Web [EB/OL]. [2021-10-11]. http://www.digitalpreservation.gov/news/events/ndiipp_meetings/ndiipp08/docs/session9_nelson.ppt.

[122]Torkestani J A. An Adaptive Focused Web Crawling Algorithm Based on Learning Automata [J].Applied Intelligence, 2012, 37(4):586-601.

[123]Towards Concise Preservation by Managed Forgetting: Research Issues and Case Study [DB/OL]. [2021-05-27]. http://l3s.de/~kanhabua/papers/iPRES2013-Managed_Forgetting.pdf.

[124]UK Government Web Archive [EB/OL].[2021-05-16].http://www.nationalarchives.gov.uk/webarchive/.

[125]UK Web Archive [EB/OL].[2021-10-23].http://www.webarchive.org.uk/ukwa/info/technical.

[126]Vassilis Plachouras, Florent Carpentier, et al. ARCOMEM Crawling Architecture [J]. Future Internet, 2014(3):518-541.

[127]Vlassenroot E, Chambers S, et al. Web Archives as a Data Resource for Digital Scholars [EB/OL]. [2021-07-06]. https://linkspringer.53yu.com/article/10.1007/s42803-019-00007-7.

[128]Voinov N, Drobintsev P, et al. Distributed OAIS-Based Digital Preservation System

with HDFS Technology [C]//2017 20th Conference of Open Innovations Association (FRUCT).New York: Institute of Electrical and Electronics Engineers, 2017:491-497.

[129]Walsh T. Preservation and Access of Born-Digital Architectural Design Record-s in an OAIS-Type Archive [EB/OL].[2021-08-05].https://spectrum.library.concordia.ca/id/eprint/985426/.

[130]Wang Y, Liu Y J. Research on Semantic Metadata Describing Based on Ontolo-gy [C]//International Conference on Future Generation Communicat-ion and Networking.New York: Institute of Electrical and Electronics Engineers, 2014:74-79.

[131]Warrick [EB/OL].[2021-10-12].http://warrick.cs.odu.edu/.

[132]Web Archives and Large-Scale Data: Perliminary Techniques for Facilitating Research [EB/OL].[2021-04-21].https://tdl-ir.tdl.org/handle/2249.1/57153.

[133]Web Citation [EB/OL].[2021-10-21].http://www.webcitation.org/.

[134]Web Scraper [EB/OL].[2021-07-28].https://www.webscraper.io/cloud-scraper? utm_source=extension&utm_medium=popup&utm_campaign=go-premium.

[135]Wei Guo, Yun Fang, et al. Archives as a Trusted Third Party in Maintaining and Preserving Digital Records in the Cloud Environment [EB/OL].[2021-09-21].https://www.emerald.com/insight/content/doi/10.1108/RMJ-07-2015-0028/full/html.

[136]Weikum G, Ntarmos N, et al. Longitudinal Analytics on Web Archive Data: It's About Time! [C]//Conference on Cidr. Conference on Innovative Data Systems Research. Asilomar:CIDR, 2011:199-202.

[137]William Y. Arms, Selcuk Aya. Building a Research Library for the History of the Web [DB/OL]. [2021-10-23]. http://www.cs.cornell.edu/~dmitriev/research/publications/jcdl06paper.pdf.

[138]Wojciechowski J, Sakowicz B, et al. MVC Model, Struts Framework and File Upload Issues in Web Applications Based on J2EE Platform [C]//Modern Problems of Radio Engineering, Telecommunications & Computer Science, International Conference. New York: Institute of Electrical and Electronics Engineers, 2004:342-345.

[139]Xenu[EB/OL].[2021-07-28].http://home.snafu.de/tilman/xenulink.html.

[140]Xinq [EB/OL].[2021-10-29].http://www.nla.gov.au/xinq/.

[141]Yan Han. Cloud Storage for Digital Preservation: Optimal Uses of Amazon S3 and Glacier [J].Library Hi Tech, 2015, 33(02):261-271.

[142]Yang T M, Maxwell T A. Information-sharing in Public Crganizations: A literature Review of Interpersonal, Intra-organizational and Inter-organizational Success Factors [J].Government Information Quarterly,2011,28(2):164-175.

[143]Yuan Y, Dou C, Li Y, et al. The Improved Shark Search Approach for Crawling Large-scale Web Data [J]. International Journal of Multimedia & Ubiquitous Engineering, 2014, 9(8):251-260.

[144]Zhang G, Xue S, et al. Massive Electronic Records Processing for Digital Archives in Cloud [EB/OL].[2021-05-07].https://linkspringer.53yu.com/chapter/10.1007/978-3-642-37015-1_71.

附　录

政府网站网页归档资源利用服务需求调查问卷

一、个人基本信息

1.您的性别？[单选题] *

○男　○女

2.您的年龄？[单选题] *

○20 岁以下　○21～30 岁　○31～40 岁　○41～50 岁　○50 岁以上

3.您的学历？[单选题] *

○高中以下　○高中或大专　○大学本科　○硕士　○博士　○其他

4.您的职业？[单选题] *

○国家机关工作人员　○企业、事业单位人员

○专业技术人员(如科研人员/教师/医生/律师等)　○商业、服务业人员

○军人　○学生　○其他

二、政府网站网页长期可获取现状及其长期保存的价值调查

5.政府网站网页长期可获取现状。[矩阵量表题] *

	非常不同意	不同意	一般	同意	非常同意
政府网站信息更新频繁、信息易逝性强	○	○	○	○	○
访问政府网站时存在网页打不开，如网页链接失效无法访问(404 Not Found)、网页链接有效但信息无法显示等现象	○	○	○	○	○

续表

	非常不同意	不同意	一般	同意	非常同意
政府网站提供的附件存在无法下载的情况	○	○	○	○	○
政府网站维护时间长,维护期间无法访问	○	○	○	○	○

6.其他您认为影响政府网站网页长期可获取的情况。[填空题]

____

7.政府网站网页长期保存的价值。[矩阵量表题] *

	非常不同意	不同意	一般	同意	非常同意
政府网站信息具有科学研究价值	○	○	○	○	○
政府网站信息具有社会历史价值	○	○	○	○	○
政府网站信息具有凭证价值	○	○	○	○	○
政府网站信息具有决策参考价值	○	○	○	○	○

8.其他您认为政府网站网页所具有的长期保存价值。[填空题]

____

三、政府网站信息内容需求偏好调查

9.您访问政府网站的频率?[单选题] *

○经常访问　○偶尔,需要时访问　○很少访问

○基本不访问(请跳至第13题)

10.您访问政府网站的目的?[多选题] *

□工作需要　□办理个人事务　□学习知识　□文化休闲

□无明确用途　□其他 ________________ *

11.您访问政府网站时使用过哪些信息服务方式?[多选题] *

□信息检索 □专题信息 □在线咨询 □服务在线申办 □投诉建议

□网上留言 □公开数据获取 □文件、图片下载

□其他 ________________ *

12.您在使用政府网站提供的信息检索功能时遇到的困难或问题有哪些。[多选题] *

□检索结果不准确、关联度低

□不能快速、高效地检索出所需的信息

□资源分散,检索结果不全面

□提供的检索方式单一

□其他 ________________ *

13.在访问政府网站获取所需信息时您最关注哪些方面?[多选题] *

□信息的相关性 □信息的实用性 □信息的完整性

□信息的权威性 □信息获取的方便、快捷性

□信息检索功能的多样性 □信息呈现方式的直观、简洁性

□信息使用权限设置的合理性 □其他 ________________ *

14.您认为政府网站哪些页面需要长期保存?[多选题] *

□反映本机关网站整体面貌的网站首页及栏目首页

□反映机关主要职能活动的页面(如机构演变、机构设置、人事任免、工作动态、新闻发布等)

□对机关工作、国家建设和科学研究具有利用价值的页面(如政府信息公开、政策文件、法律法规、工作报告、政府公报、规划计划、统计报表等)

□在维护集体和公民权益等方面具有凭证价值的页面(如政府采购、土地征用、合同协议、资产登记等)

□对机关工作具有查考价值的页面(如会议纪要、批复、批示等)

□机关职能活动中涉及的办事服务类页面(如个人办事、法人办事、便民服务等)

□反映政民互动的解读回应与互动交流类页面(如政策解读、数据解读、在线访谈、意见征集等)

□其他您认为有保存价值的页面 ________________ *

四、政府网站网页归档资源的利用服务需求调查

您认为对归档保存的海量政府网站网页进行开发利用时，是否有必要提供如下信息服务方式？

15.一站式信息检索服务［单选题］*

○非常没必要　○没必要　○一般　○有必要　○非常有必要

16.多元化浏览服务［单选题］*

○非常没必要　○没必要　○一般　○有必要　○非常有必要

17.在线参考咨询服务［单选题］*

○非常没必要　○没必要　○一般　○有必要　○非常有必要

18.网站还原与网页重现服务［单选题］*

○非常没必要　○没必要　○一般　○有必要　○非常有必要

19.数据可视化分析服务［单选题］*

○非常没必要　○没必要　○一般　○有必要　○非常有必要

20.知识组织与知识发现服务［单选题］*

○非常没必要　○没必要　○一般　○有必要　○非常有必要

21.个性化、精准化服务［单选题］*

○非常没必要　○没必要　○一般　○有必要　○非常有必要

22.您认为对归档的政府网站网页资源进行访问利用时，还应该提供哪些信息服务方式？［填空题］*

____